Dr. Elke Franzki

Liebe, Sex und Zärtlichkeit

Dr. med. ELKE FRANZKI

Liebe, Sex & Zärtlichkeit

Sprechstunde bei der Frauenärztin und Sexualtherapeutin

Sex und Gesundheit,
erfülltes Liebesleben,
Leidenschaft neu
entfachen

GOLDEGG

Rechte Umschlaggestaltung: Kathrin Steigerwald unter Verwendung von Motiven Adobe Stock/zakalinka
Rechte Foto Autorin: Sonja Tobias
Rechte Bilder im Kern: iStock/mashuk
Projektmanagement: Verena Minoggio-Weixlbaumer
Layout, Satz: Carolyn Magerle

Der Verlag und seine Autor*innen sind für Reaktionen, Hinweise oder Meinungen dankbar. Bitte wenden Sie sich diesbezüglich an verlag@goldegg-verlage.com.

Die Goldegg Verlage achten bei ihren Büchern und Magazinen auf nachhaltiges Produzieren. Goldegg-Bücher sind umweltfreundlich produziert und orientieren sich in Materialien, Herstellungsorten, Arbeitsbedingungen und Produktionsformen an den Bedürfnissen von Gesellschaft und Umwelt.

FSC
www.fsc.org
MIX
Papier | Fördert gute Waldnutzung
FSC® C106954

ISBN: 978-3-99060-510-3

Unter den Linden 21 • D-10117 Berlin
Telefon: +49 800 505 43 76-0

Mommsengasse 4/2 • A-1040 Wien
Telefon: +43 1 505 43 76-0

E-Mail: office@goldegg-verlage.com
www.goldegg-verlage.com

Herstellung: Goldegg Verlag GmbH, Wien
Printed in the EU

Meinen Töchtern und Enkelinnen

Hannah, Klara, Lian, Milu und Flora

Hinweis zu den Fallvignetten:

Alle im Buch beschriebenen Falleispiele beruhen auf realen Erfahrungen aus meiner sexualtherapeutischen Praxis. Zum Schutz der Persönlichkeitsrechte wurden Namen, Orte und identifizierende Details verändert. Teilweise handelt es sich um verdichtete oder zusammengeführte Fälle. Die Intention ist, typische Themen und Dynamiken zu veranschaulichen – nicht individuelle Biografien exakt wiederzugeben. Rückschlüsse auf konkrete Personen sind daher nicht möglich.

Inhaltsverzeichnis

Vorwort

»Wollen Sie nicht mal ein Buch schreiben? Sie mit Ihrer Erfahrung als Frauenärztin und Sexualberaterin! Das können doch nicht viele so gut wie Sie!«, sagt Susanne, die ich gerade zu ihrer Zufriedenheit beraten habe. »Mensch, warum fasst du das nicht mal alles zusammen? Davon können doch auch Kollegen und Kolleginnen profitieren«, regt Freundin Christiane an. Aufforderungen wie diese ließen nicht nach. Und jetzt habe ich es gemacht!

Und genau aus diesem Grund wende ich mich an euch, liebe Leserinnen und Leser, mit der Idee, dass auch ihr viele Fragen habt, aber niemanden, dem ihr sie stellen könnt. Ich möchte euch auf diesem Weg Wissen vermitteln, Tipps geben und euer Vertrauen in euch selbst wieder stärken, um ein erfülltes, sorgen- und angstbefreites Sexualleben führen zu können. Meine Erfahrung ist, dass, wenn Menschen verstehen, was mit ihnen passiert, dies schon der erste Schritt ist, besser damit umzugehen.

Ich möchte mich an diejenigen wenden, die an Lustlosigkeit, Schmerzen beim Sex oder einem fehlenden Orgasmus leiden. An Menschen, die in ihrer Beziehung laufend aneinanderrasseln, und an all jene, deren Sexualleben durch eine Krebserkrankung erheblich durcheinandergeraten ist. Aufgrund meiner gynäkologischen Herkunft wende ich mich dabei vor allem an Frauen. Insbesondere die Gruppe 50+ ist mir ein Anliegen, da die Wechseljahre oft herausfordernd sein können und sich dabei viele Unsicherheiten auftun.

Mein Beruf als Frauenärztin war immer Berufung für mich. Schon früh hatte ich gemerkt, wie schwer es für Frauen war, als gleichberechtigt wahrgenommen zu werden oder in Führungspositionen zu gelangen. Das motivierte mich.

Ein Praktikum in einem Krankenhaus tat sein Übriges: Ärztin zu werden, wurde mein klares Berufsziel. 1968 absolvierte ich mein Abi und landete schon bald in der Studenten- und Frauenbewegung, wo ich mich weiter politisierte. Die Rechte der Frauen wurden für mich zu einer Herzensangelegenheit. Hilflos machte ich auch Erfahrungen am eigenen Leib. Was es bedeutet, sexuell selbstbestimmt zu handeln, hatte ich nicht gelernt. Ich war eine Nette, die nicht anecken wollte.

Ich erinnere mich noch gut an einen älteren Chefarzt, bei dem ich als Medizinstudentin ein Praktikum absolvierte. Er baggerte mich auf unsägliche Art an: Bei einem Abendessen mit dem Kollegium, zu dem er eingeladen hatte, saß ich neben ihm. Unter dem Tisch wanderte seine Hand schon bald unter meinen Rock, und das, obwohl ich sie immer wieder wegschob. Ich wagte aber nichts zu sagen, geschweige denn meinem Ekel und meinem Überdruss klar und deutlich Ausdruck zu verleihen. Seine Versuche wiederholten sich in anderer Art und Weise bei jeder sich bietenden Gelegenheit. Ich hielt die sechs Wochen durch, weil ich mein Zeugnis brauchte, doch in der Nachschau erscheint es mir wie das #Metoo der 70er-Jahre. *Consent* war für Männer wie ihn ein Fremdwort.

Oder sehen wir uns eine andere Situation an: meinen Besuch beim Frauenarzt als junge Frau. Ärztinnen gab es damals so gut wie keine. Bevor ich den Arzt jemals gesehen hatte, meinte die Arzthelferin: »Bitte machen Sie sich in der Umkleidekabine schon mal unten herum frei!« Und weiter, auf mein Zögern hin lakonisch: »Ziehen Sie nächstes Mal einen Rock an.« Ich trug zu der Zeit keine Röcke und saß dann im Hemdchen mit nacktem Po unglücklich auf der Stuhlkante vor dem großen Schreibtisch des Arztes. Patriarchale Strukturen. Ich erkannte ihre Zusammenhänge, und mein Widerstand wuchs ebenso wie mein Selbstbewusstsein. Die Rebellin in mir gewann an Stärke.

Deshalb schaute ich mich um und fand Strukturen, die mich unterstützten. Schon während des Studiums erfuhr ich von *Pro Familia*. Dort erhielt man die Pille, die Untersuchungen waren respektvoll und freundlich. Das hatte ich mir gemerkt. Die Frauenbewegung, der Kampf für die Novellierung des § 218, der Schwangerschaftsabbruch unter Strafe stellte, das Erscheinen der feministischen Zeitschrift *Emma* 1977, die Gewissheit, dass es mehr Frauenärztinnen braucht – all diese vielen Bausteine trugen dazu bei, dass ich 1974 nach einer Assistentinnenstelle in der Gynäkologie suchte. Kein leichtes Unterfangen: »Wir nehmen lieber einen Kollegen. Sie wissen selbst, wie das ist: Frauen werden gleich schwanger.« Solche Sätze musste ich mir wiederholt anhören. Schließlich fand ich einen Platz in der Provinz und suchte zusätzlich Anschluss bei *Pro Famila* (*Profa*). Mein Interesse an dem Thema Sexualität wuchs, da ich als Frauenärztin so dicht dran war.

Verhütung, erwünschte und ungewollte Schwangerschaften – oft mit der Art der gelebten Sexualität zusammenhängend –, Veränderung der Libido in bestimmten Lebenssituationen wie nach einer Geburt oder in den Wechseljahren. All dies gehörte zu meinem Alltag. Ich motivierte zu sicherer Verhütung, die die Sexualität nur wenig beeinträchtigte, passte Diaphragmen an, setzte Spiralen ein. Wenn Frauen mit den Worten »Ich glaub, es liegt an den Hormonen, gibt es da nicht eine Pille?« kamen, um ihre Lust wieder herbeizuzaubern, nahm ich mir Zeit, über andere Zusammenhänge aufzuklären, soweit es mir damals möglich war.

Schon zu Praxisbeginn hatte ich zusammen mit meinem späteren Praxiskollegen Dr. Ralph Raben eine exzellente Einführung in die Sexualtherapie erhalten. Wir lernten das sogenannte »Hamburger Modell der Paartherapie bei sexuellen Störungen« von einem Therapeutenteam der Hamburger Abteilung für Sexualforschung am Universitätskrankenhaus Eppendorf kennen. Das neue Wissen machte uns für sexuelle Störungen hellhöriger. Wir boten zwar keine umfangreichen Therapien an, konnten aber unsere Patientinnen viel differenzierter beraten. Mein Kollege nutzte zusätzlich die Akupunktur mit ihren vielfältigen Einsatzmöglichkeiten, was ich mir später in kleinerem Maße abguckte.

Meine Verbindung zur *Profa* besteht bis heute. Auch neben meiner Praxistätigkeit war ich dem Familienplanungszentrum in Hamburg, einer Institution von *Profa* und Arbeiterwohlfahrt, als Mitarbeiterin und durch Vorstandstätigkeit verbunden. Diese Arbeit und die Diskussionen zu Themen wie Sexualpädagogik, sexuelle Identität, Abschaffung des § 218, Sexualität von Behinderten haben meinen Horizont maßgeblich erweitert.

Dass ich mich später zu einer neuen Karriere im Bereich Sexualberatung und Sexualtherapie entschieden habe, kam durch meine Patientinnen, die mit mir älter geworden waren. Hatte ich sie gerade noch durch Schwangerschaften begleitet, waren sie nun auf einmal in den Wechseljahren, glücklich oder unglücklich getrennt von ihren Partnern, gestanden eigene Affären, die eingeordnet werden wollten. Besonders Frauen in den Wechseljahren, die erst auf meine Frage nach ihrem Sexualleben Schmerzen beim Sex beklagten – eine typische Veränderung durch den Östrogenmangel – ließen mich aufhorchen. Sie lebten damit, vermissten diesen Teil ihres Beziehungslebens, trauten sich aber nicht nach Abhilfe zu fragen. Für mich, die ich mein Liebesleben auf keinen Fall missen wollte, unvorstellbar. Was tun? Da las ich in der *taz* ein Interview mit meiner großartigen Kollegin Ann Marlene Henning, einer dänischen Sexualtherapeutin mit Praxis in Hamburg. Sie schilderte ihre guten Erfahrungen mit *Sexocorporel*, einer neueren Sexualtherapierichtung, die ihr Bewusstsein für Sexualität neu geformt hatte. Das sprach mich an. So entschloss ich mich dazu, eine Ausbildung zu starten, die gerade so lange dauerte, wie ich noch in der gynäkologischen Praxis arbeiten wollte. Mutmacher waren mein Mann, im weiteren Sinn meine Coaches Ariel und Shya Kane und meine *Wingwave*-Ausbilderin Cora Besser-Siegmund. Hochmotiviert begann ich nach einer Reisepause 2018 meine Sexualtherapie in neuer Umgebung – und bin jetzt mit 75 Jahren weiter mit viel Spaß dabei. Ich bin nicht nur in der Praxis, sondern seit 2019 auch mit Videos über selbstbewusst gelebte Sexualität auf Social-Media-Kanälen (@elke.franzki bei Instagram) unterwegs. Am »Palais Fluxx«-Podcast, dem Onlinemagazin für Frauen ab 47, beteiligte ich mich mit »6 Minuten über Sex«. Zeitungen wie *Die Zeit* bitten mich um Interviews, ich halte Referate zu Wechseljahren und Sexualität im Alter. Und besonders gefreut hat mich 2023 die Einladung auf das »Rote Sofa« der Sendung »Das!« des NDR-Fernsehens.

Auch privat ist mein Leben ausgefüllt. Ich offenbare gern, dass ich mit 31 den Mann meines Lebens fand – beim Skifahren. Beide waren wir selbstständig berufstätig, beide in Berufen, die wir liebten, mit gesichertem gutem Einkommen. Wir wollten Kinder, aber auch arbeiten. Das war stellenweise herausfordernd, es gab Höhen und Tiefen – auch im Sexualleben. Zwei Mal haben wir uns Beratung geholt, was hilfreich war. Wir sind nun 44 Jahre zusammen, haben jeweils unsere eigenen Interessen, fahren aber immer noch zusammen Ski und haben auch sonst eine Menge Spaß zu zweit. Unsere zwei Töchter haben mittlerweile selbst Töchter, die wir sehr lieben und regelmäßig mitbetreuen.

Hier und jetzt freue ich mich, mit diesem Buch einem größeren Kreis von Menschen, die Lust auf ein genussreiches Sexual- und Beziehungsleben haben, all meine Lebenserfahrung und mein Wissen weiterzugeben.

Es gibt einen wunderbaren Song von Georg Kreisler: »*Sex is a wonderful habit*«. War das auch deine Lebenseinstellung? Aber dann haben sich im Laufe des Älterwerdens und bedingt durch diverse Krankheiten Störfaktoren und Unzufriedenheit eingeschlichen? Wünsche nach neuem

Schwung, nach Anregungen wurden wach? Oder suchst du noch immer – wie anno dazumal – 1965 – die Rolling Stones nach einem Sex, der »*Satisfaction*« verspricht?

Dann ist dieses Buch genau richtig für dich. Es soll weiter oder wieder Appetit machen auf die Genüsse, die Leichtigkeit, die Heiterkeit, den Spaß der Sexualität in den Wellenbewegungen des Lebens, egal ob du Frau, Mann oder divers, in Beziehung oder Single, homo oder hetero, erst Ende vierzig oder über 80 bist. Beim Schreiben flossen mein medizinisches, sexual- und paartherapeutisches Wissen, Ergebnisse aus Recherchen und meine Lebenserfahrungen mit ein, ergänzt durch Geschichten aus dem Praxisalltag und kleine Interviews. Damit du dir oder ihr euch wieder leichter näherkommt, habe ich meine Ausführungen durch unterschiedliche spielerische Übungen angereichert.

Mit einem »Es gibt nichts Gutes, außer man tut es!« wünsche ich euch gute Erkenntnisse und Spaß beim Lesen und Spielen!

Dr. Elke Franzki

»Bin ich zu alt für so was?« – Nein, du bist genau richtig!

Was wir suchen, wenn wir uns nach Sex sehnen, ist nicht die bloße Geilheit, der Orgasmus, sondern Nähe, gemeinsames Vergnügen, das Gefühl, begehrt zu werden und lebendig und frei zu sein. Sexualität lieben und leben heißt, sich selbst zu lieben. Trotzdem kann es bestimmte Lebensphasen geben, wie nach einer OP, einer Geburt, nach einem Trauerfall, in denen einem nicht nach Sex zumute ist. Manche Menschen werden aus verschiedensten Gründen Sex für sich nicht oder nicht mehr wichtig finden und damit zufrieden sein oder sich damit abgefunden haben. Sie werden dieses Buch eher nicht in die Hand nehmen. Außer es gibt doch noch die Frage: Was genau ist es, was ich nicht will, wenn ich keinen Sex möchte? Könnte ich daran etwas ändern? Ist es mir der mögliche Gewinn an Genuss und persönlicher Freiheit wert, da genauer hinzusehen? Lohnt sich das noch? Auch wenn ich schon weit über 45 bin? – Ja, und noch mal ja, unbedingt! Deshalb starten wir dort, wo jedes Alter anfängt.

Warum Sexualität in jedem Alter ein Thema sein darf

Sich selbst zu genießen, beginnt schon im Mutterleib – sofern ich meinen Ultraschallbildern Glauben schenke. Sich mit anderen zu genießen, fängt an der Mutterbrust an, am Berührt- und Gewiegtwerden. Aber wie das so ist mit dem

Wachsen und Gedeihen, andere mischen sich ein. Wir werden multifaktoriell erzogen, nach bestem Wissen und Gewissen – guter Wille und die Überzeugung, den Kindern alle Aufmerksamkeit und Förderung zuteilwerden zu lassen, stehen im Vordergrund. Doch leider sind sie durchsetzt mit Mythen und Glaubenshaltungen! Und wir lernen vieles durch Beobachten, Abgucken und Imitieren. Auch was das Sexuelle betrifft. Sex ist eben nicht die natürlichste Sache der Welt, sie muss gelernt werden. Da gibt es in vielen Familien durchaus gemischte Botschaften. Wie war das bei dir?

Wir bekommen mit unserer Geburt einen Garten, schreibt die Sexualpädagogin Emily Nagoski in ihrem Buch »Komm, wie du willst. Das neue Frauen-Sex-Buch« (Knaur). Dieser Garten hat seine Erde, liegt in einem bestimmten Landstrich mit dem dazugehörigen Klima und wird erst mal von unserer Familie, der gesellschaftlichen Umgebung und unserer Kultur nach deren Gutdünken bepflanzt. Sie pflanzen Sprache, Werte und Wissen über den Körper und darüber, wie ihrer Meinung nach Liebe und Lust funktionieren. Meist ist auch Scham dabei. Wir lassen sie machen, schauen zu, bekommen gezeigt, wie man das Feld bestellt, essen von den Früchten – nicht alles schmeckt uns gleichermaßen. Und irgendwann – so um die Pubertät herum – müssen wir den Garten selbst bestellen. Da gibt es dann manche unter uns, die haben einen blühenden Garten und lecker schmeckende Früchte, andere hingegen haben Pflanzen, die nicht gedeihen, und eine Menge Unkraut – wie Scham in sexuellen Dingen oder Selbstkritik an ihrem Aussehen. Das sind karge Gärten, für die wir andere Pflanzen, andere Pflegestrategien brauchen.

Die Metapher hört hier bei Emily Nagoski auf. Ich stelle mir vor, dass die Gärtnerei, also der Spaß von Körper und Seele am Liebesleben, ein Leben lang weitergeht. Wir säen, ernten und reißen neues Unkraut aus, das aus der Umgebung reingeflogen kommt. Wir haben reiche Ernten, gute

Jahrgänge, vielleicht auch mal schlechte Erträge und Plagen. Manches können wir beeinflussen, woanders müssen wir uns anpassen. Stürmen halten wir stand oder sind ihnen ausgeliefert. Aber wir können uns auch Dünger besorgen, Brunnen bauen oder Gräben, uns beim Werkeln Hilfe holen. Und wenn uns irgendwann danach ist, könnten wir uns auch eine Feierabendbank bauen und darauf sitzen, uns am Anblick des Gartens freuen und den Vögeln lauschen.

Haben wir uns verliebt und sind eine Beziehung eingegangen, gilt es, unsere Gärten zusammenzubringen. Hier lehne ich mich noch einmal an ein Beispiel von Emily Nagoski in ihrem Buch »Come together – The Science (and Art) of Creating Lasting Sexual Connections« an. Jede und jeder bringt Pflanzen aus seinem eigenen Garten mit. Die müssen so arrangiert werden, dass sie sich nicht beim Wachsen stören, sondern sich gegenseitig gedeihen lassen und zusammen florieren. Lasst euch die Zeit zu experimentieren, zu kultivieren, zu verändern, wenn es nicht so ganz funktioniert. Es kann auch Phasen geben, in denen euch andere Dinge von der Pflege des Gartens abhalten, in denen ihr aufgebt. Schlimmstenfalls verdorrt alles. Genauso gut kannst du im Lauf deines Lebens lernen, deinen eigenen oder euren gemeinsamen Garten zum Grünen und Blühen zu bringen. Du kannst lernen, mit den kalten Wintertagen und den die Glieder wärmenden Sommertagen gewinnbringend umzugehen, sprich deine und eure Beziehung, eure Sexualität immer wieder zum Wachsen zu bringen und zu genießen.

So gesehen ist Sexualität in jedem Alter ein Thema. Warum auch nicht? Wer kommt überhaupt auf die Idee, sie könnte nur für jüngere Leute sein? Als ich diese Anwandlung bei immer mehr meiner mit mir älter werdenden gynäkologischen Patientinnen gespürt habe, regte sich in mir Widerspruch und gleichzeitig Missionarsgeist. Wir hören nicht auf, sexuelle Wesen zu sein, nur weil wir älter geworden sind. Sexualität geht nicht in Rente! Aber die meisten Darstellungen rund um Sexyness zeigen in den Medien junge, schlanke, durchtrainierte und potente Leute. Höchstens so bis 45. Kurz danach, wird es da peinlich? Ich, damals auch schon in den Sechzigern, Frauenärztin, seit 30 Jahren mit demselben Mann verheiratet, Kinder aus dem Haus, genoss mein Liebesleben. Warum wollten einige Frauen das nicht? Ich wurde mit Mythen, Glaubenshaltungen und Beschwerden konfrontiert, die diese Patientinnen schamhaft ertrugen, anstatt nach Möglichkeiten der Verbesserung zu forschen.

Je älter Menschen sind, desto schwieriger wird es, positive Informationen und Bilder zu finden, die Altern und Sexualität gleichzeitig abbilden. Der Film »Wolke 9«, in dem die fast 70-jährige Inge sich in den knapp 80-jährigen Karl verliebt, dass die Funken sprühen, kam 2008 in die Kinos und wurde mit Verwunderung aufgenommen. Alte Leute Liebe machend im Bett, Inge sogar noch verheiratet. Das war fürs Kino, für die mediale Welt ein ganz neuer Blickwinkel.

Ist ein aktives Sexualleben mittlerweile zum Indikator für erfolgreiches Altern geworden und somit zur neuen Norm? Ein neuer Glaubenssatz, dem man sich bemüht zu entsprechen?

Mein Credo – und nicht nur meins: Sexualität gehört zum Leben dazu wie Essen und Trinken. Sex ist ein Teil des Lebens – nicht nur junger Leute.

Ja. stimmt – ohne Essen und Trinken überlebt man nicht lange, ohne Sex schon – bloß nicht so gut. Dabei ist mein Verständnis von Sex hier natürlich viel weiter gedacht als das Rein-Raus-Spiel des Geschlechtsverkehrs, mit Glück bis zum Orgasmus, allein oder verpartnert, egal welcher Geschlechtszugehörigkeit.

Wir kommen mit der Anlage zum sexuellen Handeln, dem Erregungsreflex, auf die Welt, und dann kann es losgehen. Schon Babys spüren, wie angenehm es ist, sich muskulär anzuspannen und dann wieder zu relaxen und durchzuatmen. Weil Eltern sich nicht vorstellen können, dass diese

Art von Genuss schon so früh lebbar ist, landen die Kleinen manchmal beim Kinderarzt: Krampfanfälle? Nee, frühe Form von Lust!

Dann kommt die lange sexologische Lernkurve. Das sind z. B. Doktorspiele, erstes Verlieben in der Grundschule, Pubertät, der erste Kuss, Petting, erster Sex, erotische Genüsse in ultrakurzen oder gleich längeren Beziehungen. Diverse Intermezzi in dieser Kurve wie Kinderkriegen und die Kinder beim Großwerden zu begleiten, dem Integrieren der Anforderungen von Ausbildung, Karriere und Arbeitsalltag hindern am Innehalten und Durchatmen, von sexuellen Begegnungen ganz zu schweigen.

Das soll nun alles gewesen sein?
Da muss doch noch irgendwas kommen, nein.
Da muss doch noch Leben ins Leben … eben!
Ich will noch ein bisschen was Blaues sehn, will
noch paar eckige Runden drehn und dann erst
den Löffel abgeben … eben!

Das fragte und konstatierte schon Wolf Biermann in seinem »Lied vom donnernden Leben« in den 1970er-Jahren.

Körperliche Lust bleibt uns unser Leben lang erhalten. Sie ist sogar lebenslang ausbaufähig. Darum lohnt es sich auch, dieses Buch zu lesen! Es gibt schöne Studien[1], die zeigen, dass Bedürfnisse nach Zärtlichkeit, Berührung, dem Ausleben der genitalen Lust, des Genießens erotischen Ambientes bis ins hohe Alter anhalten, allein und in Beziehung, auch in denen, die schon lange bestehen. Warum sollte dir das nicht auch gelingen?

Wirf deine Vorurteile über Bord

Was gehört sich alles nicht? Dass ich mit 65 noch eine Ausbildung zur Sexualtherapeutin gemacht habe? Mit dem ungeheuren Anliegen, dass Menschen, insbesondere Frauen – allen Mythen zum Trotz –, Sexualität bis ins hohe Alter genießen? Was noch? Was sind die größten Vorurteile hinsichtlich Sexualität mit 50+? Sehen wir uns ein paar Glaubenssätze an. Wahrscheinlich kommen dir einige davon bekannt vor.

- »Ich sehe doch nicht mehr attraktiv aus. Nur junge Körper sind sexy!«
- »Wenn ich spontan keine Lust mehr habe, stimmt was nicht mit mir.«
- »Sex muss immer spontan sein.«
- »Neue Praktiken? Joy-Club? Das gehört sich nicht!«
- »In dem Alter? Das ist doch Leichenschändung!«
- »Oma und Opa – Gott wie eklig!«
- »Wir sind doch zu alt. Das macht man nicht mehr.«
- »Das soll man nicht mehr, das ist riskant!«
- »Was sollen die Nachbarn/die Kinder denken? Die könnten uns hören!«

Wie entstehen Mythen, gesellschaftliche Tabus, Glaubenshaltungen? »Ist doch alles nur konstruiert!«, sagen Philosophen und Psychologie! Sie basieren auf kulturellen, religiösen und persönlichen Normen. Das habe ich aber erst spät gelernt und mich mehr oder weniger davon befreit.

In dem auch für Erwachsene lesenswerten Kinderbuch »Sex – Mit nackten Tatsachen durch unsere Kulturgeschichte« von der schwedischen Ethnologin Elin Hägg erfahren schon Kinder, wie sehr das abendländische Sexleben durch Ideen, Religionen und Machtverhältnisse geprägt ist. »Dieses Buch will am Beispiel der europäischen Geschichte zeigen, dass manche Dinge, die uns heute in Bezug auf Sex ganz natürlich vorkommen, in Wirklichkeit die Folge mehrerer tausend Jahre menschlicher Gedanken, Ideen, Hoffnungen und Gefühle sind. Sie sind aber auch Folgen von Gesetzen, religiösen Überzeugungen, Politik und wirtschaftlicher Interessen.«[2] Unser Umgang damit ist immer im Wandel. Dabei zeigt sich das nicht in Form einer stetigen Entwicklung – das höchstens in Fragen zur Akzeptanz von Frauen als gleichwertige, gleichberechtigte Wesen – sondern im Auf und Ab von Freiheiten und Verboten bei der Befriedigung sexueller Bedürfnisse. War bei den Griechen in der Antike nackt Sport zu treiben die Norm, gilt heute im Gym oder Schwimmbad eine klare Kleiderregel. Wurde Frauen im Mittelalter die Selbstbefriedigung mit einem Dildo zum Erhalt der psychischen Gesundheit empfohlen, wenn die Männer im Kriege waren, wird heute noch immer kein Mädchen aufgefordert, ihr Genital zu erkunden, geschweige denn lustvoll zu stimulieren. Die Hälfte der Mädchen findet den Dreh von allein – und schämt sich dafür. Vonseiten der Kirche gab es Anordnungen, die Penetration nur im Dunkeln, unter der Decke oder gar angezogen, die Frau auf dem Rücken liegend, zu vollziehen. Immer noch spukt diese Regel in den Köpfen von Frauen mit religiösem Hintergrund herum. Macht Scham Sinn? Dieses peinigende Gefühl? Es tritt auf, wenn unsere Intimitätsgrenze überschritten wird oder wenn wir befürchten, unsere soziale Bedeutung, unsere Attraktivität und Zugehörigkeit zu einer Gruppe zu verlieren. Aber die ist nicht angeboren. Eine perfide Form von Machtausübung? Männer über Frauen? Gewohnheiten? Gesellschaftliche Regeln? Wo kommen die her, wer hat sie geprägt? Es ist eine Mischung. Oder sind es bestimmte Werte? Auch Werte sind nicht absolut, sie haben für verschiedene Menschen ganz unterschiedliche Präferenzen.

Ich selbst zum Beispiel bin protestantisch mit den Zehn Geboten aufgewachsen und habe diese erst mal als Leitlinien übernommen. Das Jungfräulich-in-die-Ehe-Gehen war für viele junge Mädchen wie mich kein Thema mehr. Außerdem gab es schon die Pille, das Risiko, mit einem unehelichen Kind »gebrandmarkt« zu sein, war nicht mehr so groß. »Wer zweimal mit dem gleichen pennt, gehört schon zum Establishment!«, war damals ein Leitsatz in studentischen Kreisen. Es war für viele die Regel, elterliche Bräuche zu übertreten, außer Kraft zu setzen. Trotzdem hatte man die Idee, dass Sex ab einem bestimmten Alter – die Eltern stöhnend im Bett, oh nein – nicht mehr stattfindet.

Und dann sind wir selbst älter, vielleicht sogar Eltern, geworden, haben die 50 überschritten. Und nun merken wir, dass Sex durchaus noch Spaß macht. Also warum sollte man nicht dabei bleiben? Was war an der Vorstellung von vögelnden Eltern igitt und verkehrt?

Frauen beklagen für sich vor dem Badezimmerspiegel oder auch im Gespräch mit Freundinnen, dass sie nicht mehr den (vermeintlichen) Schönheitskriterien entsprechen. Und auf einmal kommen diese Hitzewallungen, schlechter Schlaf stellt sich ein, genauso wie starke Zweifel an sich selbst. Quälende Gedanken drängen sich in den Vordergrund: Wie kann er mich da noch begehren? So kann ich mich doch gar nicht mehr nackt zeigen – das gehört sich doch nicht, oder?

Viele Männer bekommen einen Bauch – das stört die meisten aber nicht so sehr – und merken auf einmal, dass die Erektion ab und zu nicht ganz stabil ist. Viagra ist aber nicht ganz so sanft ins Paarleben einzupflegen, erst recht, wenn das Reden über diese sexuellen Liebesbedürfnisse schwerfällt. Oh mein Gott, Scham kommt auf.

Wie erwähnt, das ist alles nur »konstruiert«. Die Bereitschaft, Mythen zu hinterfragen, sie daraufhin zu untersuchen, wer was davon hatte oder hat, ist der Beginn für die eigene Befreiung von all diesen Normen und für ein erfülltes Liebesleben.

Veränderungen ab 50: Neues und Vertrautes

50 werden, die Zeit, in der Rollen neu definiert werden – auf einmal ist man so richtig erwachsen. Ich dachte da an meine Eltern, als sie 50 waren – ein nicht so attraktives Bild. Als Kind hatte ich zum Beispiel die Vorstellung, ab 50 könnten Menschen, insbesondere Frauen, nicht mehr rennen. Die ließen lieber den Bus wegfahren, als dass sie zur Haltestelle spurteten.

Heute weiß ich: Das klappt auch noch mit 75, insbesondere bei mir, wenn ich meine trendigen Barfußschuhe anhabe. Sowieso sind wir viel jünger, viel dynamischer als unsere Eltern, wir haben die Welt gesehen, Partner ausgetauscht, allerdings oft später Kinder bekommen, die dann immer noch besonderer Aufmerksamkeit bedürfen. Manche gehen schon aus dem Haus, worüber die einen Eltern froh und stolz sind, andere – insbesondere Mütter – oftmals aber leiden.

Im Hinblick auf unsere Sexualität kommt um 50 eine deutliche Veränderung für Frauen. Die Wechseljahre stehen ins Haus. Die Eierstöcke haben ihren Job gemacht und ziehen sich aufs Altenteil zurück. Nichts geht mehr, so sehr die Hypophyse auch meckert und ihre stimulierenden Boten nach unten schickt. Das irritiert nun andere Gegenden im Hirn und im Körper. Frauen, ihr kennt es selbst oder habt davon gehört, kommen kaum um die berühmten Hitzewallungen herum. Die wiederum stören den Schlaf, anschließend ist der Tag getrübt. Brainfog, schmerzende Gelenke, Schwimmring, trockene Schleimhäute im Genitalbereich, das alles führt bei vielen Frauen dazu, dass die Lust sich in den Keller verkriecht. Und wenn dann noch die Kinder aus dem Haus gehen, oder leider auch nicht, und Eltern mehr Aufmerksamkeit verlangen, ist der Ofen ganz aus.

Was tut sich bei den Männern? Die meisten haben ihren

Baum gepflanzt, trauen sich sogar, in Teilzeit zu arbeiten und sich mehr um die Kinder zu kümmern als unsere Eltern. Aber auch bei ihnen sinkt das Testosteron, die Erektion ist nicht mehr ganz so steil und verlässlich. Um den drohenden Bauch zu vermeiden, muss man jetzt im Fitnessstudio die Muskeln spielen lassen. An Haarausfall hat man sich gewöhnt. Aber alles in allem kann das schon mal das Selbstbewusstsein beeinflussen, man macht Karrierebilanz. Das nennt sich dann Midlife-Crisis.

Zeit der Herausforderung, Zeit für persönliches Wachstum. Zeit für Erweiterung der Perspektive, insbesondere und auch in der Sexualität.

Offen, ehrlich, mutig: Zeit, dich selbst zu entdecken

Mit 50 fängt doch das Leben noch mal richtig an. Auf neuer Basis. Wir sind noch gesund und fit. Wesentliche Karten sind gelegt, Familie, Ausbildung, Beruf, Lebensraum. Auch wenn die Endlichkeit des Lebens deutlicher wird, z. B. dadurch, dass man durch den Tod der Eltern in die erste Reihe aufrückt, bleibt genug Energie, vertraute Wege auszubauen oder völlig neue zu kreieren.

Sich selbst und die Partnerschaft noch einmal neu zu entdecken, ist eine Herausforderung dieser Lebensphase. Gelingt nicht immer. Da passiert es dann auch, dass Paare sich trennen. Die höchste Scheidungsrate liegt bei Paaren zwischen 40 und 50. Daran haben die Belastungen des Alltags – Kinder, Berufsleben, Karrierebedürfnisse, das Auseinanderdriften in der persönlichen Entwicklung – einen hohen Anteil. Typischerweise leidet irgendwann das Sexualleben, oder zunehmende unterschiedliche sexuelle Bedürfnisse sind sogar die treibende Kraft bei der Entfremdung.

Auch späte Scheidungen, nach 50, haben in den letzten

Jahren zugenommen. Insbesondere Frauen sind oft nicht bereit, in einer unglücklichen Beziehung zu verharren. Sie können es sich finanziell zunehmend mehr leisten, eine Trennung zu wagen. Und so manche Männer, die lange in dem Gefühl ausgeharrt haben, es ihrer Frau doch nie recht machen zu können, reiten plötzlich mit einer anderen vom Hof.

Aber nichts hindert am Neumischen unserer Karten. Gerade mit dem Auszug der Kinder aus dem Haus gewinnen vor allem Frauen, die öfter als die Männer in Teilzeitjobs arbeiten, Raum für neue Möglichkeiten, sei es für berufliche Neuorientierung oder für den Ausbau ihrer Karriere oder zum Starten neuer Projekte. Verwirklichung durch soziales oder politisches Engagement erfreut sich ebenso zunehmender Beliebtheit. Frauen freuen sich irgendwann auch darüber, Großmutter zu werden, doch das wird kein neuer Mittelpunkt ihres Wirkens, die Grenzen der Verfügbarkeit werden eher deutlich kommuniziert.

Auch Männer planen den nächsten Lebensabschnitt, der Ruhestand kann warten oder wird heiß erwartet – je nach Job und Lust auf andere erfüllende Tätigkeiten. Reflexionen über berufliche Erfolge und mögliche Veränderungen, ihre Rolle als Partner und Vater, über den Sinn des Lebens und darüber, wie man das Beste daraus macht, sind tägliche Begleiter. Es ist eine Zeit, die einlädt, alte Glaubenssätze zu erkennen und über Bord zu werfen. Here we are!

MUTMACHGESCHICHTE

»Mit 65 das erste Mal zusammen zum Höhepunkt – es war magisch!«

Die 65-jährige Anne, Ärztin, meldete sich in meiner Beratung mit dem Anliegen, sie käme beim gemeinsamen Sex mit ihrem langjährigen Partner nie zum Orgasmus. Sie liebten sich, hätten Lust aufeinander. Beim Solo-Sex hingegen käme sie leicht zur orgastischen Höhe und Entspannung. Er würde sie durchaus liebevoll und aufopfernd streicheln, einschließlich Vulva und Klitoris, aber das wäre nicht das Richtige. Ich fragte sie deshalb, ob sie sich selbst beim gemeinsamen Sex wie beim Solo-Sex streicheln würde. »Nein, das kann ich doch nicht machen! Das ist doch seine Aufgabe, da kann ich doch nicht dazwischen. Wie soll er sich denn da fühlen?« Ja, wie? Letztlich erleichtert, wenn man erklärt, wie präzise die Stimulation bei manchen Frauen erfolgen muss bis zum *Point of no return:* der richtige Dreh, der passende Druck, die Geschwindigkeit der Berührung. Sie kommt mit ihrer Hand dahin, und trotzdem passt auch der Penis noch rein. »Erklären Sie es ihm, ärztlicher Rat, trauen Sie sich, sich selbst zu berühren – bis zum Orgasmus.« Ein paar Tage später erhielt ich eine Mail: »Es hat geklappt! Ich bin so glücklich. Laufe schon den ganzen Morgen mit Schmetterlingen im Bauch rum!«

»Sex? Muss das noch sein?« – Nähe, Lust und andere Herzensangelegenheiten

»Wir genießen es sehr!«, sagen dazu Dorit und Heinz, die Hand in Hand in meine Praxis kamen, beide über 80, Goldene Hochzeit schon gefeiert. Das kann auch täuschen – so zeigen sich auch konfliktvermeidende Paare, die statt zu streiten lieber alles unter den Teppich kehren. Bei diesem Paar war es Liebe! Sie hatten schon viel geredet und einvernehmlich ausprobiert, weil Dorit trotz Lust am Sex nicht mehr zum Orgasmus kam. Sie sagte: »Ich genieße es auch ohne Orgasmus sehr.« Er dagegen: »Meine Dorit soll es genauso schön haben wie ich. Haben Sie keinen Rat?« Das war vor drei Jahren. Vor ein paar Wochen erhielt ich eine Mail von Dorit. Sie hatte ein Foto angehängt: ein strahlendes vitales Paar, jetzt in der Seniorenresidenz. »Das Herz klopft noch immer – ein Herz-Emoji – alles wunderbar, und ich habe große Freude!« Schön, oder? Leider fehlt vielen Paaren diese Offenheit und vor allem die Sprache!

»Mein Mann ist zum Glück verständnisvoll …«

Diesen Satz habe ich während meiner gynäkologischen Praxiszeit, in der mir viele Patientinnen lange verbunden waren und mit mir älter wurden, des Öfteren gehört. Bei der üblichen Krebsfrüherkennungsuntersuchung fragte ich aus gutem Grund bei den Frauen in und um die Wechseljahre, ob sie noch sexuell aktiv seien. »Ich habe zwar noch Lust, aber wenn er eindringt, tut es mir in letzter Zeit weh! Gott sei Dank ist mein Mann sehr verständnisvoll!« Und es stellten sich mir regelmäßig die Haare auf! Es brauchte meines Erachtens nicht einen verständnisvollen Mann – schon, aber nicht in diesem Sinne –, sondern vielmehr die Frage »Was kann man da machen? Irgendwie verändert sich an meiner Vulva was – sie ist so trocken und irgendwie enger.« Oft habe ich mit entsprechender Aufklärung über das Warum und Wieso eine bioidentische Östrogencreme verschrieben. Leider kamen einige Frauen nach einem Jahr zur nächsten Krebsfrüherkennung mit dem Beipackzettel der Creme zurück: »Habe ich nicht genommen. Steht ja drin, dass das Krebs macht.« Ja, stimmt, die Beipackzettel sind noch immer missverständlich formuliert. Schon an dieser Stelle möchte ich einfließen lassen: Weder Brustkrebs noch Thrombose wird durch das milde Estriol in den Vaginalcremes oder Ovula verursacht. Leider gibt es eine alte Verpflichtung der Hersteller, bei jeder Art von Östrogen diese Nebenwirkungen zu erwähnen.

Aber was lässt die Frauen ein Jahr warten, nach Erklärung und möglichen Alternativen zu fragen? Doch keine Lust? Sind die wechseljahrsbedingten Veränderungen im Genitalbereich und der Schmerz womöglich eine willkommene Entschuldigung, den doch nicht nur verständnisvollen, sondern auch ein bisschen bedürftigen Mann auf Abstand zu halten?

Und ist das dann nicht einfach »natürlich«? Reicht es nicht langsam mal mit Sex? Oder brauchen wir nur ein anderes erotisches Menü?

Kein Muss, aber ein Kann: Wie Intimität auch ohne Sex funktioniert

Es ist ein Mythos, der sich ewig hält: Nur penetrativer Sex ist der richtige Sex. Das führt dazu, dass Paare es lieber ganz lassen, wenn das nicht mehr funktioniert. Sei es durch die Veränderungen an Vulva und Vagina durch die Wechseljahre, die jede Frau mehr und weniger irgendwann erwischen. Sei es durch Schwächeln bei der Erektion, was – ebenfalls mehr oder weniger – die Männer 50+ betrifft. Das Älterwerden macht's, und die diversen Medikamente, die in diesem Alter manchmal nötig werden. Hochdruck, Diabetes, Burn-out – dazu später mehr.

Aber Sex ist viel mehr als Penis rein, raus – Orgasmus, basta. Schon vor den Einschränkungen der Wechseljahre wünscht sich manche Frau mehr Vorspiel. »Foreplay starts after the last orgasm!«, sagte Esther Perel und meinte damit eine Stimmung in der Beziehung, die von Aufmerksamkeit füreinander geprägt ist. Ein grundsätzlich »erotisches Paar« hat seine Rituale, die ein intimes Beisammensein einleiten, gibt sich Zeichen für »Irgendwie hätte ich Lust«, berührt sich, küsst sich hier und da, wie zufällig. Sehr schön beschreibt Esther Perel es in einem Bild: Paare fahren Fahrstuhl vom 1. bis zum 7. Stock, auf dem Weg nach Hause. Dabei kann man über Dinge reden, die unbedingt noch zu erledigen sind. Oder sich anlächeln, eine nette Bemerkung machen, sich zart über die Nase streicheln. Das signalisiert Interesse, Motivation, gewisse Verfügbarkeit. Das eine Paar stürzt dann gleich an den Laptop – das andere nimmt sich in die Arme. Das ist Intimität, und die lässt sich vielfältig ausbauen, ausleben. Sei es wirklich durch körperliche Nähe, mehr und weniger angezogen, durch Kuscheln auf dem Sofa, Knuddeln vor dem Einschlafen, nach dem Aufwachen. Sei es durch gemeinsame Aktivitäten, Engagements, Interessen, Gespräche, Sport und Spiele. Auch allein etwas zu machen, was Wünsche und Sinne befriedigt, und sich dann wieder zufrieden zu treffen, ist Balsam für eine Beziehung und macht Lust auf Nähe. Wichtig ist einfach, dass Paare sich darüber austauschen, was sich richtig anfühlt, was Spaß macht. »Pleasure is the measure«, schreibt Emily Nagoski.[3] Das gilt auch hier. Eine Beziehung ohne Berührung, ohne Nähe, ohne sinnliche Wahrnehmung funktioniert nicht wirklich – aber ohne penetrativen Sex schon!

Berührung, Zärtlichkeit, Erotik: Die Power von Nähe für Körper und Seele

Wie fühlst du dich, wenn es Streit gab und jeder seiner Wege geht? Kein Blick, kein Wort, keine Berührung? Gehörst du zu denen, die das Bedürfnis haben, sich möglichst vor dem Einschlafen wieder zu vertragen? Vielleicht sogar zu denen, die dann den Sex besonders genießen? Das gilt nicht für alle, in der Tendenz eher für Frauen. Die mutieren manchmal auch zu Verfolgern, wenn die Partner ihre »Nie kann ich es dir recht machen«-Jalousie runtergefahren haben. Aber darum soll es hier gerade nicht gehen.

Berührung und Zärtlichkeit sind für Menschen lebensnotwendig. Sie sind essenzielle Bestandteile des menschlichen Daseins, eine besonders tiefe Form von Kommunikation, die Worte überflüssig machen kann. Und sie haben ganz spezielle Auswirkungen auf Körper und Seele.

Von Kaiser Friedrich II., der im 13. Jahrhundert lebte, wird ein grausamer Versuch überliefert. Er war ein umtriebiger und neugieriger Mann. Um rauszukriegen, welche Sprache Menschen von Natur aus sprechen, ließ er Neugeborene in absoluter Isolation aufwachsen. Sie bekamen zu essen und zu trinken, aber die Ammen durften sie – außer für die Pflege und Ernährung – nicht weiter berühren, nicht lächeln, nicht mit ihnen sprechen. Was passierte? Die Kinder darbten an dem Mangel an emotionaler Zuwendung und sozialer Interaktion und starben.

Ein Versuch aus unserer Zeit ist das »Still-Face-Experiment« von Edward Tronick. In dem Setting siehst du eine Mutter mit ihrem Baby zunächst interagieren. Das Baby reagiert freudig, tauscht sich in Lauten, Mimik und Gesten mit der Mutter aus. Wenn die Mutter dann ein »Still-Face« auflegt – keine Mimik, kein Laut, kein Blickkontakt –, reagiert das Kind völlig verunsichert, versucht, die Mutter zu animieren, und wird dann unruhig, fängt an zu weinen. Kehrt die Mutter nach etwa zwei Minuten wieder zum freudigen Ausdruck zurück, ist auch das Baby erleichtert und stellt die Interaktion wieder her.

Beide Experimente zeigen eindeutig, wie wichtig Nähe und positive Bindung für Kinder sind. Für Erwachsene gilt das genauso. Und natürlich sind Bindung und Nähe nicht nur über Zärtlichkeit, Erotik und Sex herzustellen – wir verbinden uns und genießen ja auch den Kontakt im Freundeskreis oder zu Kollegen und Kolleginnen bis hin zum zufälligen freundlichen Austausch mit dem Gemüsemann oder auch ganz Fremden.

Die Power von Berührung, Zärtlichkeit und Erotik hat psychologische und auch physiologische Effekte. Sie fördert doch glatt die Gesundheit! Umarmungen setzen Oxytocin frei, das sogenannte Kuschelhormon. Damit fühlen wir uns wohl, entspannt, gehen viel lockerer durch die Gegend. Ist dir schon mal aufgefallen, dass du die häufig zitierte »rumliegende Socke« nach schöner erotischer Begegnung einfach nur aufhebst und in die Wäsche tust, statt blöde Bemerkungen zu machen?

Zusätzlich wird die Cortisolproduktion gesenkt, das schont Herz- und Kreislauf und stärkt das Immunsystem. Berührungen aktivieren den Vagus, der für Ruhe und Entspannung im Körper sorgt. Du fühlst dich sicher und geborgen, verbunden mit deinem Körper, nebenbei gesehen und wertgeschätzt. Das stärkt dein Selbstbewusstsein.

Gerade die sinnliche Verbindung mit deinem gerade zärtlich berührten Körper macht den Sex optimal. Eine Voraussetzung für guten Sex ist, alle deine Sinne mit einzubeziehen. Das fängt mit dir selbst an.

Lust als Lebenselixier: Warum uns Erotik jung hält

Hält Erotik uns jung oder fühlen wir uns einfach jung, wenn wir erotisch unterwegs sind? Wie ich gerade schon erörtert habe, Sex tut dem Körper unter gesundheitlichen Gesichtspunkten gut. Das fängt schon beim Küssen an. Es ist wirklich wahr: Bei regelmäßigem Küssen – sprich »Spuckeaustauschen« – erhöhst du die Vielfalt des Mikrobioms im Mund. Ein gesunder Bakterienmix ist gut für die Abwehrkräfte. Küssen ersetzt zwar keine gesunde Lebensweise, aber ist es nicht eine schöne Ergänzung?

MUTMACHGESCHICHTE

»Kein Druck, keine Erwartungen – und plötzlich war die Lust wieder da!«

Sabine und Cornelia waren beide Mitte 50, als sie zu mir kamen, und seit zehn Jahren ein Paar. Cornelia war davor mit einem Mann verheiratet, hatte bereits zwei Kinder, die schon studierten und nicht mehr zu Hause wohnten. Ihre Ehe, erzählte sie, war zum Schluss ein Graus. Insbesondere gab es immer wieder Streit wegen unterschiedlicher sexueller Bedürfnisse. »Im ersten Jahr hatten wir schon Spaß, alle beide. Dann kamen die Kinder schnell hintereinander, und ich war nur noch müde. War völlig fertig von Arbeit, Haushalt und Kindern. Er hat schon geholfen, aber ich musste alles ansagen. Sex fand abends statt. Er kriegte sofort eine Erektion, und die wollte wo hin. Hand an den Busen, zwischen die Beine – ich kam gar nicht so schnell nach. Meine Lust blieb auf der Strecke. Ich hab ihn gewähren lassen, war froh, wenn er schnell kam, und wusste nicht, was ich ihm sagen sollte, wusste auch nicht genau, was ich stattdessen wollte. Irgendwann habe ich mich verweigert, ihn zurückgewiesen oder Kopfschmerzen vorgeschützt. Wir hatten beide schlechte Laune und haben beim kleinsten Anlass gestritten. Dann habe ich bei der Geburtstagsfeier einer Freundin Sabine kennengelernt. Ich hatte zwar immer gute Freundinnen gehabt, aber bis dahin keine Frau geküsst oder gar sinnlich berührt. Ich weiß gar nicht, was genau geschah, aber Sabine hat mich auf eine besondere Art angesehen, wir haben toll geredet, das hat mich verführt. Sabine hatte schon in Beziehungen mit Frauen gelebt, war aber gerade solo. Wir spürten die gegenseitige Anziehung, das Herzklopfen, glühende Wangen, den suchenden Blick. Sie hatte keine Scheu, mich beim Abschied in den Arm zu nehmen. Wir wurden ein Paar. Ich trennte mich von meinem Mann, und Sabine und ich zogen zusammen. Es war einige Jahre eine schöne Beziehung, auf allen Ebenen.« – »Was ist denn euer Anliegen?«, fragte ich neugierig. Cornelia antwortete: »Seit meinem 50. Geburtstag ungefähr haben wir immer weniger und seit einem Jahr gar keinen Sex mehr. Da fingen bei mir die Wechseljahre an. Hitzewallungen, schlechter Schlaf usw. Sabine geht es ebenso, im Bett sind wir wie Schwestern. Uns fehlt was.«

Im Gespräch kam heraus, dass sie sich beide selbst nicht mehr mochten. An Gewicht zugenommen, Cornelia schon deutlich graue Haare, hängender Busen bei Sabine. »Da will ich mich nicht mehr angucken und mich erst recht nicht mehr angucken lassen!« Scham! Dass sie sich wegen solcher »banalen« Äußerlichkeiten Gedanken machten. Sollten sie doch drüberstehen, erst recht in einer lesbischen Beziehung. Geredet wurde darüber auch erst bei mir in der Beratung. Woran könne das denn liegen, dass die Lust so weg sei? Vielleicht an den Hormonen? Das war ein Punkt, weil bei beiden Vulva und Vagina trockener geworden waren. Streicheln fühlte sich nicht mehr gut an. Das war mit einer Estriol-Vaginalcreme leicht zu händeln. Dann ließ ich sie schon in der zweiten Stunde eine Übung machen: Das Finden des erotischen »Krafttiers«. Dabei führe ich die Teilnehmenden durch ein Rollenspiel, rufe ihnen Tiere zu, die sie für einen Moment verkörpern sollen: Huhn, Bärin, Löwin, Pferd, Giraffe, Panther, Katze. Sie sollen gackern, schreiten, galoppieren, schleichen. Dann werden alle aufgefordert, innezuhalten und für sich selbst das Tier zu bestimmen, das für sie in Haltung, Ausdruck und Gang Erotik am besten zum Ausdruck bringt. Dann sollen sie sich in dieses Tier verwandeln und es lebendig werden lassen. Die beiden wurden zu Katzentieren, fanden sich zwischen Stühlen und Teppich, beschnupperten sich und fingen an zu schmusen. Freudig verabschiedeten sie sich und sagten eine Woche später den dritten Termin ab. Der Knoten sei geplatzt!

Alles anders – Und jetzt? So geht Liebe im Wandel

»Alles dreht sich, alles bewegt sich!« Dieser Spruch fasst erst mal die revolutionäre Theorie von Kopernikus vor 500 Jahren zusammen. Aber wir können ihn auch gut auf unser Leben, unsere Welt anwenden. Ist unsere ganz normale Entwicklung von der Wiege bis zur Bahre schon von Natur aus mit viel Wandel verquickt, bleibt das in den Kulturen, in denen wir leben, nicht aus. Alles scheint sich immer schneller zu drehen, zu rucken, zu regen. Globalisierung, die großen Veränderungen im Kommunikationsbereich, soziale Bewegungen wirken sich auf wundersame Weise verwandelnd aus. Auch die Dynamik zwischen Paaren gerät ins Schwingen.

Alltag, Langzeitliebe und kleine Wunder

Betrug die Ehedauer im 19. Jahrhundert im Durchschnitt etwa 20 Jahre, ist sie jetzt doppelt bis dreimal so hoch. Für die einen zur Freud, für andere zum Leid. »*Mating in captivity – Reconciling the erotic and the domestic*« – Paarung in Gefangenschaft – Versöhnung von Erotik und Häuslichkeit – nannte Esther Perel ihr 2006 in den USA erschienenes Buch. Die deutsche Ausgabe kam 2008 mit dem Titel »Wild Life – Die Rückkehr der Erotik in die Liebe« auf den Markt. Ein spannendes Buch über das Auf und Ab von Begehren in langen Beziehungen, seitdem romantische Bedürfnisse eine große Rolle spielen. So war das nicht immer. In früheren Zeiten bedeutete Ehe, sich in den Normen der Gesellschaft zu bewegen, Kinder zu zeugen, den Lebensunterhalt zu sichern. Ehe war eine wirtschaftliche Institution. Frauen wie Männer erfüllten ihre ihnen zugeschriebenen Aufgaben, es waren strategische Partnerschaften. Familie und sozialer Status spielten eine viel größere Rolle als die Liebe. »Bis dass der Tod uns scheidet« war damals unausweichlich die Regel. Die gesellschaftlichen Bedingungen haben sich verändert. Die Ideen der Aufklärung, wir könnten unser Leben selbst bestimmen, die Vergötterung der romantischen Liebe – mit all ihren Dramen – in der Literatur des 18. Jahrhunderts ebneten den Weg für Liebesbeziehungen. Dazu kam die zusätzliche Unabhängigkeit von Männern wie Frauen durch wirtschaftliche und soziale Veränderungen im 19. Jahrhundert. Frauen profitierten von den Emanzipationsbestrebungen, Zugang zu mehr Bildung und Berufstätigkeit. Man entzog sich dem Einfluss und den Regeln der Kirchen, neue Medien verbreiteten frische Ideen zur Gestaltung von Beziehungen. Und statt den Tod als einzige Erlösung aus einer unerträglichen Beziehung zu sehen, gab es jetzt die Möglichkeit, sich scheiden zu lassen.

Diese ausführliche Einführung lässt schon vermuten, dass wir auch heute mit langjährigen Beziehungen manchmal unsere Mühe haben. Wir verlieben uns in einen anderen Menschen, den wir anziehend finden, sehen ihn durch die sprichwörtliche rosarote Brille der Verliebtheit. Die Hormone Dopamin, Oxytocin und Serotonin lassen die Schmetterlinge im Bauch tanzen, machen uns süchtig nach ständigem Zusammensein, Berührung, Küssen und Sex. Aber nach ein paar Monaten gewöhnst du dich an den Zustand. »Mother nature«, sagt der bedeutende Paartherapeut David Schnarch, »hat das gut vorbereitet. Du kannst in dem Zustand nicht ewig bleiben: Du kannst nicht schlafen, du kannst nicht essen, und keiner hat Zeit, den Müll runterzubringen«, meint er im »Big think interview« auf YouTube.[4]

Und nicht nur das: Das Rosarot schwindet. Mit klarem Blick entdeckst du, dass dein neuer Lieblingsmensch doch hier und da anders ist als gedacht. Er hat andere Gewohnheiten, Eigenarten, gar Macken, die sich deiner Umerziehung entziehen. Manches magst du akzeptieren, anderes führt immer wieder zu Streit. Dabei wünschen wir uns so viel von dieser Beziehung, erst recht, wenn wir dann mit dem Jawort versprochen haben, füreinander da zu sein, »in guten wie in schlechten Zeiten, bis dass der Tod uns scheidet«. Wir wollen gemeinsame Sexualität, getragen von Lust- und Verbundenheitsgefühlen, die aus einem Begehren erwachsen. Das Verlangen, die Lust aufrechtzuerhalten, bedarf allerdings besonderer Pflege. In einer langjährigen Partnerschaft wünschen wir uns Sicherheit, Geborgenheit, Verbindlichkeit, Nähe, die Erfüllung grundlegender menschlicher Bedürfnisse. Aber auch Leidenschaft, und zwar möglichst immer und ewig. Unser bester Freund, unsere beste Freundin soll gleichzeitig leidenschaftlicher Liebhaber, frivole Gespielin im Bett sein. Diese Lust am Liebesspiel gedeiht allerdings nur, wenn es in der Beziehung Raum für Erotik gibt. »Fire needs air!«, sagt Esther Perel. Begehren braucht Raum! Ein Gefühl von Abenteuer, etwas Neuem, ein bisschen Risiko und Überraschungen. Mitnichten eine Empfehlung zu Affären, sondern eine Aufforderung zur Belebung der Fantasie, dazu, sich mit seinem Partner, seiner Partnerin immer wieder neu zu imaginieren. In Verbindung und Zusammensein immer eine gute Portion Autonomie und Abenteuer zu leben.

Was belebt unser Begehren, wann fühlen wir uns am meisten hingezogen zum Partner? Fazit von Esther Perel in einem an ihrem Buch orientierten Ted-Talk[5]: Wir fühlen uns hingezogen, wenn wir unseren Lieblingsmenschen strahlend und selbstsicher erleben, wenn wir getrennt sind und wir uns auf das Wiedersehen freuen, wenn er in seinem Element ist und etwas mit Leidenschaft angeht, wenn wir zusammen lachen, wenn etwas Neues passiert. Nicht in Form von neuer Unterwäsche oder Toys, das versteht sich hoffentlich von selbst.

Was gibt deinem Begehren in deiner Beziehung den Rest? Wenn du des Lebens gerade müde bist, Sorgen hast, dich zu alt fühlst, völlig überfordert vom Alltag, krank bist, keine Zeit für dich hast und dich nicht magst. Das geht dann schnell auch damit zusammen, dass du denkst, du hättest gar kein Recht, dir etwas zu gönnen, etwas zu begehren und zu genießen.

Und wie turnst du dich wieder an, damit du allein und ihr zusammen abheben und vibrieren könnt? Sei ruhig mal eigennützig, nicht so selbstlos. Schaffe dir einen Raum, wo du Arbeit, Kinder und auch mal das Fitnessstudio hinter dir lässt, wo du zur »Femme Fatale« oder zum »Don Juan« mutieren kannst. Oder zu einer sinnlichen Raubkatze, zu einem feurigen Hengst. Lass dich drauf ein, dass die Qualität des Sex auch von der Tagesform beeinflusst wird und mal mit nur »befriedigend« durchgeht. Nehmt euch den Moment, im wahrsten Sinn des Wortes den Augenblick, morgens beim Aufwachen, einfach so zwischendurch. 20 Sekunden innehalten, ein »Schön, dass du da bist«, wenn dein Lieblingsmensch nach Hause kommt, das kreiert eine Atmosphäre, in der es schon leise knistern kann. Gib dem Mythos, »nur spontane Lust ist die richtige Lust«, den Laufpass. Macht einen Plan, wenn ihr merkt, dass die Wochen vergehen und ihr schon lange nicht mehr rumgeknutscht habt, geschweige denn das ganze Menü auf den Tisch kam. Macht es euch so schön und kuschelig, wie ihr es mögt, seid dann präsent und willens. Der Appetit kommt beim Essen!

Körper im Umbruch: Was jetzt wichtig ist – für Frauen

Kriegen die Männer mit ihren grauen Schläfen um die 50 einen Bonus hinsichtlich Attraktivität, tun Frauen oft ziemlich viel dafür, kein einziges graues Haar zu zeigen. Sie scheuen weder Kosten noch Mühe. Auch ich habe zu Beginn getönt. Ich war Anfang 40. Irgendwann war es mir zu aufwendig und ich bekam sogar Komplimente für mein schönes Grau. Trotzdem stand ich noch manchen Morgen vor dem Spiegel mit kritischem Blick und der Frage »Färbst du, oder lieber nicht?«

Doch es sind nicht nur die Haare. Die Wechseljahre bringen für Frauen noch andere Veränderungen mit sich.

»Oh Gott, diese Hitze!«

Lange werden sie ausgeblendet, und auf einmal sind sie da: die Wechseljahre. Für die einen schleichend, *undercover* mit unklaren Störungen, für andere ganz deutlich: Die Regel bleibt aus, Hitzewallungen verfolgen einen Tag und Nacht.

Schuld sind die Eierstöcke, die ihre schon bei Geburt mitgebrachten Eivorräte aufgebraucht haben und schweigen, so sehr die Hypophyse (Hirnanhangdrüse) auch mit ihren anregenden Hormonen, dem Follikelstimulierenden Hormon (FSH) und dem Luteinisierenden Hormon (LH), gestikuliert, diese also bildet und über das Blut nach unten schickt. Dabei werden auch noch andere Zentren im Hirn irritiert, z. B. jenes, das die Körpertemperatur reguliert. Und bei jeder Frau kann dieser Prozess unterschiedlich verlaufen. Es gibt Eierstöcke, die immerhin noch antworten, einfach langsamer Östrogen bilden oder mit Karacho, was bedeutet, dass sich mehrere Eibläschen mit viel Östrogen bilden, die aber oft nicht mehr springen, sondern irgendwann schrumpfen. Daraus resultieren schwache oder starke Blutungen, Blutungen, die ultralange dauern und ggf. einer Ausschabung bedürfen. Da das Östrogen nicht nur für die Fortpflanzung gebraucht wird, sondern auch andere Funktionen im Körper erfüllt, merken wir dort genauso, wenn es fehlt. Früher oder später. Nicht wenige Frauen klagen in den Wechseljahren über den sogenannten »Brain Fog«. Sie sind auf einmal vergesslicher, können sich nicht gut konzentrieren, eben wie im Nebel. Östrogen wird nämlich auch für den Hirnstoffwechsel gebraucht. Die Knochen verlieren im Laufe der nächsten Jahre an Dichte und können schon bei leichteren Stürzen brechen. Sprichwörtlich sind die Oberschenkelhalsbrüche alter Menschen, gefallen wegen Gangunsicherheit und Schwäche. Auch die Muskeln brauchen Östrogen und bauen sich ab, wenn es fehlt. Macht auf der einen Seite weniger stabil und wendig, auf der anderen Seite verbraucht man weniger Kalorien. Was passiert bei all den Verlockungen aus der Küche, dem Bier vorm Fernseher, dem Sitzen im Homeoffice und prokrastinierten Fitnessstunden? Das Körpergewicht steigt. Zusätzlich betreffen die östrogenmangelbedingten Veränderungen leider auch den Zucker- und Fettstoffwechsel. Ein Circulus vitiosus. Ein Teufelskreis. Das führt zu einer Umverteilung des Fetts: viel zitierter Schwimmring bei den Frauen, Bierbauch bei den Männern. Dann ist es auch leider nicht mehr weit zu Diabetes und Hypertonus, Volkskrankheit Nummer 1 in Deutschland.

Die Männer spüren den Hormonabfall sanfter. Bei ihnen ist es das Testosteron. Der Penis – wenn erigiert – steht auch bei Jüngeren als 50+ nicht mehr so steil. Dazu gibt es schöne klassische Zeichnungen. Der Winkel zum Körper wird immer flacher, aber die Erektion kann zumeist noch gut und lange gehalten werden. Mit dem Nachlassen der Testosteronproduktion, die bei Männern eher kontinuierlich und individuell verschieden abfällt und nie ganz aufhört, nehmen Erektionsprobleme zu.

Fatale Liebestöter: Trockenheit und Libidoverlust

»Use it or lose it!«, heißt eine einfache Formel, die vorgibt, dass Menschen, Paare, die auch jenseits der Zeit der hormonellen Veränderungen regelmäßig – sagen wir einmal pro Woche – Sex haben, von den Auswirkungen der Veränderungen verschont bleiben. Das stimmt nur bedingt. Was wir wissen, ist, dass Paare – »*Erotic Couples*« laut Esther Perel –, die ihr Sexualleben genießen, sich leichter über Veränderungen und Inkompatibilitäten austauschen und durch Veränderung von Gewohnheiten und Ritualen im Liebesspiel Abhilfe schaffen. Aber auch die akzeptieren nicht alles als »normal, da muss man durch«. Vulva und Vagina verändern sich bei allen Frauen, die Haut (es ist eine nicht verhornte Haut, keine Schleimhaut – auch wenn wir den Begriff dafür gern benutzen) wird dünner durch weniger Zellschichtung, straffer, wird weniger durchblutet und dadurch trockener. Das merken die, die gern Besuch vom Penis in ihrer Vagina haben. Es tut weh und geht vielleicht gar nicht mehr. Gleitgel, Öl oder einfach Spucke machen anfangs die Sache noch ausreichend schlüpfrig, irgendwann reicht es nicht mehr aus.

MUTMACHGESCHICHTE

»Wer rastet, der rostet!«

Ute, 65, kam zu mir, weil sie zehn Jahre nach der Scheidung wieder einen Mann fürs Leben gefunden hatte. Sie war verliebt. »Ich hatte Schmetterlinge im Bauch und Lust wie früher, das konnte ich mir gar nicht vorstellen. Ich habe mich auf den ersten Sex mit ihm gefreut, davon schon geträumt. Dann bin ich auch feucht geworden - aber es war so eng, er ist mit dem Penis nicht reingekommen, es hat nur wehgetan und sogar ein bisschen geblutet.«

Dieses Beispiel zeigt auch, dass wir die Wirkung der drei Sexualhormone Östrogen, Gestagen und Testosteron auf die Libido bei Frauen nicht überbewerten sollten. Die Wirkung ist marginal. Die Libido leidet mehr unter den körperlichen Folgen des Östrogenmangels, die den Sex weniger lustvoll machen. Noch mal: »Pleasure is the measure«! Anders ist es bei Männern. Ein niedriger Testosteronspiegel führt bei ihnen zu Erektionsstörungen. Leider nehmen etliche das aus falsch verstandener Scham oder auch einer beliebten »Ich lass mir doch nichts vorschreiben!«-Einstellung gegenüber Partnerin und Arzt/Ärztin hin, lassen sich nicht beraten und untersuchen, sondern mutieren zu *Couchpotatoes*, Heimwerkern, Internet-Freaks ...

Hilfe, die wirklich wirkt: Von Hormonen, Medikamenten bis zu kreativen Lösungen

Sprechen wir über die sozusagen technischen Sachen, die Abhilfe schaffen. Die, nach denen Menschen mit fragilem Liebesleben fragen, wenn sie nicht so tief in Problemen mit dem Lieblingsmenschen bohren wollen. »Gibt's da nicht eine Pille?« Natürlich gibt es Pillen. Auch Pflaster, Cremes und mechanische Hilfsmittel gibt es – für Frauen wie für Männer.

MUTMACHGESCHICHTE

Ute habe ich die medizinischen Zusammenhänge erklärt und dann eine Estriol-Vaginalcreme verordnet. »Ich wollte eigentlich keine Hormone nehmen«, war ihr Einwand. »Machen die nicht Brustkrebs?« - Einwände, die viele Frauen mit Beschwerden zurückhalten, die Estriol-Creme zu benutzen, die ich aber zerstreuen konnte. Mehr lest ihr dazu im Exkurs Seite 48. Sie hat sich darauf eingelassen, weitere Beratung war gar nicht nötig. Nach drei Wochen kam eine Nachricht. »Alles super! Hat geklappt und macht wieder Spaß! Mein Freund dankt auch.«

Ute hatte mit ihren 65 Jahren keine Wechseljahrsbeschwerden mehr. Es ist Gott sei Dank so, dass der Körper sich über kurz oder lang – nichts Genaues weiß man – mit dem Hormonmangel abfindet. Meistens. Hier möchte ich gern auf eine Erkenntnis hinweisen, die sich noch nicht überall rumgesprochen hat, aber für die sinnvolle Therapie wegweisend ist. Wichtig für dich, wenn du zu den jüngeren Frauen, so ab Anfang 40, gehörst, dem Zeitfenster, dass wir »Perimenopause« nennen. »Ich möchte nicht wissen, wie viele Frauen gerade mit der Diagnose ›Burn-out‹ oder ›Depression‹ in psychosomatischen Kliniken oder Reha-Zentren behandelt werden, die eigentlich mit kompetenter differenzierter Hormonbehandlung schon kuriert wären«, äußerte letztens eine Expertin während einer Fortbildung. Bei den betroffenen Frauen zeigen sich erst mal nur leichte Veränderungen und eben nicht die typischen Symptome wie die schon sprichwörtlichen Hitzewallungen. Der Zyklus wird etwas unregelmäßiger, die Blutung oft sehr stark, beginnende Dünnhäutigkeit und schlechter Schlaf stören. Auf Nachfrage, ob das schon die Wechseljahre sein könnten, hören sie nicht selten auch aus dem Munde von Gynäkologinnen und Gynäkologen: »Ach was, Sie haben doch Ihre Regel noch!« Kolleginnen und Kollegen anderer Fachgebiete haben diese Zusammenhänge meist gar nicht im Blick.

Für dich gut zu wissen: Hier hilft in der Tat manchmal schon die bisher übliche Gabe von Progesteron als Ausgleich der nachlassenden Produktion. Effektiver ist meist, die Eierstöcke mit einem Gestagenpräparat – im Prinzip einer Minipille – zu »beruhigen«, gegebenenfalls eine leichte Dosis bioidentischen Östrogens in Form von Gel, Pflaster oder Spray dazuzugeben. Es zählt: Womit fühlst du dich wohl? Manchmal geht probieren über studieren, Bestimmung der Hormone im Blut hilft nur selten weiter. Das nimmst du dann, solange, bis die Eierstöcke von allein verstummen. Ein Übergang auf die übliche Therapie ist dann üblich. Vorteil dieser Form der Hormongabe ist, dass du damit gleichzeitig eine Schwangerschaftsverhütung hättest – nicht zu vernachlässigendes Thema, was ich in einem späteren Kapitel ausführlicher anspreche.

Ute war nun schon 65 und war sozusagen durch mit den Wechseljahren. Ein Drittel der Frauen haben in der Tat so gut wie gar keine körperlichen Beschwerden – für sie bestände die Option einer Hormontherapie wegen der sich in Studien immer deutlicher herauskristallisierenden positiven Effekte auf unsere Gesundheit. Wenn aber Frauen in die Praxis kommen und über Hitzewallungen oder andere Symptome zusätzlich zu den Schmerzen bei der Penetration klagen, empfehle ich eine Hormonersatztherapie (HET). Vorausgesetzt, es bestehen keine Kontraindikationen, insbesondere ein hohes genetisches Risiko für Brustkrebs oder eine bereits durchgemachte Brustkrebserkrankung.

»Und was ist mit dem Brustkrebsrisiko, wenn ich Hormone nehme?«, werden hier viele fragen. Nach der großen Panikmache durch Veröffentlichung von Ergebnissen einer großen Studie zum Einfluss von HET auf die Gesundheit von Frauen 2002 sieht man nach genauer Betrachtung der Daten und umfassenden Veränderungen im Therapiemodus das Risiko einer Brustkrebserkrankung als moderat an. Grundsätzlich gilt leider, dass einfach so, ohne Hormone, mittlerweile jede achte Frau von Brustkrebs betroffen ist. Mit Hormonersatztherapie – so Schätzungen nach weiteren Studien – erkrankt pro Behandlungsjahr auf 1000 Frauen eine Frau mehr an Brustkrebs, vorausgesetzt sie nutzt die bioidentische transdermale Variante, was die Östrogene betrifft, und beim Gestagen Progesteron oder Dydrogesteron. Frauen, die kein Progesteron benötigen, weil sie keine Gebärmutter mehr haben, also nur Östrogen in Form von Gel, Spray oder Pflaster benutzen, haben kein erhöhtes Brustkrebsrisiko! Gut zu wissen und in Therapie- und Lifestyle-Überlegungen miteinzubeziehen ist auch, dass Körpergewicht, Bewegungsmangel und Alkoholkonsum uns in dieser Hinsicht eindeutig mehr gefährden! Das heißt im Umkehrschluss: Sport, Bewegung und Alkoholverzicht reduzieren das Risiko – nicht nur für Brustkrebs. Am besten ist es, wir bleiben gesund – klar. Früherkennung durch regelmäßige Untersuchung und jährlichen Ultraschall wäre das Nächstbeste für eine gute Prognose und wird deshalb allen empfohlen, die sich für die HET entscheiden, und das auch über Jahre. Detailliertere Informationen findest du z. B. im Podcast »Hormongesteuert« von Katrin Schaudig.

Bei einer HET ist außerdem ein bestehendes Thromboserisiko zu beachten, sei es durch genetisch bedingte Blutgerinnungsstörungen oder Hypertonus. Sie gelten aber nicht als absolute Hindernisse für die Behandlung mit Hormonen. Wichtig ist dabei, die Anwendungsart zu beachten: Östrogene sollten möglichst über die Haut als Gel, Pflaster oder Spray appliziert werden. Das ist wichtig, weil dadurch die Leber als »Abbauorgan« entlastet wird und die Östrogene – auf diese Weise zugeführt und nicht als Tablette geschluckt – einen positiven Effekt auf das Cholesterin haben. Sie reduzieren das »böse«, Gefäßverkalkungen fördernde LDL-Cholesterin und erhöhen das »gute«, schützende HDL. Das ist auch der Grund, weshalb die HET vor Herzkreislauferkrankungen schützt. Aber es gibt noch mehr Positives zum Östrogen zu sagen. Nicht nur dem Vernehmen nach, sondern mittlerweile auch durch Studien belegt, hat dieses wunderbare Hormon positiven Einfluss auf die Hirnfunktion und – schon lange bekannt – einen stärkenden Effekt auf die Knochen. Es schützt vor Osteoporose, die Frauen ohne Hormonersatztherapie nach den Wechseljahren droht.

EXKURS

Praktische Anwendung von Östrogen-Vaginalcreme & Co.

Zur Behandlung der Scheidentrockenheit ist ein spezielles Östrogenpräparat geeignet, Estriol, das nur an Östrogenrezeptoren der Vaginalschleimhaut bindet, nicht an die Rezeptoren in der Brust. (Einige Präparatenamen: Ovestin 1 mg Vaginalcreme, Oekolp 1 mg Vaginalcreme, Oestro-Gynaedron 0,5 mg/g oder 1 mg/g, Estriol Wolff 0,5 mg/g, Gynoflor). Ovestincreme ist mein Favorit!

Wenn man neu damit anfängt, wird man in den ersten 14 Tagen das Estriol im Blut nachweisen können, danach erholt sich die Schleimhaut so gut, dass das Estriol in der Schleimhaut verstoffwechselt wird und nichts mehr im Blut erscheint. Daraus und durch Beobachtungsstudien leitet man ab, dass das Brustkrebs- und das Thromboserisiko vernachlässigbar sind. Leider steht es immer noch im Beipackzettel und verunsichert viele Frauen zunächst. Uns wurde von Experten erklärt, es gebe Regeln für die Pharmafirmen, die das nicht so leicht veränderbar machen.

Auch die pharmazeutisch hergestellten Wirkstoffe sind bioidentisch und entsprechen dem von uns gebildeten Estriol.

Die Therapie wird im Beipackzettel beschrieben: 14 Tage (dürfen auch 3 Wochen sein, wenn die letzte Regel schon lange her ist) jeden Abend, dann 2–3-mal die Woche, solange das Sexualleben eine Rolle spielt. Nach meiner langjährigen Erfahrung wirkt es am besten, wenn du die Cremedosis auf den Finger gibst und Vulva und Vagina massierend eincremst, soweit der Finger in die Tiefe der

Vagina reicht. Ab und zu eine Dosis mit dem Applikator, der in der Packung ist, einzuführen, macht ebenfalls Sinn.

Frauen nach Brustkrebs empfiehlt man niedrig dosierte Estriolpräparate, die es leider nur in Ovulaform gibt: Oekolp Ovula 0,03 mg oder Gynoflor. Alles ist rezeptpflichtig. Eine Creme in der Dosis, die besser an die empfindsamen Stellen kommt, müsste extra rezeptiert und angefertigt werden. In Hamburg berät und fertigt z. B. die Einhorn-Apotheke von Frau Dr Dierking in Altona diese Creme an.

Seit einigen Jahren wird für alle Frauen DHEA-Vaginalcreme empfohlen, die den gleichen Effekt auf die Schleimhaut der »Vulvina« hat und dazu noch einen leicht androgenen Effekt (bewirkt Stärkung der bindegewebigen Anteile der Vaginalhaut). DHEA ist ein Hormon unserer Nebennierenrinde, das im Laufe des Lebens auch kontinuierlich weniger gebildet wird.

Auch Testosteroncreme (in frauengemäßer Dosierung!) gibt es zum Pflegen und außerdem Anregen der Libido! Leider gibt es für die beiden Vorschläge keine Fertigprodukte. Frau Dr. Dierking hat sie im Sortiment, ein Arzt bzw. eine Ärztin muss ein Rezept dafür ausstellen. Als Fertigpräparat mit DHEA findet ihr »Intrarosa Vaginalzäpfchen« – meiner Erfahrung nach mit den Nachteilen von Ovula: Der Effekt kommt an Vulva und Vaginaleingang nicht ausreichend an.

Gutes Gelingen und dann Vergnügen!

Und wie geht das mit dem Progesteron? Das gibt es als Kapseln in unterschiedlicher Dosierung. Typischerweise schluckst du sie. Du kannst sie aber auch wie ein Ovulum in die Vagina einführen. Das entspricht dann der »transdermalen« Anwendung des Östrogengels oder -pflasters. Bei der vaginalen Anwendung der Kapseln, die üblicherweise zum Schlucken gedacht sind, wird das Präparat besser resorbiert, es ergeben sich höhere Hormonspiegel. Leider wirkt das Progesteron dann aufgrund seiner Verstoffwechselung – die Leber wird dabei umgangen – nicht so schlaffördernd, wie wenn du es schluckst. Progesteron ist überhaupt nur nötig für Frauen, die ihre Gebärmutter noch haben, weil damit die vom Östrogen stimulierte Gebärmutterschleimhaut am Wachsen gehindert wird. Der Einnahmemodus ist typischerweise eine kontinuierliche Nutzung von Östrogen und Progesteron – ohne Pause, dann auch ohne Regelblutung. Genauso gut ist auch eine zyklische Einnahme möglich – durchgehend Östrogen, 12–14 Tage im Monat Progesteron oder ein anderes Gestagen. Dann erfolgt aber immer eine leichte Abbruchblutung. Was ist besser? Ich würde sagen: *Chacun à son goût*! Jeder nach seinem »Geschmack«, aber möglichst immer über die Haut.

Ich halte die Hormonersatztherapie grundsätzlich für empfehlenswert. 2/3 der etwa 9 Millionen Frauen (2024), die an Wechseljahrsbeschwerden leiden, und das teilweise sehr stark, könnten davon profitieren. Weg von dem »Da musst du durch« – hin zu einem selbstbestimmten Umgang mit den Wechseljahren mit allen Chancen und Potenzialen. Es geht sicher auch ohne Hormone, aber sie helfen am nachhaltigsten. Wirklich. Nach der Panikmache durch die ersten Publikationen der »Womens Health-Initiative«-Studie hinsichtlich eines erhöhten Brustkrebsrisikos bei HET im Jahre 2002 haben sich die Wogen geglättet. Neben der Tatsache, dass das Risiko sehr gering ist, sind nun auch die positiven Effekte, die ich schon skizziert habe, durch Studien gesichert. Die Therapie-Leitlinien für Wechseljahrsbeschwerden wurden entsprechend geändert. Viel Bewegung in die Diskussion zum Für und Wider hat dankenswerterweise auch die Frauenärztin Dr. Sheila de Liz mit ihrem lesenswerten Buch »Woman on fire« gebracht. Etwas konservativer, aber mit viel Wissen, studiengesichert und mit reichlich praktischer Erfahrung zeigt der »Kompass Wechseljahre« in seiner 2. Auflage von 2015 von Dr. Anneliese Schwenkhagen und Dr. Katrin Schaudig den Weg durch die Wechseljahre. Aktuelle Updates erhältst du im sehr empfehlenswerten Podcast »Hormongesteuert« (siehe »Survival Guide«) von Dr. Katrin Schaudig. Nicht so sehr medizinisch daherkommend, aber aufräumend mit Tabus, und mit Lösungen für körperliche und psychische Beschwerden in den Wechseljahren versehen, erschien »Wechseljahre – Das Upgrade« der Health- und Menopause-Expertin Anke Sinningen. Mach Dir gern ein zusätzliches Bild und entscheide dann.

Um das Bild zu vervollständigen, fehlt noch ein Hormon, das ebenso mit den Wechseljahren – etwas langsamer als Östrogen und Progesteron – entschwindet: das Testosteron.

»Was ist mit Testosteron?«, werde ich immer wieder gefragt. »Das soll doch in den Wechseljahren der Gamechanger für die Libido sein.« Wenn es doch so einfach wäre. Ausgewiesene Expertinnen wie Dr. Katrin Schaudig, z. Zt. Präsidentin der »Deutschen Menopause Gesellschaft« sowie gynäkologische Endokrinologin in der Praxis »Hormone Hamburg«, und Dr. Anneliese Schwenkhagen sagen »Jein!« Allein ein niedriger Testosteronspiegel im Blut ist kein Beweis, das mäßige Libido damit zusammenhängt. Beziehungsprobleme, Belastungen durch Arbeit, Wechseljahre, Familie und Alltag sind eher die Auslöser, das gilt es auszuschließen. Nur wenn Frauen erzählen, dass sie ihre fröhlich gelebte Sexualität mit den Wechseljahren wie auf Knopfdruck verloren haben, verspricht ein Versuch mit Testosteron Besserung. Frauen empfinden es dann, als ob ein Schalter umgelegt würde. Viele sagen: »Ich freue mich wieder drauf!«

Testosteron wird dann in frauenspezifischer Dosis (1/10 derer für Männer) als Vaginalcreme mit gleichzeitiger Wirkung auf die Haut oder Creme – gern auf die Wade geschmiert – verordnet. Fertigpräparate gibt es in Deutschland nicht.

Ein Nebensatz dazu, warum es diese Dinge nicht als Fertigpräparate gibt. Es gab mal ein Testosteronpräparat, zugelassen für Frauen, die jung ihre Eierstöcke durch Erkrankung und OP verloren hatten. Das machte Sinn für deren Libido, Muskelkraft und Knochendichte, Energie und Lebensfreude. Die Pharmafirma hat das Präparat wegen geringen Umsatzes wieder vom Markt genommen. Neuzulassungen sind meines Wissens nicht unterwegs. In England scheint sich durch Druck von Frauengruppen gerade etwas zu bewegen. Mal sehen, was dabei rauskommt. Die hier erforderlichen Prüfungen des Präparates in Studien stehen mit ihren Kosten für die Firmen in keinem Verhältnis zum zu erwartenden Gewinn.

Hormonfreies und Pflanzliches

Gibt es etwas Gutes für Vulva und Vagina ohne Hormone? Und auch gegen Wechseljahrsbeschwerden? Ja, unbedingt. Diese Fragen kommen vor allem von Frauen nach Brustkrebs oder mit erhöhtem Brustkrebsrisiko und anderen Kontraindikationen, aber auch von Frauen, die wenig Beschwerden haben oder so natürlich wie möglich mit ihrem Körper umgehen wollen.

Gar nicht pflanzlich oder sonst wie natürlich, aber laut Studien gut wirksam gegen Hitzewallungen, ist das neue Medikament »Veoza«, das seit 2024 zugelassen ist. Es wirkt nicht als Hormon, sondern beeinflusst das durch den Östrogenabfall gestörte Gleichgewicht zwischen dem Östrogen und Neurokenin B im Temperaturkontrollzentrum des Gehirns. Es spricht alles dafür – und das finde ich extrem gut –, dass auch Frauen nach Brustkrebs dieses Präparat nutzen können. Und es ist rezeptierbar und wird von den Krankenkassen erstattet.

Für Frauen nach Brustkrebs gelten besondere Regeln, aber es gibt auch da Linderung, wie u. a. durch die schon beschriebene DHEA-Creme. Dazu in einem späteren Kapitel mehr.

Bei dem einen Drittel Frauen mit heftigen Beschwerden reicht insbesondere Hormonfreies oft nicht aus, die Beschwerden so zu lindern, dass sie sich wohlfühlen, wieder gut schlafen, sich konzentrieren können und das Liebesleben genießen.

Üblicherweise werden Präparate mit pflanzlichen Wirkstoffen verordnet. Bewährt haben sich Extrakte aus der Traubensilberkerze, bekannt auch als Cimicifuga, manchmal ergänzt mit Johanniskraut als pflanzliches Antidepressivum. Die Wirkung der Traubensilberkerze ist gut untersucht und wird in verschiedenen Leitlinien empfohlen. Entsprechende Präparate sind z. B Remifemin oder Klimadynon. Auch dem sibirischen Rhabarber wird eine gute Wirkung bescheinigt, genauso Extrakten aus Rotklee und Soja. Diese Präparate wirken darüber, dass sie sich an die sogenannten Östrogenrezeptoren in verschiedenen Zellen heften und der Hirnanhangdrüse vorgaukeln, es sei doch Östrogen da. Leider lässt sie sich nicht so leicht täuschen und schießt oft doch mit ihren Hormonen FSH und LH, bis sie irgendwann merkt, dass trotz aller Anstrengung aus den Ovarien keine Antwort mehr zu erwarten ist.

Hinsichtlich Rotklee, Soja und Sibirischem Rhabarber ist man zurückhaltend bei Frauen nach Brustkrebserkrankung, da sie sogenannte Phytoöstrogene enthalten und nicht endgültig geklärt ist, ob Krebszellen davon im Wachstum stimuliert werden. Salbei hilft gegen das Schwitzen bei Hitzewallungen, Passionsblume, Melisse, Baldrian und Johanniskraut gegen Unruhe und Schlafstörungen.

Natur pur

»Weißt du, wir kommen ohne diese Östrogencreme zurecht, das wollte ich dir noch mal sagen!«, vertraute mir eine Freundin, wie ich in den Siebzigern, an. »Wir nehmen Spucke!« - »Wunderbar«, entgegnete ich, »dann hast du immer was dabei.«

Wem das nicht reicht, dem kann hyaloronhaltige Creme zu mehr Feuchtigkeit und Elastizität verhelfen. Außerdem lindert sie Symptome wie Juckreiz, Brennen und Wundgefühl bei Scheidentrockenheit. Du findest verschiedene freiverkäufliche Präparate auf dem Markt. Auch Öle kannst du zur Pflege benutzen. Mein Lieblingsöl ist ein Granatapfelöl. Es hat eine regenerierende Wirkung, ist geschmeidig, riecht gut und durchaus »leckbar«. Wenn du schon ein anderes Öl gefunden hast, z. B. Olivenöl, Kokosöl oder Vaseline, es dir gefällt und deine Bedürfnisse hinsichtlich Wirksamkeit befriedigt, auch gut. Achtung: Falls ihr Kondome benutzt – die sind meist ölempfindlich. Sie müssen aus nichtlatexhaltigem Kunststoff bestehen.

Körper im Umbruch – was jetzt wichtig ist – für Männer

Auch Männer haben »Wechseljahre« – aber viel subtiler als Frauen. Die besagten »grauen Schläfen« heißen erst mal gar nichts. Die Zeugungsfähigkeit bleibt bis ins hohe Alter erhalten, weil die Spermien im Hoden immer frisch nachgebildet werden. Eher fällt dir – und durchaus auch deiner Partnerin – auf, dass der Penis zwar noch steht, aber nicht mehr im spitzen Winkel zum Körper und auch nicht mehr ganz so prall. Funktioniert aber sonst noch wunderbar beim Liebesspiel. Das liegt daran, dass zwischen 40 und 50 der Testosteronspiegel langsam, aber kontinuierlich sinkt und die Blutgefäße sich altersbedingt verändern. Die Durchblutung wird ebenfalls beeinträchtigt durch Krankheiten, die in dieser Zeit vermehrt auftreten können, wie Diabetes und Herz-Kreislauf-Erkrankungen.

Mit dem Sinken des Testosteronspiegels können sich verschiedene körperliche und psychische Veränderungen einstellen – aber wie schon gesagt – viel dezenter als das die Wechseljahre bei Frauen mit sich bringen, und auch individuell sehr verschieden. Ein bisschen mehr Körperfett, gern im Bauchbereich, Abnahme der Muskelmasse, Erektionsstörungen und auch ein Nachlassen der Libido sind typische Symptome. Stimmungsschwankungen und Schlafstörungen können sich ebenfalls einstellen. Ob der schwindende Testosteronspiegel schuld ist oder allgemeiner Stress, bekommst du durch eine Hormonmessung im Blut heraus. Was dich als Mann sicher am meisten stört, ist, wenn dein spezieller Freund, der Penis, nicht mehr steht. »Penisfrust« nennt das Michael Sztenc in seinem Buch »Klappt's?« Die Erfahrungen des Schlappmachens oder des zu frühen »Kommens« (vorzeitiger Samenerguss) sorgen nicht selten für Unsicherheit. Angst vor erneutem Versagen stellt sich ein. Es entwickelt sich ein Teufelskreis. Wie kommst du da raus? Auf jeden Fall nicht durchs Vermeiden durch Werkeln, Zeitunglesen, Abhängen vor der Glotze oder am Computerspiel und so weiter. Du ahnst schon: Den Lebensstil zu ändern, ist immer eine gute Idee. Sport, gesunde Ernährung, wenig Alkohol und Nikotin, Stressabbau sind auf jeden Fall zuträglich. Der Weg zum Hausarzt oder Urologen zur Bestimmung des Testosterons und zum Ausschluss von speziellen Risikofaktoren wie Prostatavergrößerung und Herz-Kreislauferkrankungen ist dringend anzuraten.

EXKURS

Blick über den Tellerrand

Allen Männern mit Erektionsstörungen wird unbedingt empfohlen, ihr Herz ärztlich checken zu lassen. Der Penis, auch als »Antenne des Herzens« bezeichnet, kann früh Hinweise auf Gefäßverengungen geben. Es gibt zwar Stimmen, die einem Tod im Liebesakt so was wie einen Heiligenschein verleihen – ich wäre aber für vorbeugende Maßnahmen.

Zur Wiederbelebung der »Penislust« gibt es verschiedenste Möglichkeiten. Bei zu niedrigem Testosteronspiegel kann nach Ausschluss von Kontraindikationen wie bei Frauen eine »Hormonersatztherapie« – hier mit Testosteron – helfen. Sexual- und psychotherapeutische Unterstützung macht Sinn bei der Bewältigung der emotionalen Komponente. »Viagra« und seine verschiedenen Weiterentwicklungen (s. u.) geben dem Penis seine Standhaftigkeit zurück. Anregungen für einen anderen, bewussteren Umgang mit dem Körper, angefangen schon bei der Masturbation, findet ihr bei den Übungen. Und natürlich lohnt es sich auch immer über den Tellerrand seiner Glaubenshaltungen, seines Schamgefühls zu gucken. Kommunikation tut gut, mit anderen Männern, mit deinem Lieblingsmenschen. Es gibt so viel mehr Facetten im Liebesspaß als das eingefahrene Rein-und-raus-Spiel.

MUTMACHGESCHICHTE

Weniger ist manchmal mehr!

Günther und Gisela kamen zu mir, weil sie immer wieder über das Wie und Wann beim Sex stritten. Günther, 67, hatte schon ein paar Jahre Probleme, die Erektion zu halten, manchmal wollte sie sich auch gar nicht einstellen. Er war beim Urologen und auf dessen Anregung auch beim Internisten. Prostata, Herz und auch Testosteronspiegel waren okay. Der Urologe hatte ihm daraufhin ein Nachfolgepräparat von Viagra, Cialis 20 mg (als Generikum Tadalafil), verordnet.

Diese Präparate wirken nur bei sexueller Erregung. Leider musst du sie mindestens eine halbe Stunde vor dem gewünschten sexuellen »Event« einnehmen. Tadalafil wirkt etwa 36 Stunden und wird nicht von Nahrungsmitteln beeinträchtigt. Viagra wirkt vergleichsweise kurz, nur etwa 4–5 Stunden und wird durch manche Nahrungsmittel schlechter resorbiert.

MUTMACHGESCHICHTE

Diese besondere Art der Vorbereitung machte es Günther nicht leichter. Früher hatte sich der Sex »so ergeben«, abends im Bett, nach ein bisschen Kuscheln. Meist, wenn er Lust verspürte. Oder am Wochenende auch mal morgens. Schon das Ausbleiben der Erektion hatte ihn verunsichert, oft hatte er einfach länger ferngesehen, war später ins Bett gegangen, um das Kuscheln zu vermeiden. Oder er ließ sich von einem Porno stimulieren – die Erektion kam dann noch relativ zuverlässig – und betrieb Solo-Sex. Mit der neuen Wunderpille wusste er nicht so recht umzugehen. Er nahm sie und stand dann doch von Erwartungen angeturnt vor der nichts ahnenden Gisela. Die fühlte sich nun gedrängt – beste Bremse für Erregung und Lust – und wies ihn ab. Du kannst dir vorstellen, wie es weiterging ... Sie landeten auf den Tipp einer Freundin hin bei mir – nach ein wenig »*Sex-Education*« wussten sie, wie's geht: Schon den Alltag mit Sich-in-die-Augen-Blicken beginnen, Berührungen oder Küssen im Vorübergehen, kleine zärtliche Botschaft per SMS mal zwischendurch (Kommentar Günther, verschmitzt: »Ich glaub, das kann ich noch!«). Alten Groll ansprechen, aufarbeiten, abturnende Besserwissereien von beiden Seiten weglassen. Und bester Tipp – sich zum Sex verabreden, was ein bisschen Überzeugungsarbeit von meiner Seite kostete. Sie ließen sich drauf ein und das Wunder geschah!

Eine gute Möglichkeit für Männer, spontaner unterwegs zu sein, bietet die Einnahme von nur 5 mg Tadalafil täglich. Etliche schlagen dabei zwei Fliegen mit einer Klappe: Dieses Medikament ist zugelassen und wird verordnet an Männer mit Prostatahyperplasie, dann sogar in Deutschland auf Kassenrezept. Gut verträglich, mit wenigen Kontraindikationen, ermöglicht dieser Einnahmemodus eine passable Erektion ohne »akute« Vorbereitung.

»Hart wie Stahl und lange Ausdauer beim Sex« verspricht ein Penisring-Shop, gleich dabei eine Anleitung, wie du den Ring benutzen kannst. Ein Penisring, auch *Cockring* genannt, ist ein aus Leder, Silikon, Gummi, weichem Kunststoff oder Metall gefertigter Ring, der um Penis, Eichel oder Hodensack gelegt wird und das Liebesspiel insgesamt erweitern oder eben die Erektion stabilisieren kann. Probieren geht über studieren. Allein das Blättern im Onlinekatalog turnt an!

Über die komplizierteren Erektionshilfen in Form von Injektionen und Pumpen spreche ich im Kapitel über Erkrankungen, die zum Verlust der Erektion führen.

Wenn der Körper nicht so will wie wir

Unsere Lebenserwartung hat deutlich zugenommen. Das freut uns, hat aber den Nachteil, dass Älterwerden auch in gewissem Maß mit Krankheit verquickt ist. Es ziept hier, es ziept da, Gelenke – insbesondere Knie, Hüfte, Wirbelsäule – werden empfindlich. Gott sei Dank ist die Möglichkeit, zu reparieren und Ersatzteile einzubauen, weit fortgeschritten. Danach kommt man wieder locker die Treppe rauf und runter oder wedelt sogar mit neuer Hüfte im Schwung die Piste runter. Dazu trägt auch die mehr und weniger gesunde Lebensweise bei. Man bleibt ziemlich fit und erholt sich mit Physio und Kur schnell wieder.

Sexualität und Krankheit: Wenn beides kollidiert

Auch wenn die Wechseljahre keine Krankheit sind, für manches weibliche Wesen kommen sie so stürmisch daher, dass es sich wie Krankheit anfühlt. Wenn dann noch wenig Wissen um den Umgang damit vorhanden ist, geschürte Ängste gegenüber z. B. den hilfreichen Hormonen im Spiel sind und sich das alles auch noch aufs Liebesleben auswirkt, dann ist guter Rat teuer. Gott sei Dank hat sich um das Thema Klimakterium in den letzten Jahren viel bewegt. Angefangen bei dem sogar in Gynäkologenkreisen aufrüttelnden und bereits erwähnten Buch »Woman on Fire« von Sheila de Liz, gibt es diverse immens gute Podcasts, Ratgeber und Beiträge auf YouTube und Instagram. Du findest die Links im »Survival Guide« im Anhang. Frauen, denen das nicht reicht oder die mit besonderen körperlichen Bedingungen leben, lassen sich zusätzlich beraten.

Leider gibt es noch mehr Krankheiten, die Menschen unterschiedlich beeinträchtigen können und die ihre erotische Energie schwächen. Tun die Gelenke am ganzen Körper weh, wie bei Rheuma, Arthritis oder Arthrose, hast du »Rücken«, Migräneattacken, um einige im Älterwerden häufigere Erkrankungen zu nennen, sind die Schmerzen auch mit Schmerzmitteln und spezieller Medikation nicht ganz weg, und es gibt zusätzlich Nebenwirkungen durch die Medikamente wie Übelkeit, Schwindel oder Müdigkeit. Das macht dann auch noch schlechte Laune. Wenn dann also in einer Paarbeziehung einer oder eine betroffen ist, wird sich das irgendwie im Umgang miteinander und in der Sexualität auswirken. Studien zeigen – und das gilt für alle Beeinträchtigungen im Leben –, dass dies umso weniger der Fall ist, je besser die Sexualität eines Paares auch vorher schon war. Insbesondere die Kommunikation spielt eine große Rolle, immer wieder, sei es ganz allgemein, sei es über ihre Sexualität. Verbal genauso wie nonverbal.

Der Einfluss von Medikamenten auf die sexuelle Funktion

Medikamente wirken auf die sexuelle Funktion einmal über ihre direkte absenkende Wirkung auf die Produktion der sexuellen Hormone an Eierstöcken und Hoden, Östrogen und Testosteron, oder der Neurotransmitter im Gehirn. Das fängt schon bei der Antibabypille an, wo gewisse Gestagene bei manchen jungen Frauen zu Libidoverlust führen. GNRH-Analoga erhalten Frauen bei Endometriose und Frauen wie Männer in der Krebsbehandlung bei Brust- oder Prostatakrebs, um Östrogen und Testosteron als Endometriose bzw. Krebswachstum antreibende Stoffe auf Null abzusenken. Starke Schmerzmittel, sogenannte Opioide, wirken negativ über Minderung der Testosteronproduktion. Das Absenken der Testosteronproduktion durch Medikamente wird auch bei Prostatahypertrophie, Haarausfall und bei Prostatakrebs genutzt. Es sind die 5-Alpha-Reduktase-Hemmer.

Leider verursachen Antidepressiva beim Wirken ein gewisses »Kuddelmuddel« im Gehirn, im Reich der Glücksbotenstoffe, der sogenannten Neurotransmitter. Steigt die Stimmung dann im Alltag wieder, sinkt sie leider oft im Bett. Dopamin und Serotonin sind für Lust, Erregung und Stimmung da. Sie reagieren auf ein Antidepressivum ähnlich wie auf die schon beschriebenen Veränderungen von Östrogen und Testosteron. Die Wirkungen der Medikamente sind dabei unterschiedlich von Person zu Person und auch von ihrer pharmazeutischen Zusammensetzung her. Es gibt auch Psychopharmaka, die nicht auf die Libido wirken, wie z. B. Buproprionhydrochlorid (Elontril). Die Verordnung muss hinsichtlich Wirkung und Nebenwirkung gut austariert sein. Es gibt bestimmte Regeln beim Wechsel von einem Psychopharmakon auf ein anderes, das muss unbedingt ärztlich begleitet werden.

Auch die Inhaltsstoffe selbst können eine direkte Nebenwirkung haben. So einige blutdrucksenkende Mittel wie Betablocker und Diuretika beispielsweise. Genauso die cholesterinsenkenden Statine und Antiarrhythmika bei Herzrhythmusstörungen.

Außerdem gibt es bei vielen Krankheiten Medikamente, bei denen die Nebenwirkungen so sehr beeinträchtigen, dass einem dadurch längst die Lust vergangen ist. Das betrifft insbesondere Chemotherapeutika bei Krebserkrankungen. Aber auch bei vergleichsweise gut behandelbaren

Krankheiten verursachen Medikamente Müdigkeit, Übelkeit, Schwindel, Kopfschmerzen, Schlafstörungen. Sex fällt dann meist aus.

Es kommt immer wieder vor, dass in der Sprechstunde dieser Aspekt der Lustlosigkeit durch Medikamente nicht ausreichend besprochen wird, auch du selbst hast vielleicht Angst, es anzusprechen, oder du schämst dich deiner Bedürfnisse. Frei nach dem Motto: »Hauptsache, mir geht es besser – Sex ist doch jetzt nicht so wichtig.«

Doch, er ist wichtig. Berührt zu werden und selbst zu berühren, der zusätzliche Glückshormoncocktail bei Erregung, beim Orgasmus, die gute Stimmung, die körperliche und mentale Nähe und der Spaß tragen zur Gesundung bei.

Typische Krankheiten

Diabetes, Herzkrankheiten, Depressionen & Co.

Volkskrankheiten wie Diabetes, Hypertonus, Übergewicht beeinflussen nicht nur das allgemeine Wohlbefinden, sondern auch die sexuellen Funktionen. Oft kommt alles zusammen und summiert sich in seinen negativen Auswirkungen. Als ob das nicht schon reichen würde, tun auch die Medikamente noch ihren Teil dazu. Heißt für Männer fragile Erektion und für beide Libidoverlust!

Hoher Blutdruck und hohe Blutzuckerwerte können Blutgefäße verengen und die Durchblutung stören. Im Penis kann dadurch der nötige Druck für die Erektion nicht hergestellt werden. Zusätzlich ist durch Verkümmerung der Nervenendigungen, die sogenannte Neuropathie, die im Prinzip zu Sensibilitätsstörungen am ganzen Körper führen kann, die nötige Feinfühligkeit für sinnliche Berührung gestört.

Vulva und Vagina reagieren auf verminderte Durchblutung mit Infektanfälligkeit und Trockenheit. Durch die Veränderung an den Nerven rückt auch oft der Orgasmus in weite Ferne. Stress und Angst vor weiteren Erkrankungsfolgen wie Herzinfarkt und Schlaganfall bei körperlichen Belastungen, also auch beim Sex, begleiten dich dann. Oder – ich mag es gar nicht aufschreiben – offene Beine und Amputation im schlimmsten Fall. Aber auch Menschen, die gut eingestellt sind in Medikation und gesundem Lebenswandel, d. h. auch durch Verzicht auf manchen bisher wichtigen Genuss, sind schlichtweg beeinträchtigt.

Wird das nicht gut verarbeitet, ist das Leben sowieso voller Probleme und schwer zu managen. Bist du allein oder zu zweit, aber unberührt, erscheint nicht selten noch eine Angststörung oder eine depressive Verstimmung bis hin zur Depression.

Depressionen stellen sich auch völlig unabhängig von den oben beschriebenen Krankheiten ein. Genetische und biografische Einflüsse, belastende, nicht bewältigte Situationen im Leben eines Menschen führen zu verschiedensten psychischen Erkrankungen.

Frauen sind zwei- bis dreimal häufiger von Depression betroffen als Männer. Allerdings kann es gut sein, dass die Dunkelziffer hinsichtlich Männerdepression deutlich höher ist. Zu »Wann ist der Mann ein Mann« gehört auch, sich seltener Hilfe zu holen oder eine eigene Therapie mit Substanzmissbrauch einzuleiten. Frauen nehmen eher psychotherapeutische Behandlung in Anspruch. Oft fehlt aber ein Platz für begleitende Psychotherapie oder diese reicht nicht aus, dann wird ein Psychopharmakon, ein Antidepressivum, verordnet.

Parkinson

Du hast die Diagnose »Parkinson« erhalten? Und du spürst Auswirkungen auf dein Liebesleben? Auch wenn verschiedene Aspekte von Erkrankungen an Muskeln und Gelenken auch auf Parkinson zutreffen, wie Bewegungseinschränkung und Muskelsteifheit, gibt es bei Parkinson doch noch wesentlich mehr Auswirkungen auf Emotionen, Libido und körperliche Funktionen. Parkinson ist eine langfristige degenerative Erkrankung des zentralen Nervensystems. Ursächlich ist die Veränderung im Dopaminhaushalt. Dopamin überträgt einerseits die Signale zur Koordinierung der glatten Muskulatur. Außerdem ist es neben Serotonin und Oxytocin eines unserer Wohlfühlhormone. Es aktiviert das Belohnungssystem, das System für Glücksgefühle, und somit unseren inneren Antrieb und unsere Stimmung. Du kannst dir vorstellen, dass ein Leck dort dem Ausleben von sexuellen Bedürfnissen nicht guttut! Eine verminderte sexuelle Funktion ist quasi unvermeidlich.

Bei Parkinson betrifft es in der Regel die Libido bis hin zu Schwierigkeiten mit dem Orgasmus. Männer haben Probleme mit der Erektion und auch mit der Fähigkeit zu ejakulieren, Frauen klagen über zu wenig vaginale Feuchtigkeit beim Sex, was dann zu Schmerzen führt. Neben der zentralen Wirkung im Gehirn erhöhen Blasenfunktionsstörungen wie häufiger Harndrang, niedergedrückte Stimmung, rigider Muskeltonus mit Muskelschmerzen, ein Ruhezittern, das allerdings bei aktiven Bewegungen abnimmt, nicht unbedingt die Lust auf erotische Freuden. Wie gehen an Parkinson-Erkrankte damit um? Erst mal gibt es eine ausgefeilte individuelle medikamentöse Therapie, die z. B. videounterstützt das tägliche Leben des Patienten, der Patientin mit seinen verschiedenen Herausforderungen unterstützt und Symptome deutlich reduziert. Trotzdem reagieren etwa 40 % allein durch das Wissen der Diagnose mit dem unausweichlich chronischen Verlauf und der durch die verschiedenen körperlichen Beschwerden eingeschränkten Leistungsfähigkeit mit einer Depression. Antidepressiva heben dann vielleicht die Stimmung, das Selbstbewusstsein und das Selbstwertgefühl, führen aber ihrerseits zu sexuellen Funktionsstörungen.

Wie ist es bei dir? Spürst du die emotionalen Symptome Trauer, Wut, Angst und Erschöpfung? Kommt die Veränderung des Körpers dazu? Aussehen, unfreiwillige Bewegungen, eingeschränkter Gesichtsausdruck, teigige Haut und Körpergeruch? Alles, was einen selbst körperlich beeinträchtigt, ist – ganz gemein – auch für deinen gesunden Partner, deine Partnerin relevant. Physische und psychische Herausforderungen wirken sich unweigerlich auf die Beziehung des Paares aus. Liebevolle Berührungen und der Ausdruck von Gefühlen sind vermindert, auch wenn beide Partner sich nach Intimität sehnen. Übliche »Attraktionscodes« werden nicht mehr bedient, manche Veränderungen können eher bremsende Wirkung auf die erotische Anziehung haben.

EXKURS

Was dir guttut

Kommunikation mit den behandelnden Ärzten über mögliche medikamentöse Vorgehensweisen sind ein Schritt. Viagra und seine Varianten bieten dir als Mann eine gute Möglichkeit, dem Glied wieder Stand zu geben und Sex einschließlich Orgasmus zu genießen. Als Frau kannst du dir mit Ölen, z. B. dem regenerierend wirkenden Granatapfelöl, oder Gleitgelen die nötige Feuchtigkeit verschaffen. Mindestens ebenso wichtig ist das Besprechen der Sorgen mit dem Lieblingsmenschen. Ängste finden sich allein schon durch die Diagnosestellung ein. Das Offenbaren unerfüllter Bedürfnisse ist ein wesentlicher Teil der

Lösung des Beziehungs- und Sexualproblems.

Allein dabei kann eine Sexualberatung als Gesprächskatalysator hilfreich sein. Schon das Wissen über das, was auf einen zukommen könnte, hilft im Umgang damit. Ganz konkrete Ratschläge fand ich in einem Artikel von Yvonne K. Fulbright, PhD. Weil Parkinson-Betroffene in der Regel morgens weniger müde sind, sollten sie auch die sexuellen Aktivitäten auf diesen Zeitpunkt verlegen. Seid bereit, eure sexuellen Vorlieben und Gewohnheiten anzupassen und die »Speisekarte« in Form von anderen Stimulationen und neuen Positionen zu erweitern. Es wird anders sein, aber nicht weniger intim und befriedigend – wenn ihr dazu bereit seid!

Rücken, Hüfte, Knie, Arthritis, Arthrose ... – ach, diese Gelenkbeschwerden

Gelenkbeschwerden machen einem manchmal das Leben schwer, egal ob beim Bücken, Knien, Laufen, bei der Arbeit, zu Hause, bei Freizeitaktivitäten und beim Sport, beim Wandern in den Ferien, beim Schlafen und Drehen des Nachts – und dann auch noch beim Liebesleben. Sie können wirklich einschränkend sein. Bei vielen Menschen sind sie leider typische Begleiterscheinungen des Älterwerdens, und bei Frauen auch der hormonellen Veränderungen wegen. Gelenkbeschwerden sind eines der Kardinalsymptome in den Wechseljahren, weil neben gewisser Abnutzung durch den Östrogenmangel die Schmiere im Gelenk fehlt. Auch durch Unfall oder durch andere Erkrankungen in ihrer Bewegung eingeschränkte Menschen können von den hier gegebenen Hinweisen sicher in gewissem Maße profitieren.

Fürs Liebesleben sind Gelenkbeschwerden doppelt belastend: Zum einen, weil es einen mental beschäftigt, wenn sie immer schlimmer werden und die andauernden Schmerzen schlechte Laune machen, und zum anderen, weil bestimmte Bewegungen und sogar Berührungen schlicht nicht mehr möglich sind. Kleiner Trost: Sexuelle Erregung macht dich durch die Ausschüttung der Endorphine beim Akt etwas weniger schmerzempfindlich und verbessert auch die Laune, zumindest meistens.

Wie geht das beste Schmerzmanagement? Verschiedene ärztliche Fachgebiete und die Physiotherapie werden euch mit spezifischen Behandlungen versorgen, die lindern, in manchen Fällen sogar bis hin zur Beschwerdefreiheit führen. Mit denen kannst du besprechen, welche Schmerzmittel du vor einem sexuellen *Encounter* nehmen solltest. Im Allgemeinen kannst du das aber allein entscheiden. Die Zeit bis zum Wirkeintritt schränkt nur leider die Spontanität ein bisschen ein. Aber sie lässt sich gut nutzen. Wie wäre es zum Beispiel mit einem warmen Bad, einer gemeinsamen Dusche, zärtlichem Vorspiel oder einer sanften lockernden Massage? Was hilft noch? Wie immer: im Gespräch bleiben; Wünsche, Bedürfnisse äußern; über deine Ängste, deine Schmerzen reden. Seid offen für andere Spielarten der Sexualität, statt darauf zu bestehen, dass nur das Rein-raus-Spiel, der penetrative Sex, das einzig Richtige und Normale sei. Erkundet doch mit Händen und Zunge andere erotische Spots am Körper, und das alles mit angemessenem Tempo. Probiert neue Stellungen, seid kreativ. Dabei haben sich bewährt: Stühle, Sessel mit Lehnen, weiche und stabile Kissen.

Bei einigen Gelenkbeschwerden, typischerweise Hüfte, Knie, mittlerweile auch Schulter, bringt eine OP für fast alle extreme Besserung. Nicht wenige haben nach einem halben Jahr vergessen, dass da mal was war. Auf die Frage »Wann darf ich wieder Sex haben?« geben verschiedene Broschüren der behandelnden Kliniken Auskunft: »Nach einer Knieprothese sehr rasch wieder. Mit einer Hüftprothese sollten Sie vorsichtig ausprobieren, was geht, und Stellungen mit Beugung der Hüfte über 90 Grad vermeiden«, heißt es in einer von ihnen.[6]

Nach einer Hüft-OP darf in den ersten 6–12 Wochen keine übermäßige Beugung, keine starke Drehung des Beins nach innen oder außen stattfinden. Die oben erwähnte Broschüre schlägt Positionen mit Skizzen vor, je nachdem, ob Mann oder Frau eine neue Hüfte bekommen hat. Das Schöne ist, dass der Lieblingsmensch – meist – noch ziemlich flexibel ist. Beim Knie kommt die Einschränkung hinsichtlich Sex eher aus noch bestehenden Schmerzen, einer Schwellung und der dadurch begrenzten Beweglichkeit. Danach ist außer knienden Positionen wieder alles, was Spaß macht, möglich. Kissen und Polster helfen genauso wie vor einer OP. Dass es bei entsprechender Wiedersehensfreude auch ohne viel »Fisimatenten« geht, habe ich ja schon erzählt.

Für alle oben genannten Einschränkungen: Unterstützen könntest du dich bei Bedarf mit sogenannten »Intimitätshilfen«. Das sind die schon erwähnten Keilkissen, aufblasbare »Sexrampen«, Haltegriffe, Massagestäbe mit verlängertem Griff, Soft-Bänder, die die Hände führen, wenn die Beweglichkeit eingeschränkt ist. Auch Vibratoren möchte ich hier erwähnen. Bist du als Frau mit deinen Händen zu schwach und nicht mehr in der Lage, die für dich genussbringende Klitorisstimulation wie früher durchzuführen, dann versuche es damit. Du bekommst die Hilfsmittel mit Glück im Sanitätshaus oder – ganz diskret – im Internet, sei es in Sexshops oder bei Amazon.

Brustkrebs

Unter den vielfältigen Krebserkrankungen verursacht Brustkrebs einen besonders massiven Einschnitt in dein Sexualleben. Ist die Brust doch ein Organ, das ganz besonders mit

Lustempfinden, unserem eigenen Körperbild und unserer Attraktivität verbunden ist. Dann tritt die Krankheit mit ihrem ganzen Bedrohungsszenarium in unser Leben, du musst dich mit der Bewältigung der Situation – Diagnose, Therapie, Heilungsphase – auseinandersetzen. Die Sexualität wird Nebensache und gar als völlig unangemessen empfunden. Wie findest du, findet ihr wieder zur Sexualität zurück? Wie erlebst du den Alltag mit seinen Herausforderungen? Wie einschneidend bleiben die Folgen der Therapie?

Jede Frau geht unterschiedlich mit ihrer persönlichen »Wiedereingliederung« um. Gehörst du zu denen, die möglichst schnell wieder funktionieren wollen, für die Verdrängen die beste Art der Krankheitsbewältigung ist? Die vielleicht gerade noch die Kur mitnimmt und ins Arbeitsleben zurückstrebt? Das ist ein Weg. Er ist oft damit verbunden, dass Erschöpfung sich in anderen Bereichen zeigt und auf einmal Veränderungen auffallen, die besondere Zuwendung brauchen. Die Therapie nach Brustkrebs beinhaltet so gut wie immer eine Nachbehandlung, die auf das Eliminieren der körpereigenen Östrogene zielt. Tamoxifen, Aromatasehemmer, bei Frauen vor der Menopause oft noch GnRH-Analoga werden dann über mindestens fünf Jahre verordnet. Dadurch verändert sich zu 100 % die Haut von Vulva und Vagina, wird trocken, schrumpft, ist leicht verletzlich – ähnlich wie in den Wechseljahren – nur schlimmer. Und das übliche Heilmittel – eine Östrogensalbe auf Estriol-Basis – darf nicht angewandt werden. Alternativen wie Gleitgele, Hyaluroncremes und Öle lindern nur mäßig. Laserbehandlungen wirken besser, sind aber sehr teuer. Wirksam und mittlerweile auch in den Leitlinien für Brustkrebsbehandlung erlaubt ist eine ultraniedrig dosierte Estrioltherapie (z. B. Oekolp-Ovula 0,03 mg) oder DHEA (Prasteron, z. B. Intrarosa als Ovulum). Mir persönlich ist bei beiden Präparaten eine Vaginalcreme lieber als die Ovula, die im Moment als rezeptierbare pharmazeutische Präparate zur

Verfügung stehen. Die Creme muss rezeptiert und in einer Apotheke[7] angemischt werden. Du kannst dir einfach und verlässlich mit dem eigenen Finger Vulva und Vagina, den sogenannten Introitus, eincremen, dort, wo die Beschwerden, die Enge und Trockenheit sitzen. Die Ovula machen alles schön in der Tiefe der Vagina, benetzen diesen äußeren Bereich aber nicht ausreichend. Das habe ich in der Praxis und in der Beratung vielfach erfahren.

Leider steht, wie schon erwähnt, in den Beipackzetteln der Estriolpräparate: »... darf nicht angewendet werden, wenn Sie Brustkrebs haben oder in der Vergangenheit hatten.« Auch da sagen die Experten, dass es eben entsprechende Vorschriften gebe, wann immer irgendeine Art von Östrogen in einem Medikament enthalten wäre. Aber bei diesen Präparaten dürfte man sich unbedingt darüber hinwegsetzen. Estriol und DHEA werden, nachdem sich die »Schleimhaut« von Vagina und Vulva nach etwa 14 Tagen wieder regeneriert hat, dort resorbiert und auch dort verstoffwechselt. Bei Studien war es dann im Blut nicht mehr nachweisbar.

Dazu kommen oft die üblichen Wechseljahrsbeschwerden, mit denen du dich auseinandersetzen musst. Hormonersatztherapie ist leider keine Option. Unbedingt erwähnen möchte ich hier noch mal eine Empfehlung für das neue Medikament Veoza. Es wirkt vor allem bei Hitzewallungen und Schlafstörungen, ist verschreibungspflichtig, wird von den Krankenkassen erstattet. Frauen mit Leberfunktionsstörungen dürfen es jedoch nicht einnehmen bzw. brauchen eine besondere Überwachung.

Zu dem Zeitpunkt, an dem ich dieses Buch schreibe (Februar 2025), bestehen für Veoza noch Einschränkungen bei der Verordnung für Patientinnen nach Brustkrebs, weil das Präparat nicht an entsprechenden Patientinnen getestet wurde. Eine absolute Expertin hat mir aber versichert, dass durchaus Frauen in die Studien eingeschlossen waren, deren Therapie des Mammakarzinoms schon abgeschlossen war, und die Behandlung ihrer Meinung nach *safe* wäre. Sie hätte es auch schon verschrieben und wüsste, dass weitere Studien laufen, auch zu einem zusätzlichen Präparat.

Eine weitere Möglichkeit bei Hitzewallungen und Stimmungsschwankungen ist z. B. Venlafaxin (Psychopharmakon aus der Gruppe der SNRI – Serotonin-Noradrenalin-Wiederaufnahme-Inhibitoren). Eine aufhellende und schmerzlindernde Wirkung haben Amitryptilin und Duloxetin. Das ist sinnvoll bei Nervenschmerzen nach einer Chemotherapie. Gelenkschmerzen unter Aromatasehemmer reagieren gut auf Paracetamol oder NSAR wie Ibuprofen. Sprich das Thema bitte in der Nachsorge an!

Gehörst du eher zu denen, die sich für die Krankheitsbewältigung Zeit nehmen? Machst du dir Gedanken wie »Warum gerade ich? Bin ich schuld? Was will ich in meinem Leben verändern, lebenswerter machen?« Brauchst du auch Zeit und sogar Überwindung, dich im weitesten Sinne wieder berührbar zu machen?

MUTMACHGESCHICHTE

Seite an Seite

Mit Rita, 58, sprach ich per Zoom. Sie wohnte auf dem Lande und mochte mit ihrem Hausarzt nicht über ihr Thema sprechen. Sechs Monate zuvor war ihr ein bösartiger Knoten aus der Brust entfernt worden. Die Brust konnte erhalten bleiben, sah aber ihrer Erzählung nach völlig narbig und nicht mehr schön aus. »Ich war auch vorher schon mit meiner Brust nicht einverstanden - aber jetzt? Wie soll mein Mann die noch schön finden?« Anschließend war eine Bestrahlung erfolgt. Chemotherapie musste nicht sein, aber eine Behandlung mit Letrozol, einem der Medikamente, die das Östrogen eliminieren. Sie hatte dadurch die üblichen Nebenwirkungen: Gelenkbeschwerden, trockene Schleimhäute an Vagina und Vulva und trockene Haut allgemein, Schlafstörungen und keinerlei Lust auf erotische Begegnungen. Erschwerend kam hinzu, dass sie sich selbst »verstümmelt« fand, immer ein Hemd anbehielt und sich ihrem Mann noch nicht gezeigt, geschweige denn sich von ihm hatte berühren lassen. Sie spürte aber sein Drängen, die mit der Diagnose aufgegebenen intimen Berührungen wieder aufzunehmen, konnte jedoch nicht über ihre Ängste reden. Ich hörte ihr zu und konnte sie beruhigen.

Es kommt häufig vor, dass Paare nach einer Brustkrebserkrankung für eine längere Zeit keinen Sex haben. Nähe, Zärtlichkeit, ein Gefühl von Geborgenheit sind willkommen. Für intensivere sexuelle Begegnungen reicht die Energie aber nicht. Die Auseinandersetzung mit dem auch im erotischen Sinn verletzten Körper ist oft herausfordernd. Gar keine Brust mehr? Fremdkörpergefühl nach Wiederaufbau? Narben? Bewegungseinschränkungen? Welche Spuren hat die Bestrahlung hinterlassen?

Es braucht eine gewisse Zeit, sich neu zu finden, zu spüren. Dann entwickelt sich der Moment, in dem du dich dir selbst und deinem Partner oder deiner Partnerin wieder zuwenden kannst.

Ich ermunterte Rita, sich erst mal selbst vor dem Spiegel anzuschauen, sich die verletzte Brust vertraut zu machen. Dazu gehörte auch das Berühren, Ertasten, gern mit einem Öl. Gleichzeitig regte ich an, das Gespräch mit ihrem Mann zu suchen. Sie könnte erzählen, dass sie seine Nähe und Berührung schätzt, seine Traurigkeit spürt, aber noch nichts zu verschenken hat. Auch ihre Ängste hinsichtlich seiner Ablehnung ob der veränderten Brust mitteilen und ihm die Brust zeigen: »Ich habe Angst vor deiner Reaktion, Angst, dass du mich nicht mehr liebst. Aber ich möchte dir vertrauen!«

Es brauchte mehrere Ermunterungen, Gespräche über frühere Erfahrungen mit Zurückweisungen, Beschäftigung mit dem eigenen Körper über die Brust hinaus, bis Rita sich traute.

Für manche Frauen – und natürlich für die, die gerade keinen Partner haben – macht es Sinn, die Spuren der Krankheit allein zu verwischen. Das »erotische Selbst« neu zu entdecken. Das kann anfangen mit morgendlichem Duschen, wobei man sich mit einem schönen Schaum zart berührt, an Gesicht, Armen, Bauch, Beinen, der Vulva und natürlich der Brust, den Händen mit dem Blick folgend. Danach achtsam abtrocknen und mit gut duftendem Gel eincremen. Irgendwann – auch als Möglichkeit zur Kontaktaufnahme – könnte man die Lieblingsperson, zumindest für den Rücken, dazuholen. Als Nächstes die Vulva mit ein paar Tropfen Granatapfelöl verwöhnen. Wahrnehmen, wie schon die eigene Berührung des Körpers und der typischen erogenen Zonen guttut, und neue erotische Zonen entdecken. Übrigens: Schon bei eigener Berührung wird der Botenstoff Oxytocin ausgeschüttet. Das lässt dich freundlicher mit dir selbst und mit anderen umgehen. Das Granatapfelöl lässt sich ohne Weiteres für die Selbstbefriedigung nutzen. Belebe deine erotischen Fantasien oder hol dir andere Lustmacher, wobei ich weniger an Toys als an Literatur und für dich passende pornografische Filme denke. Wenn du bereit bist, dich wieder auf Sexualität mit deinem Partner oder deiner Partnerin einzulassen, seid offen für mögliche Veränderungen. Nehmt euch Zeit, tauscht und vor allem testet aus, nutzt zarte Hände, den Mund und den ganzen Körper. Guter, genüsslicher Sex ist immer viel mehr als Penetration. Schaut euch auch den Exkurs zu »*Slow Sex*« im Kapitel »Lösungen, die euch näher bringen – trotz gesundheitlicher Herausforderung« an.

Prostatahypertrophie, Prostatakrebs

Von einer großen Prostata, genannt Prostatahypertrophie, sind ab dem 50. Lebensjahr ca. 50 % der Männer betroffen, ab dem 70. Lebensjahr schon 80–90 %. Die Hälfte davon entwickeln mehr oder weniger störende Symptome. Schluss mit dem zielgenauen Pinkeln auf eine Fliege im Pissoir, dafür häufiger Harndrang, auch des Nachts, und schwacher Harnstrahl. Bei einigen hilft schon eine gewisse Veränderung des Lebensstils: weniger Koffein, weniger Alkohol, vor allem vor dem Schlafengehen. Beckenbodentraining und Medikamente können auch helfen und können vom Urologen verschrieben werden. Besonders hinweisen möchte ich da auf Tadalafil, hier in niedriger Dosis, das ähnlich wie Viagra auch die Erektionsfähigkeit verbessert. Damit könntest du also zwei Fliegen mit einer Klappe schlagen!

Braucht Mann dann Stunden auf dem Klo, ich übertreibe, verträgt die Medikamente nicht oder hat andauernd Blasenentzündungen, dann steht die Entfernung dieser Drüse an. Es gibt sogenannte minimal-invasive, schonende oder operative Verfahren. Üblicherweise wird das Prostatagewebe dabei mit einer elektrischen Schlinge über die Harnröhre entfernt. Eine Folge der OP ist, dass bei sehr vielen danach das Sperma nach dem Orgasmus in der Blase landet, mit Folgen für die Zeugungsfähigkeit. Harninkontinenz und Erektionsstörungen sind sehr selten. Anders sieht das bei der Behandlung des Prostatakarzinoms aus, das sich manchmal in einer Hypertrophie (Vergrößerung der Prostata) verstecken kann. Das Prostatakarzinom gehört zu den am häufigsten diagnostizierten Krebserkrankungen bei Männern, die aber bei frühzeitiger Diagnose gute Heilungschancen hat. Der größte Risikofaktor ist schlicht und einfach das Alter, erbliche Faktoren spielen eine kleinere Rolle. Prostatakrebs macht im Frühstadium keine typischen Symptome, kann aber durch die Krebsfrüherkennungsuntersuchung – Bestimmung des PSA-Wertes im Blut und die rektale Tastuntersuchung in etwa 3/4 der Fälle bereits in einem Anfangsstadium diagnostiziert werden. Schmerzen verursacht er erst, wenn er Metastasen – häufig in die Knochen – gebildet hat. Das PSA – Prostata-spezifisches Antigen – ist ein Eiweiß, das in der Prostatadrüse gebildet wird, bei Karzinomen vermehrt, allerdings auch bei der gutartigen Prostatahypertrophie, der ebenfalls sehr häufig vorkommenden Vergrößerung der Prostata. Erhöhte Werte des PSA sind also nur ein Hinweis und müssen weiter abgeklärt werden.

Die Therapiemöglichkeiten sind vielfältig und orientieren sich am Alter und an der Ausbreitung und Bösartigkeit des Tumors. Die Wahl besteht nach Abwägen aller Parameter zwischen radikaler Operation, Bestrahlung, aktiver Überwachung oder medikamentöser Behandlung mit testosteronsenkenden Tabletten. In diesem Fall musst du mit stärkeren Nebenwirkungen und Spätfolgen auf dein Liebesleben rechnen als bei der transurethralen Entfernung einer nur vergrößerten Prostata. Zusätzlich stören Auswirkungen im Alltag in Form von Harninkontinenz, immerhin bei 5–30 %. Erschreckender und dich in deiner männlichen Identität stark verunsichernd sind die Erektionsstörungen. Die robotergestützten Operationen versprechen zwar, die für die Erektion nötigen Nerven zu schonen, und bei der Hälfte der Männer erholt sich diese Fähigkeit nach ein paar Monaten wieder. Aber ein hundertprozentiges Versprechen gibt es nicht. Bei der Bestrahlung ist es umgekehrt: Die Einschränkung der Erektion – immerhin mit 30–60 % angegeben – entwickelt sich peu à peu über Monate und Jahre.

Die testosteronsenkenden Medikamente werden vor allem bei metastasiertem Prostatakarzinom angewandt und setzen noch eins drauf. Testosteron gilt als der Treibstoff für ein Prostatakarzinom. Den gilt es zu eliminieren. Ist das Testosteron auf »Kastrationsniveau« – so der Ausdruck im Beipackzettel –, schwindet neben der Erektion leider auch die Libido. Das reicht schon, um dich in trübe Stimmung zu versetzen. Dazu kommen jedoch noch die Nebenwirkungen der Tabletten wie Hitzewallungen – ähnlich der von Frauen in den Wechseljahren –, Müdigkeit, Gewichtszunahme, Muskelschwund und Osteoporose. Alles eben, was ein guter Testosteronspiegel sonst verhindert. Leider hast du keine große Wahl: »Friss oder stirb« ist die traurige Devise.

Aber das heißt nicht, dass deine Möglichkeiten, am sexuellen Leben teilzunehmen, ein für alle Mal vorbei sind.

MUTMACHGESCHICHTE

Ganz neue Qualitäten entdecken

»Nachdem ich erfahren hatte, dass bei der Punktion doch Krebszellen gefunden worden waren und mir die Prostataentfernung geraten worden war, habe ich zuerst gedacht: Das kann ich ja niemandem erzählen. Wenn die wissen, dass ich dann keinen mehr hochkriege. Das war für mich schlimmer als der Krebs.« Das sagte Manfred, 63, in der Beratung. Seine Frau Petra, 60, hat ihn »mitgeschleppt«. »Er hat gesagt, dass hat sowieso keinen Zweck. Kauf dir einen Dildo und mach es dir alleine!« – »Schmusen ging nicht mehr«, fuhr sie fort, »für mich ganz wichtig. Wir haben sonst immer vorm Einschlafen und morgens einen Moment eng zusammen gelegen, uns geküsst und zart gestreichelt. Manchmal ist daraus dann auch Sex geworden. Schön für mich, schön für ihn. Aber Manfred meinte, wenn er mir keinen Steifen mehr bieten kann, dann könnte das doch überhaupt keinen Spaß mehr machen. Ja, ich finde das auch schade, da waren wir uns immer so besonders nahe. Und ich genieße meinen und seinen Orgasmus. Aber irgendwas anderes muss es doch noch geben.«

»Die Erektion ist die Identitätskarte eines Mannes!«, war ein Satz in meiner sexualtherapeutischen Ausbildung *Sexocorporel*. Klappt es damit nicht mehr, insbesondere so dramatisch, wo doch gerade noch alles im grünen Bereich und unbeschwerter Genuss von Solo- und Paarsexualität ganz nach Gusto möglich war, dann ist Holland in Not. Wie ich schon beim Brustkrebs beschrieben habe, kommt das Paar von der gewohnten Spur ab. Ist schon die Krebsdiagnose verunsichernd für eine Zweierbeziehung, müssen die kurz- und langfristigen Folgen der OP verarbeitet werden. Und sie berühren nun mal ein Thema, worüber die meisten Menschen überhaupt nicht gerne reden, schon vor dieser Herausforderung nicht geredet haben. Im schlimmsten Fall (aus meiner Sex-freudigen Perspektive) trauerst du für dich allein, ziehst dich zurück, werkelst irgendwo, guckst Sportschau, liest, spielst Computerspiele oder so. Michael Sztenc schreibt in seinem Buch »Klappt's? Vom Leistungsstress zum Liebesspiel. Ein Übungsbuch für Männer«, das ich sehr empfehle: »So schwarz oder weiß gehen in der Tat viele Männer nach einer Prostataentfernung mit ihrer Sexualität um. Sie schütten das Kind mit dem Bade aus und verabschieden sich komplett von jeder Form der Erotik. Weil auch Zärtlichkeit und Körperkontakt an das Verlorene erinnern, werden sie ebenfalls vermieden.« Das Angebot Beratung oder Selbsthilfegruppe wird oft als völliger Quatsch abgetan. Deine Partnerin traut sich auch nicht, ihre Bedürfnisse zu formulieren. Mag sein, dass Paare, deren Sexualität vorher schon ziemlich eingeschlafen und deren Beziehung stressig war, den Verlust nicht so vermissen. Ein erotisches Paar mit lebendiger Sexualität trauert und versucht, sich der neuen Situation anzupassen. Trifft das auf dich zu? Dann trifft dich jetzt die Aufgabe, dich nach einer Phase des Trauerns für neue Möglichkeiten zu öffnen. Das braucht seine Zeit, vielleicht auch ein Ritual des Abschiednehmens. Dann gilt es, dich mit deiner neuen Situation anzufreunden und – mit Partner oder Partnerin zusammen neue Möglichkeiten auszuloten. Was bleibt uns? Was können wir neu entdecken? In den letzten Jahren macht der Satz »Sex ist viel mehr als Geschlechtsverkehr!« die Runde.

Das versuchte ich auch Manfred zu vermitteln. Er bekam hier den Raum und die Zeit, über seine Gedanken und Gefühle zu reden. Tränen rannen. Er konnte erkennen und benennen, was für ein Verlust ihm widerfahren war und dass Trauern ein angemessenes Gefühl war, das seine Zeit brauchte. Welche Verunsicherungen und Ängste, Petra nicht mehr zu genügen, immer wieder auftauchten. »Ein Schlappschwanz!« Aber halt, es gab »anderes«. Ich ermunterte die beiden zum 6-Sekunden-Kuss beim Tschüs und Hallo und zu Kuschelarien, wo immer es möglich war. Sie trauten sich, dafür Dates zu verabreden. Ungewohnt – nach so vielen Jahren mit anderen Routinen. Auch Petra musste sich überwinden, den so merkwürdig zarten Penis zu liebkosen. »Wie ein süßes Pferdemaul« – sie war Reiterin. Das erregte Manfred durchaus und gab dem Penis doch wider Erwarten eine gewisse Fülle. Von Mal zu Mal wurden sie entdeckungsfreudiger, bezogen den ganzen Körper mit ein und experimentierten mit Berührungsarten. Und siehe da, durch Petras Mund kam er zum Orgasmus! Und sie dann ebenfalls durch seine spielenden Finger. »Können wir gut mit leben«, war sein Kommentar mit breitem Grinsen.

Es geht auch für dich, für euch darum, Alternativen zu kreieren. Was das betrifft: Es kommt natürlich darauf an, wie viel von deinen alten Fähigkeiten du verloren hast. Nur die Erektion oder auch die Geilheit? Informiere dich, lass dich beraten!

Einfließen lassen möchte ich hier, dass ja nur ein geringer Prozentsatz der Frauen beim Penis-rein-raus-Spiel zum Orgasmus kommt. Sie genießen zwar die Intimität des Penis in der Vagina. Aber für den Höhepunkt sorgen dann eher die Fingerspitzen oder die Zunge des Partners. Das heißt, der Penis wird nicht ganz als Reinstecker vermisst. Mehr schon als verlässlicher Anzeiger: »Ich werde begehrt!« Das fördert durchaus die Lust bei der Angebeteten.

Du könntest auf jeden Fall anfangen, dich über Hilfsmittel zu informieren. Das wird schon in der Klinik passieren. Aber auch und gerade in Selbsthilfegruppen nach Prostatakarzinom. Es gibt die Pillen à la Viagra, Penisinjektionen, Penisringe. Nutze alle Möglichkeiten, um in Stimmung zu kommen: die fünf Sinne und die Fantasie. Berühre dich und deine Partnerin und vice versa, geht weit über das Berühren im Genitalbereich hinaus. Nutze deinen ganzen Körper, berühre sanft oder kräftig, langsam und noch langsamer, tauscht euch aus, was euch gefällt. Lasst euch Zeit beim Geben und beim Nehmen. Nimm wahr, womit du dich und was euch anturnt, und lasst es wieder und wieder passieren. Sei es dir wert. Mit und ohne Erektion oder Libido: Du bleibst ein Mann, der genießen kann!

Demenz – eine besondere Form von Trennung

MUTMACHGESCHICHTE

Das Beste draus machen

In meinem Freundeskreis kommt sie – wie Krebs – immer öfter vor: die Demenz. Es war vorauszusehen, *c'est la vie*. Bert hat die 80 überschritten und ist seit ein paar Jahren immer tütteliger geworden, d. h. sein Kurzzeitgedächtnis speichert nur für ein paar wenige Minuten. Dabei ist er charmant, sieht gut aus und ist sehr interessiert: »Wie geht es dir?« Ich erzähle einfach munter drauflos, über Reisepläne und über meine Arbeit, die Sexualberatung. Da steigt er interessiert ein, hört aufmerksam zu, fragt nach – um nach ein paar Minuten doch wieder zu fragen: »Und wie geht es dir?« Lisa, seine Frau, erst 72, hört zu und lächelt. »Und wie geht es dir?«, frage ich sie. »Welche Rolle spielen Nähe und Zärtlichkeit?« – »Ach ja. Das geht ja nun schon ein paar Jahre, ich nehme es an, das Leben«, seufzt sie. »Er ist ja, wie soll ich das sagen, pflegeleicht. Guckt fern. Ich kann noch genug Sachen für mich machen. Wir haben Hilfe. Und das Liebesleben? Früher war er fast ein *Latin Lover*. Es fehlt mir schon ein bisschen, begehrt zu werden. Die Nächte sind nicht mehr wie früher.« Jetzt lacht sie wieder. »Aber schmusen und uns gegenseitig streicheln, das ist immer noch an der Tages- oder eben Nachtordnung. Auch im Genitalbereich. Gehört vielleicht zum Langzeitgedächtnis. Und wenn ich ihn tagsüber ein bisschen länger küsse, dann blitzt es noch in seinen Augen, so ganz verschmitzt. Ich fühle mich geliebt, weißt du, und für Intensiveres hab ich dann ja noch meinen Vibrator.«

Nach neuesten Berechnungen leben allein in Deutschland fast zwei Millionen Menschen, die von Demenz, zumeist der Alzheimer-Erkrankung, betroffen sind. Jährlich kommt eine halbe Million dazu. Fast 6 % sind unter 65. Bist du selbst oder als Teil eines Paares von dieser Diagnose betroffen? Vielen Menschen, also auch Paaren, gelingt es, mit den Symptomen einer Demenz zu leben und trotzdem ihren gewohnten Lebensstil fortzuführen. Außerdem können Verläufe sehr unterschiedlich sein und noch dazu mit medikamentösen und nicht medikamentösen Strategien positiv beeinflusst werden. Geistige und körperliche Aktivität – dazu gibt es zahlreiche Studien – können das Fortschreiten der Krankheit verlangsamen.

Wurde sexuelle Aktivität mit untersucht? Ich vermute, eher nicht. Aber die Deutsche Alzheimer Gesellschaft bietet zahlreiche Merkblätter und Broschüren an, u. a. auch eine Alzheimer-Info zu Sexualität und Intimität. Sexuelle Bedürfnisse bleiben oft bestehen, auch wenn sich kognitive und emotionale Fähigkeiten verändern. Individuell alles sehr verschieden. Wichtig ist, beide Seiten eines Paares zu Wort kommen zu lassen. Im Verlauf der Krankheit werden sich die Bedürfnisse verändern, aber gerade Nähe und Berührung werden lange gewünscht. Selten kommt es zu »unangemessenen« Verhaltensweisen. Was fühlst du, wenn du ins Heim zu Besuch kommst und nicht nur nicht mehr erkannt wirst, sondern dein immer noch Lieblingsmensch mit einer anderen Person flirtet? Was machst du mit deinen gemischten Gefühlen, auch deinem Bedürfnis nach Nähe, Geborgenheit und Intimität? Wichtig ist, dass du dir zugestehst, dass deine Bedürfnisse legitim sind, dass du Schuldgefühle, z. B. gegenüber gemeinsamen Kindern außen vor lässt. Über sexuelle Bedürfnisse mit anderen zu reden, ist sowieso schon ungewöhnlich und bedarf Überwindung. Aber vielleicht ist das schon eine Unterstützung bei der Suche nach einem neuen Umgang mit der Lust. Oder du suchst dir professionelle psychotherapeutische oder seelsorgerische Begleitung. Und da war doch noch was: erotische Fantasien und Solo-Sex. Die helfen auch dabei, nicht sexuelle Spannungen abzubauen. Genauso wichtig: Immer wieder möchte ich dich/euch beide auch ermuntern, die besagte Speisekarte zu erweitern. Das heißt, neue Rituale für körperliche Nähe zu kreieren. Kuscheln, massieren, schmusen, Händchen halten oder auf altbekannte erotische Körperpartien einfach nur auflegen. Zum Umgang damit findet ihr später noch mehr in der *Sex-Education*.

Sexualtherapie bei gesundheitlichen Einschränkungen

Bevor du eine Sexualtherapie andenkst, kannst du eine ganze Menge allein bewirken. Zum Beispiel beschreibt Esther Perel in ihrem Workshop *Rekindling desire (»Das Verlangen wiederbeleben«)*, wie »erotische Paare« miteinander umgehen. Sie sind einfach in Kontakt miteinander, lassen sich durch kleine Zeichen, Blicke, Berührungen, Aktionen wissen, dass und wann sie sich ein »Techtelmechtel« vorstellen können. Womöglich haben sie Rituale wie gemeinsames Frühstück am Wochenende oder Mittagsschlaf, die Zärtlichkeiten einleiten können. Und wenn sie von einschränkenden Veränderungen heimgesucht werden, reden sie darüber und finden Möglichkeiten, damit umzugehen. Leidenschaft kommt und geht, das muss nicht gleich problematisiert werden. Auch eine Phase ohne Sex im engeren Sinn kann dazugehören – wichtig ist aber immer, sich gegenseitig seine Sympathie, seine Liebe auszudrücken. Auf diese Weise lassen sie sich ihre sexuelle Privatsphäre. Und sie haben den Mythos von Spontaneität entmystifiziert.[8]

Wie sie das genau machen, die erotischen Paare, um das »Vorspiel« zum Teil des Alltags werden zu lassen? Hier kommen ein paar konkrete Beispiele: Du startest den Tag mit einem Moment, in dem ihr euch in die Augen schaut, vielleicht sogar »vielsagend«? Ihr hört euch zu, neckt euch, lacht zusammen. Kommst du nach der Arbeit nach Hause, begrüßt du mit einem 6-Sekunden-Kuss. »Oh, du hast mir ja die leckere Schokolade mitgebracht, danke!« Solcher Art wertschätzende Worte einfließen zu lassen, tut beiden gut. »Kinokarten! Toll« – etwas unternehmen, noch dazu als kleine Überraschung – oder einfach mal wieder sich mit Spielen vergnügen? »Mensch ärger dich nicht« geht auch für Erwachsene. Gab es morgens Unstimmigkeiten, schick ein Sorry! und ein Emoji-Herz per Chat. Und wann immer sich die Gelegenheit für eine zarte Berührung im Vorübergehen ergibt, nutze sie!

So kann die »Sexualtherapie«, die du ganz für dich allein bestreiten kannst, losgehen. Indem du dich zu einem aufmerksamen, achtsamen Umgang mit deinem Partner, deiner Partnerin bekennst und mit jedem Tag mehr einbringst. Dabei solltest du dich selbst und deine eigenen Bedürfnisse nicht vernachlässigen. Zufriedenheit mit dem eigenen Dasein und ein gesundes Selbstbewusstsein sind die halbe Miete für wohlige Zweisamkeit.

Aber es gibt gesundheitliche Einschränkungen, die besonderen Rat gebrauchen. Wie viele Menschen jenseits der 50 plagen sich nicht mit Rücken, Hüfte und Knie herum? Und brauchen manchmal Jahre mit diversen mehr und weniger wirksamen Therapien, bevor sie sich zu einer OP durchringen. Das gilt insbesondere für die abgenutzte Hüfte. Nicht nur, dass sich die Schmerzen mindernd auf die Libido auswirken, auch die Bewegungseinschränkungen tun ihr Übriges. Wie kommt ihr zueinander im Genitalbereich? Wie kannst du dich fluide bewegen, um die Lust wirklich zu genießen und dich nicht nur im gleichförmigen Stakkato in Missionarsstellung benutzen zu lassen oder – als Mann deine Partnerin mit steifem Rein-Raus quasi zu »nageln«?

Das Schöne ist ja, dass sexuelle Erregung die Schmerzempfindung verringert. Aber da müsst ihr erst mal hinkommen. Wie denn, fragst du? Mit Kommunikation auf allen Ebenen! Verführen heißt diese Kunst. Und die besteht überhaupt nicht aus dem, was man landläufig darunter versteht: schmachtende Blicke, Augenklimpern, Reizwäsche, besonderes Outfit und viel Make-up, umwerbende Worte usw. Es geht vielmehr darum, eine Strategie zu entwickeln, deinen Lieblingsmenschen dafür zu gewinnen, auf dich und deine Bedürfnisse einzugehen. Das gilt für beide Seiten: die, die leidet und gern Aufmerksamkeit und Linderung hätte, und die, die denkt, sie müsste sich zurückhalten. Um loszulegen, müsstest du erst wissen, worauf du Lust hast. Mehr auf Reden und Zuhören, Zärtlichkeit oder doch auf eine sexuelle Begegnung? Und wie könntest du nun das Interesse des bzw. der anderen an dir, an deinen Bedürfnissen wecken? Beobachte die andere Person, du kennst sie. Welche Worte, Gesten, Blicke, welche Haltung können dich und dein Anliegen anziehend machen, können einladen, sich für deine Bedürfnisse zu interessieren? Natürlich darfst du auch durch ein verführerisches Aussehen im weitesten Sinn verführend wirken.

EXKURS

»Attraktionscodes«

»Attraktionscodes« nennt man die verschiedensten Dinge, die in uns den Reflex auslösen, der zu sexueller Erregung führt. Das können körperliche Merkmale, Gesten, Worte, Rituale sein. Sie machen den anderen für uns anziehend. Und zwar über unsere fünf Sinne einschließlich unserer Fantasie. Sie können sich im Laufe des Lebens verändern, werden durch sexuelle und andere Lebenserfahrungen, Interessen, unsere Kultur (einschließlich familiärer) und soziale Milieus beeinflusst.

Was macht dich z. B. an? Eine bestimmte Musik? Euer Kennenlernsong? Der Blick auf einen Busen? Wenn jemand genüsslich sein Eis leckt oder dich mitlecken lässt? Eine gutsitzende, enge Jeans mit deutlicher Wölbung im Genitalbereich? Oder das Begehren des anderen, das du durch den erigierten Schwanz locker erkennst?

»Appetit kannst du dir holen« – das lässt sich einfach nicht vermeiden. »Gegessen wird zu Hause!« kann da eine für beide angenehme Konsequenz sein. Oder?

Nicht selten wird dieser Aspekt der erotischen Anziehung – reizvolles Äußeres – im Laufe der Jahre als Paar völlig vergessen oder zumindest vernachlässigt. Entwickelt sich diese Form von Nachlässigkeit gegenüber diesem Attraktionscode, der auch für Frauen immens wichtig ist, eher bei Männern als bei Frauen? Hängt sicher sehr vom Umfeld ab. Ich kenne keine Statistik. Mehr die Klagen aus Freundinnenkreisen. Halbherzige Körperpflege, uralte Klamotten, Friseur nur alle paar Monate. Ausdruck individuellen Lebensstils? Das gilt es vorsichtig auszuloten. Und natürlich bestätigen Ausnahmen die Regel.

Frauen stehen mehr unter Druck, gepflegt und modisch zu erscheinen. Charles Aznavour hat sich getraut, das sehr plastisch in seinem Lied »Du lässt dich geh'n«[9] festzuhalten. Das »Du bist so komisch anzusehen« wird hier allerdings nur aus der Perspektive eines Ehemannes betrachtet. Ein vergleichbares Lied aus Frauensicht fällt mir gerade nicht ein. Ich will damit auch nur grundsätzlich eure Aufmerksamkeit auf diese mit wenig Mühe vermeidbare »Lustbremse« lenken.

Beim Verführen hört er nicht auf, der Umgang mit gesundheitlichen Einschränkungen im Hinblick auf euer Sexualleben. Die Reduktion von Schmerzen, der großen Lustbremse, ist eine weitere Herausforderung. Bist du optimal medikamentös eingestellt? So wenig wie möglich ist nicht unbedingt die beste Leitlinie. Du darfst dir auch Schmerzfreiheit beim Sex zugestehen, nicht nur für die harten Fakten wie Einkaufen, Haushalt oder Ähnliches.

Wie gestaltet ihr euren Sex? Genug Vorbereitung – ein warmes Zimmer, ein auflockerndes Bad, viel Zeit zum spielerischen Einstimmen, um in Wallungen zu kommen? Die beste Stellung und Kissen zur Verbesserung von Positionen, habt ihr die wirklich schon gefunden? Seid experimentierfreudig, habt Spaß dabei! Und sieht es noch so komisch aus, ihr seid unter euch.

MUTMACHGESCHICHTE

Je oller, je doller

Eine Freundin hat mir hinter vorgehaltener Hand berichtet, nachdem sie ihren Mann nach einer Hüft-OP in der Reha an der Ostsee besucht hatte. Weil privat versichert, durfte sie bei ihm im Zimmer übernachten. »Weißt du, und dann bin ich morgens doch in sein Bett gekrabbelt, er hatte noch so'n Flügelhemd und Kompressionsstrümpfe an. Aber das hat uns nicht daran gehindert, in Stimmung zu kommen. Was Verbotenes – uijui! In Löffelstellung haben wir es hingekriegt, mit zarter Bewegung – bis zum Orgasmus. Ne Minute später kam die Schwester mit der Heparinspritze rein, da war ich dann doch schon wieder in meinem Bett. Ich glaub, der Heilung hat es nicht im Geringsten geschadet!«, meinte sie grinsend.

Paarberatung nach Krebsdiagnosen

Mit einer Krebserkrankung passiert ein massiver Einschnitt. Die Krankheit stellt sich einfach in den Mittelpunkt deines Lebens. Angst vor OPs oder anderen massiven Behandlungen und deren unerwünschten Nebenwirkungen, Angst vor Leiden und Tod verdrängen gelebte Sexualität. Dabei gilt es, für das Danach in der Beratung verschiedene Aspekte zu beachten. Unter anderem folgende Frage: Handelt es sich um die Bewältigung von Erkrankung und Behandlungsfolgen – wie eine OP, die Heilungsphase, eine Chemotherapie und medikamentöse Nachbehandlungen – oder um die direkten Auswirkungen auf die Sexualität durch den Ort der Erkrankung oder die Beeinträchtigung der relevanten Hormone Östrogen und Testosteron?

MUTMACHGESCHICHTE

Dem Krebs ein Schnippchen schlagen

Andrea und Andreas waren durch beides betroffen. Bei Andrea wurde mit Anfang 50 ein Ovarialkarzinom im frühen Stadium entdeckt. Die Operation stand an. Eierstockentfernung plus Entfernung der Lymphknoten in den relevanten Bereichen des Unterleibs. Die Gebärmutter war sie ein paar Jahre früher schon losgeworden. Nach der OP fing das Drama erst richtig an. Entzündung des Wundgebiets, Re-OP (...) Nachdem dies einigermaßen geheilt war, kam die bei diesen Tumoren übliche hochkarätige Chemotherapie, die ihr heftig zusetzte, körperlich wie psychisch. Sie brauchte Wochen, um wieder arbeitsfähig zu sein. Gott sei Dank wurden ihr nach alledem große Überlebenschancen versprochen.

Zu mir kam das Paar, weil ihre Sexualität völlig zum Erliegen gekommen war. Andreas allerdings, auch Anfang 50, bestand darauf, dass »richtiger« Geschlechtsverkehr jetzt wieder möglich sein müsse, so zweimal die Woche. Er hätte lange genug gewartet, es sei doch nun alles verheilt. Mitnichten. Andrea war noch gar nicht bereit. Sie kämpfte noch mit sich an verschiedenen Fronten, fühlte sich vaginal verschlossen, unsicher, ob alles verheilt und belastbar war. Sie mochte ihre Vulva weder in Augenschein nehmen noch mit den Fingern berühren. Etwas in die Vagina reinzustecken oder diese zu erkunden: undenkbar! Außerdem steckte ihr der Krebs im Nacken. Auch wenn bei der Nachsorge alles für unauffällig befunden und die Aggressivität ihres Tumors mit *low* bewertet worden war, hatte sich gerade die zweite Teilnehmerin aus ihrer Ovarialkarzinom-Selbsthilfe-Gruppe für immer verabschiedet. Das nahm sie mit in die Hölle von Angst und Zweifel und nicht in den Himmel von Lust und Genuss.

Als Mensch, der eine Krebserkrankung überlebt hat, konzentrierst du dich voll und ganz auf die Bewältigung dieser extrem belastenden Situation. »Ich will gesund werden. Ich will wieder arbeiten und unter Leute!« Ist das erreicht, hast du die Idee, darüber müsstest du nun froh und dankbar sein. Analog zu einem Trauerjahr nach einem Todesfall ist jetzt Demut angesagt. Spiel und Spaß oder gar freudiger Sex – das geht doch nicht, das gehört sich nicht. Und dann ist da dein Partner, der dich umsorgt hat, sich in Sachen Lust volle Zurückhaltung auferlegt hat oder dessen Libido durch die mögliche Bedrohung, dich zu verlieren, auch darniedergelegen hat. Aber irgendwann gibt es bestimmte Erwartungen, das Liebesleben wieder aufzunehmen. Die können aber zwischen sich Erholendem und Gesundem ganz unterschiedlich sein. Und auch da schlägt die Scham und Unsicherheit zu,

Bedürfnisse zu formulieren – wie in vielen anderen Situationen in der Sexualität.

»Wenn ich mir was wünschen dürfte, käme ich in Verlegenheit, was ich mir denn wünschen sollte, eine schlimme oder gute Zeit«, hat Marlene Dietrich einst gesungen. Meine Option ist klar: die gute Zeit. Vermeidet den Konflikt zwischen unausgesprochenen Wünschen nach einem lustvollen Neustart auf der einen Seite und dem noch bestehenden Bedürfnis nach Erholung und tieferer Verarbeitung des Eingriffs mit allen Folgen, die sexuelle Lust und Öffnung noch kaum möglich machen, auf der anderen. Redet miteinander. Gut geeignet ist da der Ansatz der amerikanischen Paartherapeutin Ellyn Bader, »Initiator*in und Interviewer*in«. Ihr könnt ihn in leicht »abgespeckter« Form auf Seite 215, als Übung »Differenzierung im Liebesleben« finden oder ganz ausführlich in der »Liebes – Wissensdatenbank« von Eric Hegmann, siehe Code Seite Seite 216. Manchmal ist das aber der Moment, wo eine dritte, moderierende Person hilfreich sein kann.

MUTMACHGESCHICHTE

Andrea und Andreas nahmen diese Möglichkeit wahr. Sie hatten mich zufällig im Fernsehen erlebt und machten einen Termin aus. In meinem Beisein trauten sie sich über ihre Bedürfnisse, Ängste, Wünsche, ihre Enttäuschungen und ihren Ärger zu reden. Zumindest hatte auch Andrea den Wunsch, ihre Sexualität wieder zu beleben. Einerseits hatte sie das Liebesleben mit Andreas vor der Erkrankung als sehr befriedigend erlebt und konnte das gut erinnern, andererseits fürchtete sie auch um die Beziehung. Würde Andreas sie verlassen, wenn sie nicht wieder »funktionierte«? Zumindest in der ersten Sitzung schloss Andreas das nicht aus, so groß war sein Frust nach der langen Zeit ohne

Sex, aber durchaus großer Unterstützung im Rahmen der ganzen Therapien. Die Abstinenz – was die Paarsexualität betraf – ließ sich seiner Meinung nach nicht mit Solo-Sex ersetzen. Er fühlte sich seinerseits nicht verstanden und meinte: »Es ist wie eine Zwickmühle: Das Wohlbefinden und die Gesundheit meiner Frau sind mir ganz wichtig, aber ich will wieder vorkommen dürfen!« In der Beratung stand dann das Sich-gegenseitig-Verstehen und das Gesehenwerden neben körperlichen Übungen im Mittelpunkt. Insbesondere Andrea leitete ich an, durch Übungen wieder in Kontakt mit dem Becken und dem Genitale zu kommen, sich zu berühren und zu entspannen. Eine Vaginalcreme, die sie trotz Krebserkrankung benutzen konnte, machte Vulva und Vagina wieder geschmeidig. Sie konnte über ihre Ängste vor Rezidiv oder gar Tod reden und Zuversicht entwickeln. Zusammen lernten sie im »3-Minuten-Spiel« sich neu und ganz im Einvernehmen zu berühren. Die Anleitung dazu findest du im Kapitel Kommunikation: Wie du über Wünsche Bedürfnisse und mögliche Schwierigkeiten im Sexualleben überwindest.

Nach der neunten Stunde kam die schöne Rückmeldung: An einem Sommersonntag mit viel Muße kam es nach einer Siesta im Sonnenlicht zu der lang erwarteten intimsten Begegnung. Für beide ein Genuss!

Behinderung und Sexualität

»Wir setzen uns ein für eine barrierefreie Gesellschaft, in der Vielfalt selbstverständlich ist«, titelt der Verein »Aktion Mensch«[10], »unser Ziel ist eine inklusive Gesellschaft.« Klappt es schon mit der Barrierefreiheit im öffentlichen Raum nicht, ist das Thema Sexualität mit Behinderung voller Schranken. Schambehaftet. Da wir meist nur ungern mit anderen über unsere sexuellen Bedürfnisse reden, ist dieses Thema erst recht tabu. Dabei geht es um ein selbstbestimmtes Leben von Menschen mit Behinderung. Oder mit »Beeinträchtigung«, wenn Körperbehinderungen im Vordergrund stehen. So sind beeinträchtigte Menschen hinsichtlich ihrer Sexualität immer noch einer Reihe von Vorurteilen ausgesetzt. Weniger die, die aus einem unbeschwerten Leben per Unfall oder Krankheit in diese Lage kommen. Mehr die, die sehr früh, oft von Geburt an mit unterschiedlichsten Einschränkungen konfrontiert waren. Die Vorurteile reichen von »Behinderte haben keine Sexualität«, »Ein Querschnittgelähmter ist sowieso impotent und unfruchtbar« bis hin zu »Geistig behinderte Menschen haben ihre sexuellen Triebe nicht unter Kontrolle.«[11] Aber warum sollte ein Mensch, nur weil er z. B. durch spastische oder Querschnittlähmung, durch Glasknochen oder zunehmende multiple Sklerose beeinträchtigt ist, nicht andere Körperfunktionen völlig unbehelligt erleben? Warum sollte nicht auch für ihn der Wunsch nach Lust, Nähe und Intimität ein grundlegendes Bedürfnis sein?

Beschäftigen wir uns etwas näher mit diesem Thema. Allein aufgrund von Unfällen gibt es eine Vielzahl an Beeinträchtigungen. Ein kurzer Augenblick kann genügen, um dein Leben total auf den Kopf zu stellen. Wir sehen im Straßenbild oder im Bekanntenkreis Menschen im Rollstuhl, mit körperlichen Einschränkungen, wie zum Beispiel Lähmungen oder Amputationen. Auch Krankheiten können deutlich sichtbare Zeichen hinterlassen. Denken wir nur an Dauerkatheter oder Stomabeutel, die manche in ihrem Alltag begleiten. All das bedeutet nicht das Ende deines erfüllten Sexuallebens, wobei wir nicht übersehen dürfen, dass dieses Thema nicht für jeden gleich wichtig ist. Ausschlaggebend ist vor allem, welchen Stellenwert Sexualität vor dem einschneidenden Ereignis, der Erkrankung für dich hatte. Erst mal geht es um die Verarbeitung deines Traumas, das Sich-Einstellen auf die veränderten oder sich noch weiter verändernden Lebensbedingungen, das Überwinden von Scham und Unsicherheit. In den meisten Rehabilitationskliniken gehört Sexualberatung zum Programm, es gibt zum Beispiel Ratgeber, wie online von der Uni-Klinik Balgrist, dem Zentrum für Querschnittgelähmte[12].

Noch bevor du an die Möglichkeit einer Unterstützung durch physiotherapeutische Behandlung und praktische Hilfsmittel denkst, geht es um dein psychisches Wohlbefinden. Du musst dich – wenn die Zeit oder professionelle Beratung diese Wunden geheilt hat – auf deine Wünsche und Gedanken besinnen, deine eigenen einschränkenden Glaubenshaltungen erkennen, deine körperlichen und emotionalen Bedürfnisse erspüren und dann mit dir selbst und anderen kommunizieren. Dabei kann auch das Reden über deine Ängste, über deine Hemmungen erleichternd sein und eine gute Möglichkeit darstellen, Kontakte zu deinem Partner bzw. deiner Partnerin, nahestehenden und pflegenden Personen zu vertiefen. Auch der Lieblingsmensch ohne Behinderung muss lernen, mit der neuen Situation umzugehen, eigene Vorurteile erkennen und überwinden. Es hilft nichts – so sehr es vielen ohnehin schwerfällt, über Sexualität zu reden – bei so speziellen Bedürfnissen ist es besonders wichtig. Paare berichten, dass mit wachsender Vertrautheit verunsichernde Dinge wie Narben, Stoma, Orthesen und Lähmung an Bedeutung verlieren. Ihr müsst euch erst wieder einen erotischen Raum eröffnen. Zärtlichkeit und intime Berührungen zulassen. Erkennen und akzeptieren, dass Sexualität mehr ist als Geschlechtsverkehr. Dass es z. B. bei querschnittsgelähmten Menschen Mittel und Wege zu entdecken gibt, Erregung und Orgasmen zu genießen. Wichtig ist, Pflege und Unterstützung von Momenten für Berührung und Zärtlichkeit zu trennen, da Pflege meist nicht sehr erotisch ist. Sich trauen lautet die Devise. Neues ausprobieren, sich Rat holen, insgesamt einfach kreativ sein. Und neugierig schauen, welche Hilfsmittel es gibt. Dazu kommen wir gleich noch.

Wenn du schon lange mit einer deutlichen Beeinträchtigung lebst, hast du wahrscheinlich längst die Erfahrung gemacht, dass eine Kommunikation über Liebe, Beziehung und Partnerschaft mit dir kaum stattfindet, obwohl Sexualität in der Gesellschaft mittlerweile so viel Raum einnimmt. Das macht es nicht leichter, weil Sexualität und Behinderung weiterhin Tabuthemen sind. Umso wichtiger ist es, dass du lernst, dein Selbstbild zu stärken. Ganz grundsätzlich und im Sinne von »Ich darf Sexualität so genießen, wie ich bin.« Mit Glück hattest du Eltern und betreuende Institutionen und Arbeitsplätze, die das schon so gesehen haben. Oder du konntest selbst teilhaben an der Bewegung zur sexuellen Selbstbestimmung. Im sexualpädagogischen Bereich hat sich in dieser Hinsicht in den letzten Jahren bei verschiedenen Institutionen einiges getan. Pro Familia bietet Sprechstunden und Beratungen an.[13] Es gibt Selbsthilfegruppen, Initiativen von »Aktion Mensch«, das »Institut zur Selbstbestimmung Behinderter« in Trebel in Deutschland. In Österreich findest du in Linz den Verein Senia[14], der Sexualität & Beeinträchtigung respektvoll begleitet, in der Steiermark die »fachstelle.hautnah.«[15] und den Verein Ninlil[16] in Wien, um einige zu nennen. Ninlil bietet Beratung und Empowerment für Frauen mit unterschiedlichen Behinderungen an. In der Schweiz findest du zum Beispiel in St. Gallen das Valida-Kompetenzzentrum[17], die InSeBe–Initiative SexualBegleitung[18] in Solothurn und sicher noch viele mehr. Das kann hilfreich sein.

Trotz aller Vorurteile lebst du schon längst deine Sinnlichkeit auf deine Weise. Aber genau wie bei allen, können das Älterwerden und mögliche Krankheiten zu den bestehenden Einschränkungen noch ein Scherflein dazu tun.

Eine super Plattform für alle hier angesprochenen Themen und darüber hinaus ist *EnableMe* (Aktivier mich!) zum »Leben mit Behinderung und chronischer Krankheit[19]. Neben Themen wie Arbeit und Beruf bekommen in der Sparte »Familie und Beziehung« die »Sexualität mit Behinderung« und die »Partnerschaft mit einer Behinderung« viel Raum. Spezielle Fragen werden in der Community der Seite diskutiert, eben von Betroffenen, die ihre Erfahrungen und Bewältigungsstrategien mit einbringen.

Hier findest du auch Hinweise auf Hilfsmittel für partnerschaftlichen Sex, wie den Intimate Rider, entworfen für Menschen mit Querschnittslähmung, chronischen Erkrankungen, Gehbehinderung oder einfach »Alter«. Es handelt sich dabei um einen Stuhl, der leichte Bewegungen des Körpers verstärkt. Zudem gibt es »Liebesschaukeln«, die Paaren, die beide querschnittgelähmt sind, zu mehr Selbstbestimmung verhelfen können. Und einiges mehr. Sexspielzeuge können ebenfalls eine außerordentliche Unterstützung beim Liebesspiel sein. Zu zweit, für Solo-Sex, zur Stimulation der Brustwarzen, was eine neue Möglichkeit ist, einen Orgasmus auszulösen.

Menschen, Einzelne und Paare, die aufgrund ihrer körperlichen Behinderung für die Befriedigung ihrer sexuellen Bedürfnisse die Hilfe von Dritten brauchen, können aktive oder passive Sexualassistenz in Anspruch nehmen. Auch Sexualbegleitung kann man sich erbitten, eine Dienstleistung, bei der Spüren, miteinander in Kontakt sein, Nähe und Nacktheit, auch sexuelle Erfahrungen durch meist ausgebildete Sexualbegleiter oder -begleiterinnen möglich sind.

Sowohl Sexualität im Alter als auch Sexualität mit Behinderung können so viele Facetten haben. Bei der Recherche zu diesem Teil des Buches hat mich vieles berührt und mir gezeigt, wie viel möglich ist, wenn du deinen Bedürfnissen folgst und dir Unterstützung holst. »*Use it or loose it*« passt auch hier in weiten Teilen wieder.

Herausforderungen durch Krankheit, Trennung oder Tod

Sexualität und Tod: zwei Tabuthemen. All die geschilderten Krankheiten können sich verschlimmern und die Sexualität sterben lassen, bevor der eigentliche Tod eintritt. Schmerzen, wiederholte Krankenhausaufenthalte, zu versorgende Wunden, »Verunstaltung« durch OP und Therapiefolgen, Schwäche, Depression, Bettlägerigkeit und am Ende nicht mehr ansprechbar sein … – das sind Verläufe, bevor das Sterben kommt. Und in vieler Menschen Kopf herrscht die Vorstellung und auch das Vorurteil, Sex spiele dann keine Rolle mehr. Das kann sein und ist sicher auch oft so. Aber Studien an fortgeschrittenen Krebserkrankten ergaben, dass ein erheblicher Anteil dieser Menschen Sexualität auf die eine oder andere Art leben wollte. Menschen sind sexuelle Wesen, Sexualität gehört nun einmal zu den elementaren Grundbedürfnissen. Und Sexualität geht nicht in Pension, sondern hilft Leiden zu lindern![20]

Was kannst du zur Erfüllung dieser Bedürfnisse beitragen, egal ob gesund oder schwer krank? So lange ihr euch in den eigenen vier Wänden bewegt, gibt es sicher Einschränkungen durch die Beschwerden, aber im Wesentlichen kommt es auf eure Kommunikation an. Löst euch von den gängigen Tabus. Traut euch nach Wünschen zu fragen. Nähe und Zärtlichkeit? Welche Berührung tut genau gut? Darf es auch etwas intimer sein? Macht das Zimmer warm oder lasst die Sommersonne rein, lasst Musik ertönen, nehmt ein schön duftendes Öl zum Streicheln, Massieren, Kneten, Lösen von Verspannungen. Und gesteht euch zu, das Berühren des Lieblingsmenschen zu genießen. Und du, Lieblingsmensch, trau dich zu sagen, was du möchtest. Wärme und Innigkeit? Oder echte Erregung bis zum Orgasmus? Das wird euch unvergessliche Momente der Verbundenheit bescheren. Aufgrund der Beschwerden und Bewegungseinschränkungen des oder der Kranken bleibt es manchmal ein einseitiges Geschenk. Auch wenn es so schön heißt »Geben ist seliger als Nehmen« und es einen in der Situation schon befriedigt, den anderen glücklich zu machen, bleibt auch manchmal Frust und Traurigkeit zurück. Sprich darüber und gönne dir selbst ruhige Momente mit Genuss. In allen möglichen Formen: Spaziergang, Treffen mit Freunden, ein Bad, Konzert oder auch Solo-Sex.

Anders wird es, wenn ihr auf Heimunterbringung oder auf ein Hospiz angewiesen seid. Pflegepersonal im Heim oder Hospiz fällt es mitunter noch schwer, über so intime Dinge wie Körperkontakt und sexuelle Bedürfnisse an diesen Orten zu reden, geschweige denn dieses Thema offen anzusprechen. Ihr redet über Pflege, Medikamentenplan und Ähnliches. Und als ob der Schritt in diese letzte Lebensstation nicht schon hart genug wäre, bleibt euch nichts anderes übrig, als das vermeintliche Tabu zu brechen, ggf. das eigene Schamgefühl zu überwinden und das selbst zu klären. »Wir haben noch gar nicht über das Thema Sexualität, Nähe und Zärtlichkeit geredet.« Hilfreich kann schon ein Schild mit »Bitte nicht stören« sein, bis hin zu einem herangerückten zweiten Bett. Was habt ihr zu verlieren? Ihr könnt nur gewinnen!

»Sexuelle Kollusion« – unterschiedliche Lust auf sexuelle Aktivitäten

Besondere Herausforderung

Magda, 55, meldete sich nach der Teilnahme an einem Webinar, das ich auf Einladung von Anke Sinnigen über ihre superinteressante Plattform »Wexxeljahre«[21] zu

»Wechseljahre und Sexualität« gegeben hatte. Eigentlich hatte sie erst mal nur die Frage, ob sich was mit Hormonen machen ließe, damit sie wieder mehr Lust auf Sex mit ihrem Mann Manfred, 58, hätte. »Wir mögen uns und wir hatten bis vor ein paar Jahren eine tolle Sexualität, aber jetzt fehlt mir jegliche Lust. Außerdem habe ich Schmerzen beim Sex!« Auf den ersten Blick ließ es sich für mich ganz einfach an: Lustkiller Schmerz wird beseitigt durch Estriol-Creme für Vulva und Vagina. Gespräch über die Möglichkeit von Hormonersatztherapie als zusätzlich anregende Maßnahme und wirksam gegen ebenfalls geschilderte Beschwerden wie Hitzewallungen und Schlafstörungen, eventuell nach Überprüfung des Blutspiegels, zusätzlich ein bisschen Testosteron. Aber ganz schnell wird klar, dass hinter der Misere ganz andere Auslöser steckten und sich die Hoffnung von Magda auf schnelle Besserung nicht so einfach erfüllen ließ. Magda nahm ein Antidepressivum. Aus gutem Grund. Seit einem Burn-out und der Diagnose einer Depression vor einigen Jahren – passend zu dem Beginn des verminderten Begehrens – schluckte sie ein Antidepressivum, das bekannt ist für Beeinträchtigung von Lust und Orgasmuserleben. Ein Antidepressivum, das in dieser Hinsicht neutral ist, war schon ausprobiert und als nicht ausreichend für die Symptomkontrolle befunden worden. Es gab aber neben dem Medikament genug andere Gründe, die die Lustlosigkeit gebahnt hatten. Magda hatte als Kind und Jugendliche übergriffiges sexuelles Verhalten erlebt. Erst durch ihren Großvater, später durch ihren viele Jahre älteren ersten Mann. Aus der Beziehung konnte sie sich lösen. Trotz Aufenthalt in psychosomatischen Kliniken wurde das Trauma nicht angemessen beachtet und behandelt. Sie hatte schon als Kind eine eigene Bewältigungsstrategie im Umgang mit anderen Menschen entwickelt. Aufmerksamkeit und Zuneigung erhielt sie, indem sie es allen recht machte, insbesondere dem Partner. In der neuen Beziehung mit Manfred, selbstgewählt und in vielen Bereichen auf Augenhöhe, ließ sie sich in der Sexualität auf Dinge ein, die ihr eigentlich zuwider waren. Bis ihre Batterie leer war, ihr Körper streikte, der Sex schmerzte und die Lust sich vollends verkroch. In einer Paartherapie waren Lösungsversuche (Öffnen der Beziehung) angedacht worden, die zur Retraumatisierung und erneuten Krise und einem Aufenthalt im Krankenhaus geführt hatten. Jetzt bei mir, in weiteren Gesprächen mit dem Paar, wurde für beide klar, dass kein Weg an einer Traumatherapie vorbeiführte. Dafür war ich nicht die Expertin, konnte aber Wege aufzeigen, auch Möglichkeiten der Kostenübernahme aus speziellen Fonds. Manfred erhielt genauso meine Aufmerksamkeit und Empathie für seine »Zwickmühlensituation«. Frustriert und auf lange Sicht ohne Aussicht auf Befriedigung seiner sexuellen Vorlieben, aber mit klarem Wunsch, die Beziehung zu Magda aufrechtzuhalten und sie nicht unter Druck zu setzen. Auch er brauchte eine neue »Speisekarte«. Selbstliebe stand mit drauf. Ich schlug ihnen beiden meine besondere »Diät« vor: *Sensate Focus*. Dazu findest du im Kapitel »Spannende Übungen« noch eine Anleitung. Weg vom Fokus Geschlechtsverkehr, hin zu neuem Erforschen von Sinnesqualitäten, Möglichkeiten, sich zu berühren und sich nah zu sein. Erste Rückmeldungen: »Wir freuen uns immer drauf. Es gibt ein neues Ziel.«

Dies ist ein besonders eindringlicher Fall. Den wollte ich gern erwähnen, um dafür zu sensibilisieren, was alles hinter Burn-outs, Depressionen und Lustlosigkeit versteckt sein kann. In welchen Störbildern sexueller Missbrauch – wenn früh passiert, gar nicht erinnerlich oder später verdrängt – auftreten kann. In der Beratung sehe ich öfter Frauen, die mit folgenden Kommentaren kommen:

- »Ich mag es, mit meinem Mann zusammenzuliegen. Allerdings reagiert er immer mit Erektion. Das stresst mich.«
- »Mein Mann ist immer eher wach als ich und liest dann noch. Wenn er merkt, dass ich wach werde, legt er das Buch beiseite und drängt sich an mich. Ich hab gar keine Zeit, Lust zu kriegen.«
- »Umarmung und Zärtlichkeit erhalte ich nicht. Ich fühle mich benutzt.«
- »Ich wünsche mir mehr Zärtlichkeit, ohne dass es um Geschlechtsverkehr geht.«

Aber auch:

- »Ich hätte gern einen sexuellen Fantasien gegenüber aufgeschlossenen Partner. Er will nur Blümchensex!«
- »Mehr Sex. Wenn wir Sex haben, bin ich mit dem sehr zufrieden.«

»Sexuelle Kollusion« wird in der Sexualtherapeutenblase genannt, wenn Partner in einer Beziehung einfach unterschiedlich oft Lust auf Sex haben. Oder einfach keine Lust mehr auf den Sex, der ihnen nach ihren bisherigen gemeinsamen Erfahrungen zur Verfügung steht. Auf Lustlosigkeit als »Nein« gehe ich später intensiver ein. *Desire discrepancy* sagen die Anglophonen. »Ich habe keine Lust mehr! Mein Mann könnte andauernd«, sagen meine Klientinnen, junge, schon nach kurzer Beziehungsdauer, wie solche, die gerade die Wechseljahre verarbeiten und schon gefühlte 100 Jahre mit ihrem Partner zusammen sind. Das wäre an sich kein Problem, uns machen ja auch sonst Dinge unterschiedlich Spaß und lösen kein Drama aus. Oft entspannt das sogar. »Klar, guck ruhig Fußball, ich gehe mit Karin zum Yoga!« Nicht so, wenn die Liebe, Sex und alles damit Verquickte im Spiel ist.

Sex bedient so viele verschiedene Bedürfnisse. Wir vergessen manchmal, dass auch das Kinderkriegen dazugehört. Es gab Institutionen, die meinten, Sex sei einzig und allein für die Fortpflanzung gedacht und auf keinen Fall zum Spaß. Diese Anordnung hat sich nicht durchgesetzt, höchstens zu Schuldgefühlen geführt. Angefangen schon bei dem dramatischen Schlechtmachen der Masturbation, was besonders die Jungs betraf. Da fassen wir uns heute Gott sei Dank an den Kopf, ringen mit den Händen und rufen: Solo-Sex ist die beste Vorbereitung und immer auch ein wohltuendes individuelles Intermezzo in Zeiten von Paar-Sex, erst recht, wenn der Partner oder die Partnerin aus verschiedensten Gründen gerade nicht verfügbar ist. Martin Luther sah das schon sehr viel entspannter mit seiner Empfehlung: »In der Woche zwier, schadet weder ihm noch ihr!« Wenn das doch alle so halten würden und Lust darauf hätten! Ein Teil unserer Grundbedürfnisse wäre dann schon erfüllt: Nähe, Zuwendung und Liebe, Schutz und Sicherheit, Selbstverwirklichung und Gesehenwerden. Ist diese Form von Bindung essenziell, ist ein Stück Autonomie genauso wichtig. Und natürlich auch Essen, Trinken und Schlaf! Komisch, dass du in Zeiten von Verliebtheit oft mit ziemlich wenig auskommst – so viel Energie kommt über die Glückshormone!

Nicht so, wenn dein – eigentlich – Liebster dir Avancen macht und du immer öfter ablehnst, dich entziehst, Gründe offensichtlich vorschiebst, um dich aus der Affäre zu ziehen. Diese Diskrepanz erwischt beide Geschlechter gleichermaßen, von wegen, »Männer wollen immer nur das eine«. Auch sie leiden immer öfter an fehlender Motivation, fehlendem sexuellen Verlangen. Vielleicht geht es dir ja genauso. Eine große Studie[22] an der Uni Saarland, die Geschlechterunterschiede in der sexuellen Lust untersucht hat, zeigte, dass Männer im Durchschnitt häufiger an Sex denken, ihr Verlangen intensiver und spontaner spüren und auch häufiger masturbieren als Frauen. Das heißt allerdings: im Durchschnitt! Viele lustvolle Frauen sind die Ausnahme von der Regel!

Der Lustunterschied beginnt ein Problem zu werden, wenn er als solches bewertet wird. Denn Menschen haben unterschiedliche Bedürfnisse, nicht nur nach Sex. Das ist normal. Die Erkenntnis, dass der andere anders ist als ich, eigene Gewohnheiten und Werte hat oder seine eigene Kultur mitbringt, dringt am Ende der Verliebtheit nach einem halben bis eineinhalb Jahren durch, nämlich dann, wenn die rosarote Brille auf Durchblick geschaltet hat. Da hoffst du auf »Er oder sie wird sich schon noch ändern« oder »Na gut, nicht so schlimm, daran gewöhne ich mich.« Das stimmt für manches. Andere unterschiedliche Bedürfnisse führen zu Diskussionen und Streit. Wie die Lustdiskrepanz. Sie wird in der Sprechstunde am häufigsten beklagt. Frauen, die allein zu mir kommen, meinen oft: »Ich habe keine Lust mehr!« Oder: »Ich hatte schon immer weniger, aber jetzt geht gar nichts mehr.« Häufig höre ich auch: »Wir hatten früher tollen Sex, aber nun ist es wie abgestellt.« Männer allein sehe ich selten mit diesem Problem. Wenn, dann eher, weil die Erektion schwächelt. Aber es kommen Paare, bei denen die Männer oft die Rädelsführer sind: »Meine Frau hat keine Lust mehr, was kann man da machen?« Eine wichtige Frage. Bevor wir jedoch im nächsten Kapitel darüber sprechen, möchte ich noch auf einen anderen Aspekt der Lustdiskrepanz hinweisen: Den *Sex worth wanting*,[23] ein Begriff, den die kanadische Sexualtherapeutin und Wissenschaftlerin Peggy Kleinplatz geprägt hat, also »Sex, der es wert ist, gewollt zu werden«. In einer umfassenden Studie befragte sie Menschen mit unterschiedlichen Lebensläufen und -gewohnheiten nach dem, was ihre sexuellen Begegnungen außergewöhnlich und wertvoll macht. Heraus kamen Aussagen, die man so nicht erwartet. Erfüllender, begehrenswerter Sex zeichnete sich durch tiefe Verbundenheit, Vertrauen zueinander, Authentizität, Kommunikation, Neugier und Spielfreude aus. Eine ganze Menge mehr als wir üblicherweise so bedenken, oder? Möchtest du es genauer wissen? Bei »*Being female*« haben die Expertinnen für ein erfülltes Liebesleben, Dr. Maya Fehling und Carolin Kröger, die Erkenntnisse von Peggy Kleinplatz und ihrem Team zu dem Thema, was sexuelle Begegnungen wünschenswert macht, eine schöne Zusammenfassung erstellt.[24]

Unterm Strich wage ich die einfache Formel aufzuschreiben: Lust und Zeit hat man nur auf etwas, was rundum Spaß macht. Das sagt auch Emily Nagoski schlicht und einfach mit ihrem »*Pleasure is the measure*«.

Zu der Aussage »Neugier, neue Erfahrungen wagen und Spaß« kommt mir in Zusammenhang mit dem Thema Lustdiskrepanz Kinky-Sex in den Sinn. Denkst du immer wieder mal an Dinge, die du in euer Liebesleben einbringen möchtest und die nicht dem sexuellen Mainstream entsprechen? Offenbare dich, sag, dass du dir etwas wünschst, es dir aber schwer fällt, darüber zu reden. Verabredet euch dazu, euer ganz persönliches »ideales sexuelles Szenario«[25] festzuhalten, schriftlich – jeder für sich. Was möchtest du preisgeben? Dann überreicht euch eure Skripte. Seid gespannt auf die gegenseitige Reaktion. Alles ist möglich: von »Das wollte ich auch schon lange mal ausprobieren« bis Skepsis und »Das geht gar nicht!« Tauscht euch aus, bedankt euch für die Offenheit, wertschätzt die unterschiedlichen Vorlieben. Keiner ist verpflichtet, irgendetwas zu tun, was er nicht will, experimentieren und neugierig sein, könnte jedoch zu ganz neuen Genüssen führen.

Aber nun wieder zurück zum eigentlichen Thema »Meine Partnerin hat keine Lust mehr, was kann man da machen?« Dafür schlagen wir ein neues Kapitel auf!

Körpergefühl und Selbstbewusstsein

Jeder Mensch, ob Mann, Frau oder divers, hat Sex in vielen Schritten gelernt, die unterstützend oder auch bremsend waren. Unser Garten wird – wie schon ausgeführt – bepflanzt von der mehr oder weniger offenen Kernfamilie. Wir schauen uns ab und imitieren – erst im nahen Umfeld, später in der größer werdenden Welt – sei es im direkten Kontakt oder über die diversen Medien.

Dich selbst lieben lernen

Schon in der frühesten Kindheit werden wir mit der Bedeutung des Aussehens konfrontiert – in der Selbstwahrnehmung und darin, wie wir meinen, von außen beurteilt zu werden.

Die Frage ist: Wie sehr akzeptierst du deinen Körper grundsätzlich als weiblich oder männlich? Dabei spreche ich im Moment nicht über nonbinäre Menschen, sondern einfach darüber, wie wohl du dich in deiner Haut als Mann oder Frau fühlst. Wie weit stehst du unter Druck, bestimmten Rollenbildern zu entsprechen? Schon als Babys, erst recht seitdem heutzutage alle, die es wissen wollen, das Geschlecht ihres Kindes schon vor der Geburt kennen, werden wir eingeteilt: Rosa oder Blau ist die Devise. Aufmerksame Eltern, die darum wissen, dass sich das Geschlechtsempfinden, die sexuelle Orientierung erst ausbildet und sich nicht am äußeren Genital allein festmacht, geben ihrem

Kind einen Namen, der es nicht so eindeutig auf männlich oder weiblich festlegt. Wir, die ich mit diesem Buch ansprechen will, wurden als Säugling anfangs in weiße Strampler gesteckt. Aber die weitere Garderobe legte uns dann auch fest. Ich, Jahrgang 50, sehe mich auf Fotos lange in Röcken. So mit zehn bekam ich Keilhosen für den Winter, mit 14 – nach viel Bitten – die erste Jeans. Wir lernten als Mädchen, im weiteren Sinne verführerisch zu sein, bereit und vorbereitet zu sein, ausgewählt zu werden. Beispiel Tanzstunde. Erinnert ihr euch? Sie gehörte für die meisten doch zur Initiation ins Erwachsenenleben. Einige hatten ihre ersten süßen Erfahrungen, für andere war es eine Qual. Die Jungs mussten sich trauen auszuwählen, eine Übung für zu erlernendes männliches Verhalten, Mädchen stellten sich zur Verfügung.

»Spieglein, Spieglein an der Wand, wer ist die Schönste im ganzen Land?«, fragt die Königin ihren Spiegel und wird zur Furie, als sie hört, dass es eine Schönere, nämlich Schneewittchen, im Lande gibt. Sowieso sind die Prinzessinnen im Märchen immer schön, und auch das einfache Mädchen Aschenputtel verwirrt den Prinzen durch ihre Schönheit. So fängt es an, dass Selbstbild und Körperwahrnehmung beeinflusst werden. Jungs werden mehr mit Kraft und Mut geimpft, aber gut aussehen tun sie auch. So werden schon »Attraktionscodes« geprägt, d. h. es bilden sich Vorlieben für bestimmtes Aussehen und Accessoires aus, nach denen Liebespartner später ausgewählt werden.

Ich beobachte gerade wieder an meinen beiden Enkelinnen, zwei und sechs Jahre alt, wie sich die Körperwahrnehmung entwickelt. Zeigen sie uns mit eineinhalb gern Nase, Mund und Augen, wird ein bis zwei Jahre später das Bewusstsein für Geschlechtsunterschiede und körperliches Aussehen wach. Es entwickeln sich Rollenbilder, zu sehen z. B. an Vorlieben für Klamotten, nicht immer ganz dem Geschmack der Mütter und Väter entsprechend. So was wie eine soziale Prägung entsteht durch Lob von Eltern und

Umgebung – »Du siehst aber hübsch aus!« – oder durch Tadel – »Das ziehen doch nur Mädchen an!« –, durch Spielsachen, Bücher, Videos. Ich sag nur Barbie und Playstation. Ist es bei den Mädchen die Beeinflussung im Sinne eines Schönheitsideals, sind die Jungs mehr mit körperlichen Fähigkeiten beschäftigt und sorgen sich um ihr körperliches Erscheinungsbild. Das nimmt bei beiden Geschlechtern in der Pubertät noch mal Fahrt auf und wird heute mehr denn je von Zeitschriften, Werbung im Fernsehen, der Kosmetikindustrie, Fitnessstudios und den sozialen Medien wie TikTok, Instagram, YouTube usw. beeinflusst.

So vorbereitet und geprägt werden wir erwachsen und starten ein Liebesleben. »Schönheit ist Trumpf«, heißt ein Mythos, der insbesondere Frauen, aber auch Männer in Atem hält. So wird der Glaube geschürt, dass nur die äußere Attraktivität einer Frau zählt und den Erfolg bei Männern garantiert. Dabei legen Frauen die Latte selbst so hoch. Das Älterwerden mit Falten, grauen Haaren und dem »Stau am mittleren Ring«, wie Dr. Katrin Schaudig humorvoll sagt, ist für viele eine ziemliche Herausforderung fürs Selbstbewusstsein. Auch bei Jüngeren bestehen immer wieder große Zweifel ob der eigenen Anziehungskraft – sogar in festen Partnerschaften. Entziehen sich die Jüngeren ihren – sagen wir's deutlich – geilen Partnern, weil gerade nicht frisch rasiert im Intimbereich, schämen sich die Älteren ihrer zusätzlichen Pfunde oder des schlaffer gewordenen Busens. Das »Aber ich mag dich doch so, wie du bist, ich habe Lust auf dich« ihrer angetrauten Liebhaber verhallt ohne Resonanz. Und was diese Resonanz betrifft, da spielen noch viele andere Dinge mit. Lies dazu mehr im Kapitel »*Sex-Education*«.

Auch das Selbstbild von Männern kann durch körperliche Veränderungen beeinträchtigt werden. Wird die männliche Attraktivität und Stärke anhand von körperlicher Kraft und Fitness gemessen, kann das Selbstbewusstsein schon mit dem Haarausfall einen Knacks kriegen, insbesondere, wenn er sich früh einstellt. Volles Haar ist einfach ein Symbol für Vitalität. Dem hat allerdings die Glatzenbewegung der letzten Jahre ein klares Bekenntnis entgegengesetzt. Gut gepflegte Glatzen – täglich geschoren – gelten als sexy und stehen für ein neues Selbstbewusstsein. Anders verhält es sich mit der Gewichtszunahme, dem Bierbauch. Auch er wird oft nach außen selbstbewusst durch die Gegend getragen und akzeptiert. Traditionell sprechen Männer seltener als Frauen über ihr Aussehen, aber auch sie drücken sich gelegentlich aus Scham über ihr verändertes Äußeres vor intimen Situationen. Unser Selbstbild beeinflusst somit das Liebesleben. Mögen wir uns so, wie wir sind, und nehmen wir unsere nicht ganz der Norm entsprechenden Körper an. Das wirkt sich belebend aufs Liebesleben aus.

Das sagt sich leichter als es ist. Sehen wir uns das genauer an. Dazu nehme ich dich jetzt mit nach Mittelamerika. Ich sitze hier und jetzt, während ich diese Zeilen schreibe, gerade am Strand in Costa Rica, unter Palmen, mit kräftigem Pazifikrauschen. Eben laufen Touristen vorbei, eine ziemlich adipöse Frau in den Sechzigern, die sich beim Laufen durch den Sand sichtlich schwertut. Ein paar Schritte vor ihr ein zarter, etwa gleichaltriger Mann. Wenn ich meinen Blick zum Meer schweifen lasse, schlendern dort mehr Paare vorüber, bei denen es umgekehrt ist. Gegen das Sonnenlicht setzt sich der Bauch der Männer gut ab, die Frauen in Shorts und T-Shirt oder Bikini wirken deutlich schlanker daneben. Ich komme mit meinem sexualtherapeutischen Blick nicht umhin, zu überlegen, wie es denen im Bett geht. Aber vielleicht lenken auch mich da Vorurteile. »Kuh oder Ziege«, heißt es ja – auch so ein Mythos –, das sei die Wahl für unsere Entwicklung nach den Wechseljahren. Wenn du zu mir in die Praxis kämest, weil du mit deiner Figur nicht zufrieden bist, obwohl dein Partner dir immer wieder bestätigt, dass ihn das nicht im Geringsten stört, wenn du den typischen Schwimmring trägst und dich überhaupt nicht mehr begehrenswert findest, würde ich dir einen Weg in eine neue Perspektive aufzeigen. Du kannst aber auch selbst etwas für dich tun. Sieh dir dazu folgende Übung an.

ÜBUNG

Sich in neuem Licht sehen und spüren

1. Schauen

Stell dich so unbekleidet wie möglich vor einen Spiegel, in dem du so viel wie möglich von dir sehen kannst. Ein bisschen angenehme Musik im Hintergrund ist nicht verkehrt. Versuch ein Lächeln, begrüße dich. Schau dich an. Schau, was dir an dir gefällt. Da gibt es was, ganz bestimmt. Schreib auf, was dir an dir gefällt!

Mach das mehrmals die Woche, gern auch jeden Tag, wann immer es dir passt. Du wirst merken, dass im Laufe der Zeit, die schönen Dinge an dir in den Vordergrund rücken, das sogenannte »Hässliche« verblasst und Stück für Stück zum Hintergrundrauschen wird. Du wirst dich mögen und so zeigen können, wie du bist.

2. Spüren

Lass abends im Bett deine Finger, deine Hände über deinen Körper gleiten. Nimm deine Brüste in beide Hände und nimm wahr, wie schön weich und plastisch sie sind. Spüre dich, streichle dich, nimm dich in die Arme. Kannst du dir jetzt vorstellen, was deinen Partner, deine Partnerin glücklich macht?

Mach diese »Übung« immer wieder. Sie ist wie eine Kontaktaufnahme mit dir selbst. Schöne Nebenwirkung: Das Bindungshormon Oxytocin wird auch bei Berührung von sich selbst ausgeschüttet, macht dich froh und gelassen.

Nicht mit allen Symptomen, die Störungen von Körperfunktionen mit sich bringen, lässt sich das so einfach mental machen. Dazu in späteren Kapiteln mehr. Nun widmen wir uns dafür einer anderen spannenden Frage, nämlich: Wie hast du Sex gelernt?

Hast du Erfahrung mit Doktorspielchen im Kindergarten? Hast du gemerkt, wie animierend und genital stimulierend manche Kinderspiele wie Hüpfen, Schaukeln, Stange hochklettern waren? Als Junge bleibt dir fast nichts anderes übrig, als deinen Penis zu begreifen und herauszufinden, was man Tolles damit machen kann. Was für ein Vorteil! Mädchen wurden selten aufgefordert, ihr Genital, die Klitoris, zu erkunden. Das war »da unten« und eher bäh. Noch heute ist es so, dass nur etwa die Hälfte der Frauen von allein zur Selbstbefriedigung finden und sie auch mit Genuss praktizieren. Gehörst du zu den Frauen, die ihren Solo-Sex zu einer Lieblingsbeschäftigung machen, dann hast du richtig Spaß für dich und auch mehr beim Techtelmechtel mit deinem Lieblingsmenschen. Du kletterst erfahrungsgemäß leichter als deine Geschlechtsgenossinnen ohne Vorerfahrung zum Orgasmusgipfel, wobei ich mir hier eine kleine Zwischenbemerkung erlauben möchte. Sex ist natürlich viel mehr, als immer und ewig das große O anzustreben. Der Weg ist das Ziel. Aber schön ist es dennoch, oder?

Genau in dieser Zeit gibt es auch dämpfende Erfahrungen, die dich nicht weiter fragen lassen, die dich überfordern. Und wenn du zu Hause darüber erzählst, wird gelacht, dir nicht geglaubt oder die Angelegenheit mit »Das ist doch nicht so schlimm« abgehandelt. Es gibt Berührungen, Worte, sich wiederholende Aktionen, von denen du merkst, dass du sie nicht möchtest, sogar eklig findest, und nicht weißt, wie du dich wehren sollst. Von den Reaktionsmöglichkeiten *fight, flight, freeze* bleibt dir nur das Erstarren übrig. Mädchen erleben Übergriffe aufgrund unserer patriarchalen Gesellschaftsstrukturen sicher viel häufiger als

Jungen. Aber das Beispiel »Odenwaldschule« und Offenbarungen und Untersuchungen der katholischen Kirche sind Beweise, wie sehr auch Jungen an der verkorksten Sexualität mancher Menschen, vorwiegend Männern, leiden. Und ein Leben lang beeinträchtigt sind. Alle Erfahrungen werden von unserem Körper und Gehirn gleichermaßen gespeichert. Sie prägen unsere weitere Entwicklung, unser Handeln. Je früher, desto nachhaltiger. Erst recht, wenn sie passierten, bevor unser Erinnerungsvermögen voll ausgebildet war und sie sich im »Unbewussten« eingenistet haben.

MUTMACHGESCHICHTE

Frischer Wind

Charlotte, 55, kam zu mir, weil sie einerseits keine Lust mehr auf Sex hatte, aber auch merkte, wie sehr sie sich von den Veränderungen ihres Körpers beeinträchtigen ließ. Nach dem schnellen Krebstod ihres Vaters achtete sie außerdem auf Anzeichen von möglichen Krankheiten und tauchte dann sorgenvoll in jedes kleinste Symptom ein.

Auf mich machte sie den Eindruck einer hübschen Frau, eher jünger aussehend, mit Lockenkopf. Ja, ein bisschen übergewichtig, die Kleidung hätte vielleicht mehr Farbe haben können. Aber sonst – insbesondere, wenn sie sich freudigeren Themen zuwandte – saß da vor mir eine Frau mit lebendiger Ausstrahlung. Nicht, wenn sie über ihre Probleme redete. Sie erzählte, dass sie sich einfach nicht mehr vorstellen konnte, für ihren Mann attraktiv zu sein. Sex fand, wenn überhaupt, nur im Dunkeln unter der Decke statt. Einzig Positives: Wenn sie sich drauf einließ, konnte sie es sogar genießen. »Was ist bloß mit dir los?«, fragte ihr Mann verständnislos.

»Ich hatte immer Mühe, mich so locker auf Sex einzulassen«, erzählte sie. Mit den Kindern, drei an der Zahl, wurde es noch weniger. Sie hatte ein System entwickelt: immerhin alle 4 Tage Sex, und dann rein und durch, um die Beziehung nicht zu gefährden. »Frauen können ja irgendwie immer. Aber mein Mann merkt doch, wenn ich ihm nur was vorspiele. Er hätte schon gern, dass es mir auch Spaß macht.«

Im limbischen System, der Durchgangs- und Prüfstation für Gefühle wie Angst oder Freude, werden Erfahrungen in Millisekundenschnelle abrufbar gespeichert. Sinneswahrnehmungen und Reize werden miteinander verbunden und bewertet. Insbesondere die Amygdala, ein Teil des limbischen Systems, verknüpft deine Gedächtnisinhalte mit deinen Gefühlen. Die mit Gefühlen verknüpften Erinnerungen werden dann gespeichert. Das Aus-Erfahrung-Lernen kann dann verschiedene emotionale Färbungen haben und dich in deinem Handlungsspielraum beeinflussen. Wenn du wissen willst, warum du auf bestimmte Angewohnheiten deines Lieblingsmenschen genervt reagierst oder – ganz im Gegenteil – seine Art, dich zu berühren, sofort ein wohliges Schaudern auslöst, schau ruhig mal in deiner Biografie nach. Wie aufgehoben, gut verbunden bist du aufgewachsen? Welche Erfahrung hast du mit dem Umgang deiner Bedürfnisse in deiner Herkunftsfamilie gemacht? Bekamst du die gewünschte Aufmerksamkeit, oder war es besser, eigene Wünsche gar nicht wahrzunehmen, weil sie keine Beachtung gefunden hätten? Wurdest du als Person eher als Zumutung empfunden und sogar missachtet, lächerlich gemacht?

Kannst du dir vorstellen, dass es dann eine sinnvolle Strategie war, Bedürfnisse nicht oder nur indirekt auszudrücken? Und dass du das so verinnerlicht hast – eben im limbischen

System –, dass es dir auch heute noch schwer fällt, deine sexuellen Wünsche wahrzunehmen und zu äußern? Das zu erkennen, ist schon der erste Schritt auf neuen Wegen!

MUTMACHGESCHICHTE

Bei Charlotte lohnte sich der Blick in die Biografie. Sie war in einer streng katholischen Umgebung aufgewachsen, in einem katholischen Internat zur Schule gegangen und reagierte allergisch auf alles Sexuelle, Körperliche und Lustvolle. »Das ist Sünde!«, flüsterte es in ihrem Körper, wenn sie mit 13 ihre kribbelnde Klitoris erkundete. »Das ist Sünde!«, wenn sie noch stärkeres Kribbeln und Sehnsucht auf ein Tête-à-Tête mit einem Knaben aus der Tanzschule hatte. Dank der üblichen Gepflogenheiten hätte sie sowieso seine Anmache, seine Verführungskünste abwarten müssen, statt selbst sexuelles Interesse zu zeigen. Also wurde nichts daraus. Schon als Baby und immer wieder später hatten ihre Eltern ausgedehnte Urlaubsreisen angetreten und sie bei ihren strengen Großeltern gelassen. Lerndefizite in Sachen Sexualität und sexuelle Mystifikationen trugen wie ihre Erfahrung mit nicht wahrgenommenen Bedürfnissen zu ihren Erwartungs- und Versagensängsten im sexuellen Kontakt bei. Mit Charlotte habe ich bestimmte alte Verletzungen traumatherapeutisch per *Wingwave* bearbeitet und ihr Übungen angeboten, die ihr Selbstbild und Körperbewusstsein von Mal zu Mal verbesserten. Du findest sie in der »*Sex-Education*«. Sie selbst hat die Zwiegespräche, wie Michael Lukas Moeller sie vorschlägt, wieder aufleben lassen, die sie mit ihrem Mann schon ein paar Jahre zuvor in einer Paartherapie gelernt hatte. Keine Schnellreparatur. Engagement für sich selbst und damit für die Beziehung sind im wahrsten Sinne des Wortes not-wendig.

Wenn du bereit bist zu erkennen, was dein Anteil an den Problemen ist, ist schon viel gewonnen. Deinem Partner oder deiner Partnerin bleibt gar nichts anderes übrig, als auf deine Klarheit, dein Wohlbefinden und auch deine neuen Grenzen zu reagieren.

Beziehung im Umbruch: Wenn Lust und Nähe sich verändern

Wie lange seid ihr schon ein Paar? Was verbindet euch? Habt ihr euch viel zu erzählen? Gibt es gemeinsame Leidenschaften, Hobbys, Reiseprojekte? Habt ihr schon viel zusammen erlebt, kreiert, erfahren? Habt ihr Lust aufeinander? Freut ihr euch auf ein Treffen nach der Arbeit, nach einer Geschäftsreise, dem Sport und anderen Solo-Aktivitäten? Fühlt ihr schon die Umarmung, den Kuss, und was sich sonst noch daraus entwickeln kann? Tragt ihr in euch eine *Willingness*, wie Esther Perel das nennt, eine Bereitschaft, auch zum Sex, aber insbesondere, die Beziehung mit all ihren Herausforderungen zu gestalten, zu formen und zu genießen?

Eine Beziehung wandelt sich mit unserem Lebenslauf. Bei den einen mehr vergleichbar mit einem hügeligen Mittelgebirge oder einer Wüste mit gelegentlichen Oasen. Bei anderen eher die herausfordernden Alpen oder hier meine Elbe, wo das Wasser meist plätschert, aber in der Tat immer wieder eine Welle mit Gebraus bricht, wenn ein Containerschiff vorbeifährt.

Ihr wisst, wie es meist losgeht. In der Phase der Verliebtheit ist alles toll. Wir sind süchtig nach der anderen Person, können vom Sex nicht genug bekommen, jeder einigermaßen brauchbare Ort ist uns recht. Was habe ich im Freundeskreis nicht alles gehört? Auf dem Hochsitz, im Labyrinth der königlichen Gärten in Herrenhausen, im Wald und auf der Heide, im Büro oder im Strandkorb – vom Risiko, entdeckt zu werden, noch extra angeturnt. Daran sind im Wesentlichen die Hormone Adrenalin und Dopamin schuld, die in großen Mengen in unserem Hirn ausgeschüttet werden. Dabei sorgt das Adrenalin, uns sonst ja eher als Stresshormon geläufig, für Herzklopfen und das schöne Kribbeln im Bauch, Essen und Schlaf sind nebensächlich. Das Dopamin setzt uns die sprichwörtliche rosarote Brille auf, die alles am neuen Lieblingsmenschen vergoldet, uns süchtig und euphorisch macht – ach, all die Liebeslieder, die in dieser Phase geschrieben werden! Und auch gehört und besonders im Herzen bewahrt werden. Hast du einen Kennenlernsong, der immer noch romantische Gefühle in dir auslöst, wenn du ihn zufällig hörst? Auch das allgemein als Bindungshormon bekannte Oxytocin ist schon mit von der Partie. Der Körper kann gar nicht anders: Berührt, küsst und verführt ihr euch, wird es ausgeschüttet und hilft, aus der stürmischen Verliebtheitsphase in das gemäßigtere Klima einer Beziehung zu gleiten. Östrogen und Testosteron sind auch hilfreich bei dem ganzen Aktionismus, aber nicht zwingend erforderlich. Ich kenne zumindest unter meinen Freundinnen, längst durch die Wechseljahre durch und ziemlich östrogenfrei, herrlich frisch Verliebte!

»*Mother nature*«, wie der Paartherapeut David Schnarch mal äußerte, »hat sich das gut ausgedacht. Wer sollte denn sonst irgendwann den Müll runterbringen und die Kinder versorgen?« Bei dem Übergang in den Zustand von Entspannung und Wohlbefinden in einer tieferen Beziehung zu zweit helfen dann zusätzlich zum Oxytocin das Serotonin und Endorphine, all die schönen Glückshormone.

Aber wie kommen dann die Hügel, die Täler, die Fluten in diese schöne und liebliche Landschaft von Zuneigung und Leidenschaft? Warum leidet vor allem bei nicht wenigen der Sex? Nicht nur, dass man nicht dazu kommt, auch die Lust hat sich verkrochen, ist weg. Kurz und knapp: Es ist der

Stress allenthalben. Ohne rosarote Brille erkennen wir nach und nach, wie schon beschrieben, dass der Lieblingsmensch nicht überall das Ideal verkörpert. Er spielt ziemlich oft Computerspiele, sie kritisiert seine Kochkünste. Er will in die Berge zum Wandern, sie macht lieber Urlaub an der See. Sein dreckiges Geschirr steht ewig rum, sie will einen Tanzkurs machen. Manches geht durch, manches nervt und lässt sich nicht wegdiskutieren oder umerziehen. Die große Aufgabe ist, den anderen eben anders sein zu lassen, ihm seine persönliche »Kultur« zuzugestehen und insgesamt kompromissbereit zu sein. Wenn dann die Kinder, die sich viele wünschen, kommen, wird diese Herausforderung noch größer. Obwohl sie uns einerseits Anlass zu großer Freude sind, rauben sie uns andererseits den Schlaf, kommen des nachts in unsere Betten und bleiben über Gebühr, müssen versorgt werden, sind immer da, kommen einfach überall rein, auch wenn sie sonst schon den »Perso« haben und bis spät in die Nacht wegbleiben. Zudem sind sie Anlass für Meinungsverschiedenheiten und Streit zwischen den Eltern. Diese wollen, klaro, beide arbeiten, sich verwirklichen, Spaß haben. Absprachen, Commitment, Zugeständnisse sind erforderlich. Und nicht wenige machen sich Gedanken oder leiden unter den Veränderungen, die die gesellschaftlichen Bedingungen, die Vorgänge in der großen Welt mit sich bringen. Wiedereinstieg in den Beruf, Sicherheit des Arbeitsplatzes, Karriereplanung, finanzielle Absicherung der Familienbedürfnisse, Krisen und Kriege, Sorgen um politische Entwicklungen, die persönlich schwer zu beeinflussen sind – all dies ist kein Vergnügen und wirkt im Alltag bis in Beziehung und Liebesleben rein. Nicht selten bist du am Ende des Tages geschafft oder hast sogar immer noch was auf der To-do-Liste stehen. Wie viele hängen dann zusammen ab vor Netflix & Co. oder widmen sich jeder einzeln der vermeintlichen Nähe von *Social Media* samt *Followern*? Einerseits süchtig machend, andererseits abstumpfend. »Eigentlich lieben wir uns«, aber Berührung findet kaum noch statt. »Wir sind beide so kaputt. Im Urlaub geht's besser.«

MUTMACHGESCHICHTE

So macht es mir wieder Spaß!

Emine, 60, kam allein. Sie kannte mich noch aus meiner Zeit als Frauenärztin. »Sie hätten mir immer so gut geholfen«, sagt mein Mann. Stimmt auch. »Jetzt soll ich mal fragen, ob Sie nicht irgendwas wissen, damit ich wieder mehr Lust habe, mit ihm zu schlafen.« Emine war in der Türkei geboren, als Kind mit ihren Eltern nach Deutschland gekommen. Sie hatte hier studiert und arbeitete als Lehrerin. Ich hatte sie in zwei Schwangerschaften begleitet. Ihr Mann Deniz war 65, auch mit türkischem Background, in Deutschland geboren, schon im Ruhestand. Ich klärte zunächst ihr eigenes Anliegen. Hatte sie noch Lust, mit ihm zu schlafen? Wollte sie die schönen Erinnerungen an »zusammen schlafen« mit Vergnügen auf beiden Seiten wieder zum Leben erwecken? Oder war sie für sich allein eigentlich zufrieden, wollte aber dem Ehefrieden zuliebe eine Lösung finden, so was wie »Gnadensex« eben.

Für mich wäre es völlig daneben, eine Frau mit Ratschlägen zu überschütten oder gar Hormone zu verordnen, wenn sie gar keinen Wunsch nach Veränderung ihrer Libido hat. Genauso wenig, wie ich Männern wie Deniz, mit häufigem Bedürfnis nach Sex, das als zu viel oder gar pathologisch ausrede. Wenn Paare zusammen zu mir kommen und pauschal den Wunsch nach mehr Sex präsentieren, kann ich nicht davon ausgehen, dass beide das gleiche Ziel, die gleichen Wünsche nach Veränderung haben. Jeder bringt seine eigene Libido mit – wenig Lust, viel Lust und alles dazwischen –, was völlig okay ist. Und es kann sich im Laufe des Lebens auch immer wieder neu einpendeln, je nachdem, wie's gerade so läuft. Wie schon im Kapitel »Sexuelle Kollusion« erzählt, gilt es nach den Ursachen zu forschen: Zieht mich die »Lieblingsperson« ganz individuell nicht mehr so an, sind es körperliche Veränderungen oder Gründe, die in der Paarbeziehung liegen?

MUTMACHGESCHICHTE

»Nein«, sagte sie, »wenn ich mich drauf eingelassen habe, wurde es immer noch schön, ich hatte Spaß und auch einen Orgasmus. Aber – eigentlich schon ziemlich lange – tut es mir immer weher, wenn er bei mir reingeht. Als wäre ich geschrumpft, trotz der Geburten. Ich wollte Sie schon lange fragen, was ich da machen kann, hab mich aber bei Ihrer Nachfolgerin irgendwie geschämt.« Nach ein paar Zusatzfragen war mir klar: Emine hatte eine vaginale Atrophie, d. h. ihre Vulva- und Vaginalschleimhaut hatten sich unter dem Östrogenmangel der Wechseljahre ganz typisch verändert: Sie waren zarter, dünner, trockener und straffer geworden. Ich erklärte ihr, dass sie mit einer Estriol-Creme schon in zwei Wochen wieder Schleimhäute wie früher haben würde, klärte sie über Behandlungsmodus und mögliche Nebenwirkung wie üblich auf, stellte ein Rezept aus. Sie eilte zufrieden von dannen.

Drei Wochen später traf ich Deniz auf dem Markt. Er grinste und zeigte mir seinen erhobenen Daumen. »Sag ich doch!«, entgegnete ich freudig.

Auch wenn Emines Beschwerde von einer rein wechseljahrstypischen physiologischen Veränderung ausging, die noch dazu leicht zu beheben gewesen wäre, störte es rasch und nachhaltig beider Liebesleben. Fehlendes Wissen über die körperlichen Zusammenhänge und Scham, darüber zu sprechen – mit der Frauenärztin und miteinander – trugen dazu bei. In der folgenden Mutmachgeschichte gibt es vergleichbare Zusammenhänge. Ein operativer Eingriff, Halbwissen der »Patientin« über das, was da eigentlich mit ihr gemacht wurde, fehlender Mut, in der zügigen ärztlichen Sprechstunde nachzufragen und über das »komische Gefühl da unten« mit dem Partner zu sprechen. Ärzte und Ärztinnen, denen Anatomie, Operation und der Verlauf der Heilung so vertraut sind, kommen oft gar nicht auf die Idee, welche Vorstellungen und Fantasien Operierte sich machen. Erst recht, wenn es sich um eine Krebsdiagnose handelt. Mit einem »Alles wunderbar verheilt! Sie sind wieder gesund und Tschüs« ist es dann leider nicht immer getan, wie die folgende Erfahrung von Martina und Thomas zeigt.

MUTMACHGESCHICHTE

Unsere Leidenschaft war weg – wir haben sie wiedergefunden!

Martina, 64, und Thomas, 68, kamen als Paar. Damals hatten sie schon acht Jahre keinen üblichen Sex mehr gehabt. Seit 20 Jahren lebten sie zusammen, er hatte Kinder aus erster Ehe, aber die kamen auch schon am Anfang der Beziehung nur gelegentlich zu Besuch. Martina arbeitete noch in leitender Position im Kindergarten. Thomas war selbstständig als Handwerker, hatte sein Geschäft verkauft und war im Ruhestand. »Sozusagen«, sagte er, »es gibt immer was zu tun in Haus und Garten. Und der Hund!« Sex hatte früher

Spaß gemacht, sagten beide, mindestens einmal die Woche. Bis die Operation kam! Martina war die Gebärmutter entfernt worden, Blutungsstörungen und dann wurde sogar ein Endometriumkarzinom (Gebärmutterschleimhautkrebs) im Anfangsstadium festgestellt. Mehr Therapie als die OP war nicht nötig. Aber es dauerte, bis Martina körperlich wieder heil war, sie nach zwei Monaten wieder arbeiten konnte. Seine verhaltenen Anfragen, ob man nicht wieder zusammen schlafen könnte, wies sie brüsk ab: »Du denkst immer nur an das eine – ich bin müde!« Punkt. »Ich war schon manchmal gemein«, sagte sie im Gespräch. »Wir haben dann nur noch händchenhaltend vorm Fernseher gesessen, sind zu unterschiedlichen Zeiten ins Bett gegangen. Ich hatte meine Arbeit, Sport, Freundinnen, er hat ja erst noch viel gearbeitet, später sich hier beschäftigt, ist ab und zu mit Freunden zu Fußballspielen oder auf ein Bier verschwunden. Dann haben wir Sie im Fernsehen gesehen – Frauenärztin und Sexualtherapeutin, und gleich hier um die Ecke. Wir wussten, es fehlt uns was, da steht was zwischen uns, und das kann doch noch nicht alles gewesen sein. Dann hat Thomas Sie angerufen.« Fazit: Die beiden waren motiviert, hatten ein gemeinsames Ziel. Bei ihr war schnell raus, dass sie quasi noch Nachsorge brauchte. Informationen gegen die Angst, hinsichtlich Krebsrisiko und wie es nach so einer OP in ihr aussah. Außerdem kam gleich »meine« Östrogen-Creme ins Spiel, die war nötig für die Regeneration der Vulva. Das würde in etwa drei Wochen brauchen. Bis dahin empfahl ich ihnen, sich über die Übungen des *Sensate Focus* (siehe »*Sex-Education*«) wieder überhaupt und erotisch nahezukommen. Zum nächsten Termin kamen sie wie frisch verliebt, sozusagen die Hochzeitsnacht erwartend. Fast hätten wir gemeinsam Kaffeetrinken gehen können, aber ein paar

Hinweise zur guten Kommunikation und die Anleitung zur Beckenschaukel (siehe *»Sex-Education«*) schienen mir noch sinnvoll. Ein paar Monate später kam das positive Feedback: »Wir hätten es fast vergessen!«

Die Liebe bleibt – Kommunikation und die Sprache der Liebe

Wie redet man über intime Themen, wenn der Körper nicht mehr so will? Wie redest du überhaupt über intime Themen? Das ist für manche schon schwierig, auch wenn die Körper noch gesund und fit sind und sie gerne intim werden wollen. Wie sollen wir da anfangen? Mein Tipp: Fang mit dem Zuhören an! *Echtes Zuhören*, genau, das habe ich von Ariel und Shya Kane, meinen Coaches seit vielen Jahren, in ihren Workshops zu Transformation gelernt.[26] Du warst sicher schon des Öfteren frustriert, wenn du das Gefühl hattest, dir wird nicht zugehört. Vielleicht, weil dein Gegenüber gar kein Interesse am Thema hat, weil er oder sie schon darauf wartet, die eigene Gegenrede kundzutun, schon Vorurteile einarbeitend, bevor dein Anliegen überhaupt wahrgenommen wird. Manchmal werden in Gedanken schon die Erwartungen ergänzt. *Echtes Zuhören* verlangt aber, dass du dich für einen Moment auf den Standpunkt des anderen einlässt, die Botschaft erst mal anhörst, ohne sie gleich zu bewerten. »Wenn du einfach das, was du zu sagen hast, fallen lässt und zuhörst, wenn du für die andere Person empfänglich bist, zu der du in Beziehung stehst«, schreiben Ariel und Shya in ihrem Buch »Das Geheimnis wundervoller Beziehungen«, »dann könntest du etwas völlig Neues und Unerwartetes entdecken: Was du sagst, ist sogar noch passender als das, was du geplant hattest.«[27] Das Zuhören auf diese Art und Weise schult ihr, wenn ihr – insbesondere in Diskussionen – das Gesagte voreinander rekapituliert. »Habe ich das richtig verstanden ...«

Zuhören und über intime Dinge vertraut reden zu können ist die Basis, viel muss dann nicht hinzugefügt werden, wenn körperliche Einschränkungen jeder Art dazu kommen. Reden über alle möglichen intimen Dinge ist den meisten von uns nicht beigebracht worden. Oder wir haben merkwürdige Erinnerungen an solche Gespräche, weil sie uns peinlich waren. In der Beratung frage ich regelmäßig nach dem Umgang mit Nähe, Zärtlichkeit und Sexualität in der Ursprungsfamilie. Häufig höre ich dann Sätze wie »Aufgeklärt? Nee, nicht von meinen Eltern!« oder »Bei uns wurde nicht darüber geredet. Meine Regel hat mich voll überrascht. Und es waren keine Binden im Haus. Voll peinlich!« Ältere Geschwister erledigten das, teils hinter vorgehaltener Hand. Dazu kamen der Biologieunterricht, die Freundin, mittlerweile auch mal YouTube. Bei mir war es die Jugendzeitung »Bravo«, die eigentlich verboten war, und später ein Buch über Sex von Beate Uhse, der mutigen Frau mit dem ersten Sexshop in Deutschland. Ich hatte es zufällig im Kleiderschrank meiner Mutter gefunden und achtete auf strenge Geheimhaltung meiner Lektüre. Eine junge Klientin erzählte: »Das mit der Selbstbefriedigung hat mir meine Schwester gezeigt. Das haben wir nicht so genannt, es ist mir erst später klar geworden. Die war nur zwei Jahre älter und jückelte immer auf ihrem Kuscheltier rum. ›Mach mal, macht Spaß‹, war ihre Ansage. Vor unseren Eltern haben wir es aber nicht gemacht.«

Das ist auch heutzutage im Großen und Ganzen der Stand der Dinge, auch wenn um uns herum alles so offen wirkt. Wie also raus aus dem Dilemma des »Ich-nix-intim-verstehen«? – Erster Schritt: Erkenntnis, es gibt nichts Gutes, außer man tut es! Sich selbst den Kick geben.

Bei deinem Lieblingsitaliener was Leckeres auszuwählen, fällt dir wahrscheinlich leicht. Hmm, Saltimbocca, und dir läuft schon das Wasser im Mund zusammen. Und in der Liebe? Was turnt dich an? Was magst du? Worauf hättest du Lust? Und, ganz wichtig: Worauf hast du keine Lust? Was machst du schon viel zu lange immer wieder mit? Hab ruhig den Mut, auch mal Nein zu sagen. Das ist wichtig.

Wie oft höre ich auf die Frage nach dem Anliegen in der Beratung den Satz: »Ich habe keine Lust!« Wow, ein schweres Paket, könnte man meinen. Ich stelle es erst mal an die Seite und forsche nach Vorstellungen, wo die Reise denn hingehen soll. Die sind bei den meisten wenig konkret. Ich hätte gerne sogenannte Zielvereinbarungen. »So wie früher, als wir uns kennengelernt haben, soll es wieder werden, spontanissimo und heftig.« Aha. Bevor ich das vertiefe, wende ich mich dem Lustlosigkeits-Batzen zu: Worauf *genau* hast du keine Lust? Und wir betrachten die Abwesenheit von Lust auf eine erotische Begegnung aus neuer Perspektive: als ein Nein zu Bedingungen, die dir aus den verschiedensten Gründen nicht/nicht mehr passen. Das kann sein: der Ort, wo der Sex stattfinden soll, die Zeit, deine Erschöpfung, aufgestauter Groll aus vielen Jahren, der Sex an sich oder gar der Partner, der dir nicht mehr gefällt. Dabei sind Dinge, die du in der Dimension noch gar nicht bemerkt hast, nicht wahrhaben willst oder über die du nicht gerne sprechen magst, weil es unangenehm oder verletzend sein könnte. Deshalb hat dein Körper es lieber vorgezogen, auf »lustlos« zu stellen. Nach dieser Erkenntnis bleibt dir, wenn sich wirklich was ändern soll, nichts anderes übrig, als es anzusprechen!

Woher soll dein Partner bzw. deine Partnerin wissen, was dir gut gefällt oder was dir keinen und überhaupt keinen Spaß macht? Klar, wenn man nicht ganz taub ist, spürt man, dass du nicht oder nicht mehr so mitgehst beim Vögeln, oder dass du unter fadenscheinigen Gründen die Avancen zurückweist. Es steht dir leider auch nicht auf der Stirn geschrieben, was deine Vorlieben beim Vorspiel sind. Und wir sind alle individuell verschieden, Männer noch mal anders gestrickt als Frauen und die daneben und dazwischen, wie Moderator Jan Böhmermann immer so schön sagt. Für die meisten gibt es gewisse Spielregeln. Auch bei Langzeitpaaren. Wie startet ihr? Mit direkter Frage oder eher nonverbal? Ziemlich spontan oder habt ihr im Lauf der Zeit bestimmte Zeiten und Rituale etabliert, die ein erotisches Treffen einleiten? Ein Blick, ein Kuss nach dem Sonntagsfrühstück, der sich fortsetzt? Ihr liegt schon im Bett, umarmt euch, kuschelt, küsst, die Erektion drängelt sich vor oder die Vulva schmiegt sich an den noch weichen Penis, um ihn aus der Reserve zu locken? Die Hände streicheln, massieren, kneten hier und da? Der Atem wird heftiger, die Bewegungen geschmeidig und lianenartig? Das wäre ein Moment, deinem Partner mit Stöhnen, mit »Ahh, das tut gut, mach weiter«, mit Führen der Hand an noch sensiblere Stellen zu verstehen zu geben, was dich erregt, elektrisiert.

Etwas diffiziler ist das Kommunizieren über das, was du nicht mehr magst oder eigentlich noch nie so richtig mochtest, deine ureigenen Abturner. Aber du kannst auch da die Hand an passende Orte führen. »Lieber am Po, Schnucki, das mag ich besonders gern!« »Ein bisschen mehr, sanfter, doller, ich liebe das …« – Von den bewährten Ich-Botschaften hast du sicher schon gehört. Statt »So doch nicht, Mensch!« lieber freundlich auffordernd mit liebevollen Worten. Und auch gern hinterher noch eine Bestätigung, ein Dankeschön für die wunderbare erotische Erfahrung: »Wie du meine Brust jetzt streichelst und die Brustwarzen zwirbelst, da kann ich gar nicht anders, als mich dir hingeben.«

Gelingt dir das nicht in der Situation, weil die Stimmung schon schlecht ist, dann finde dafür einen passenden Zeitpunkt. Sorge für Resonanz zwischen euch. Ein Blick, ein Lächeln, eine Umarmung können dabei helfen. Dazu ein Ort, wo ihr ungestört seid. Zeit braucht es auch! Und du solltest wissen, worüber du reden willst: Worum geht es mir hier eigentlich? Ist es mehr das, was man auch Geschlechtsakt nennt? Die immer gleiche, vorhersehbare Weise? Berührungen, die nicht erfreuen? Oder kommt es mehr aus der Beziehungs- und Lebenssituation an sich? Wie kannst du dein Nein klar und verständlich erläutern? Wie wird es für den anderen nachvollziehbar? Sätze, mit denen du den Anfang machen kannst, könnten z. B. sein: »Wir schlafen immer seltener zusammen. Wie geht es dir eigentlich damit?« Oder: »Willst du wissen, wie es mir damit geht?« Auch: »Hat das was auf sich?«

Betrifft es mehr Äußerlichkeiten? Du bist abends hundemüde und hast kein bisschen Lust auf einen Quickie, der für deinen Partner oder deine Partnerin Entspannung vor der Nachtruhe bedeutet? Dann sucht nach Alternativen.

Mundgeruch oder Achselschweiß stören auf einmal deine Lust? Dann sag es. Ja, das kann verletzen. Der Ton macht die Musik. Anders kann dein Lieblingsmensch es nicht ändern. Ihr habt beide ein Recht darauf, euch appetitlich zu begegnen.

Und was, wenn der Körper nicht mehr so kann? Hast du schon ein gesundheitliches Problem? Schmerzt dir das Knie? Hast du Diabetes? Wie hältst du es damit im täglichen Leben? Behältst du für dich, dass du diese Wanderung gerade nicht mitmachen kannst oder dass dieses Dessert leider nix für dich ist und du des Öfteren deinen BZ-Spiegel überprüfen musst? Wahrscheinlich fällt es dir leicht, darüber zu sprechen, wenn es angebracht ist. Und bei intimen Fragen?

Du merkst als Frau in den Wechseljahren: Es brennt nach dem Sex, du kannst es nicht richtig einordnen. Statt den Sex zu vermeiden – auch weil er dir schon länger keinen Spaß mehr macht, was du aber nie offen angesprochen hast – rede darüber! Mach Pause mit Geschlechtsverkehr, bis du bei der Frauenärztin warst und sie eine Entzündung ausgeschlossen und die Atrophie durch Hormonmangel bestätigt hat. Starte mit der ursächlichen Therapie mit Estriol-Creme. Kauft euch außerdem Gleitgel oder Öl, habt es sicht- und greifbar auf dem Nachtisch. Das ist ähnlich wie eine Brille zum Lesen, keiner wundert sich, keiner schämt sich.

Du merkst, der lange Jahre wunderbar starke Penis wird auf einmal weicher und macht vor dem Orgasmus schlapp. Es fehlt dir an der gewohnten Stimulation, dich als Mann verunsichert das total. Deine Identität als Mann bekommt eine Schramme, damit hattest du mit 60 noch nicht gerechnet. Das ist aber so normal wie die Scheidenatrophie bei der Frau. Es gibt Heilmittel und Trost. Das Leben geht weiter: Sprecht es an! Versucht, es mit Humor zu nehmen!

Lösungen, die euch näherbringen – trotz gesundheitlicher Herausforderungen

Hier kommen noch mehr Beispiele zu nicht ganz so »natürlichen« Veränderungen des Älterwerdens. Dabei spreche ich vor allem die Paar-Sexualität an. Im Kern gelten die Empfehlungen aber auch für Menschen, die – wie sagt man so schön – Single sind. Es ist gleichzeitig eine Ermutigung für Solisten, die sich nach einer Partnerschaft umschauen und wegen ihrer Einschränkungen zögern.

Ja, auch mit kleinen und größeren Einschränkungen im Sexual-er-leben bleibt das Leben so lebenswert, wie du es eben mit deinen Fähigkeiten und Mitteln gestaltest. Ich würde sogar sagen: Den gesundheitlichen Einschränkungen kannst du dadurch mit mehr Leichtigkeit und Lebendigkeit begegnen. Schon öfter habe ich die »Speisekarte« erwähnt, die es zu erweitern gilt. Was meine ich damit?

Auf dem typischen »So-geht-Sex-Menü«, an dem sich viele Menschen orientieren, steht:

- *Heute im Angebot:* mehr oder minder kurzes Vorspiel – Geschlechtsverkehr bis zur Ejakulation, sprich Orgasmus des Mannes, fertig.
- *À la carte:* Vorspiel, manuell und oral, bis beide schön geil sind – Geschlechtsverkehr, mit Glück mit vaginalem O der Frau, sonst zum Dessert: manuelle Stimulation der Partnerin nach O des Lovers.

Vielleicht hatte deine Speisekarte bis zu deinen gesundheitlichen Veränderungen oder denen deines Lieblingsmenschen sowieso schon deutlich mehr Auswahl und Gänge, und du hast so richtig geschlemmt. Aber jetzt verträgst du einiges nicht mehr, brauchst eine spezielle Diät, willst andere Zubereitungen und Beilagen probieren. Erinnerst du dich an Reisen in fremde Länder mit völlig anderer Esskultur? Wo du am Anfang eher dachtest: »Igitt, das soll schmecken?« Oder dich als Kind, konfrontiert mit Speisen, die du auf keinen Fall essen wolltest? Und heute sind es deine Lieblingsgerichte? So könnte es dir gehen, mit den möglichen Lösungen, die ich dir vorschlage. Sieh es wie eine »Food-Messe«, eine Weinprobe. Probieren geht über studieren, hier ganz besonders. Die sinnlichen Erfahrungen aller fünf Sinne plus deiner Fantasie tragen zum erotischen Genuss bei. Darüber, dass du sie ansprichst, kommst du ins Spüren, in Erregung. Das kann neu und anders, aber weiterhin höchst genussvoll und erfüllend sein.

Über unterstützende Medikamente und Geräte habe ich weiter oben schon geschrieben. Hier und jetzt geht es mir um Sinnliches – wobei auch zusätzliches »Dingliches« das Erfahren sensueller Genüsse erweitern kann. Egal, ob dich Bewegungs- und Mobilitätseinschränkungen und/oder Schmerzen behindern, die Libido gleich Null und die Erektion verloren ist, oder du z. B. nichts mehr sehen kannst, berührt zu werden, bleibt für viele angenehm. Und der Körper bietet eine große Spielwiese, die du erkunden kannst.

Es macht Sinn, euch zu verabreden, ganz bewusst Zeit zu nehmen, um etwas Neues auszuprobieren. Macht es euch schön. Sprecht die anderen Sinne gleich mit an, indem ihr Musik und Wohlgeruch um euch verbreitet. Scanne beim Berühren und Berührtwerden immer wieder: Wie riecht's? Wie schmeckt's? Was höre und sehe ich? Wie fühlt mein Lieblingsmensch sich an? Was fühle ich unter seinen Händen? Öle sanft ein und erspüre alle Feinheiten. Es macht z. B. einen Unterschied, ob du mit geschlossenen Augen berührst, streichelst und massierst oder ob du deinen Händen mit den Augen folgst. Probiere es aus. Neben oder statt eines Öls darfst du auch gern eine Feder, einen Stoff, eine Bürste, etwas Kühles nutzen, wie's beliebt. Ob ihr nach langer Sexpause erst mal leicht bekleidet anfangt oder schon nackt zusammen liegt, ob die Berührung und Stimulierung der Genitalien zunächst außen vor bleibt oder schon mit einbezogen wird, bleibt euch überlassen. Meine Empfehlung: Weniger ist mehr. Bleibt am Anfang lieber am Erkunden, Wahrnehmen, Genießen. Wechsle als aktiver oder empfangender Mensch mal die Perspektive des Nehmens und Gebens. Streichle z. B. dein Objekt der Begierde mit dem Fokus, etwas zu geben. Lass dich im Gegenzug beim Streicheln auch mal zum Subjekt werden und nimm den Genuss beim Berühren mit. Du merkst: Es muss nicht zwangsläufig Penetration sein, gegenseitige Masturbation mit Benutzung aller dir zur Verfügung stehenden Körperteile, kann für manche sogar erfüllender sein.

EXKURS

Slow Sex

Slow Sex ist »achtsamer Sex, bei dem jeder Moment maximal genossen wird«, sagt Yella Cremer[28], eine der Expertinnen für Slow Sex. »Zu mir kommen meistens Paare, denen ihre Sexualität in längerer Beziehung abhandengekommen ist, aber die sich einfach immer noch lieben und neuen Input möchten.« Menschen, die es entspannend finden, keine Erregung zu brauchen, um anzufangen, die Nähe, Intimität und Verbindung suchen statt Geilheit und Lust. Du spürst den Genuss. Ein Orgasmus kann, muss aber nicht sein, er ist nicht das unabdingbare Ziel. Auch eine Erektion ist nicht erforderlich. Ihr legt die Genitalien aneinander, oder der Penis dringt weich und bewusst in die Vagina ein. »Weniger machen, mehr fühlen«, sagt Yella, »es braucht ein wenig Übung. Viele Paare haben nach drei Monaten deutlich mehr und schöneren Sex als vorher!«

Sex ohne viel Erregung, der richtig Spaß macht? Hast du schon mal die Erfahrung gemacht, dass du was lernen wolltest, was nicht gleich so geil war? Snowboard fahren, regelmäßig joggen an der Elbe, ein Instrument, eine Sprache lernen? Auch nicht gleich geil, aber heute möchtest du es nicht mehr missen, oder? Erst recht bei alten, lieb gewordenen Gewohnheiten braucht dein Gehirn – wohl wissend, dass das alte nicht mehr funktioniert – Zeit und viele Wiederholungen, um das alte Programm zu überspielen.

Das heißt, sich gegenseitig animieren, ermuntern und üben, üben, üben. Vielleicht fühlst du dich jedoch eher von tantrischer Sexualität angezogen. Da ist der Fokus weg von der Penetration hin zur Sinnlichkeit, im Wesentlichen durch Berührung. Auch in diese »Schule« kannst du dich einführen lassen. Oder du buchst eine Massage in einer entsprechenden Praxis für *Sexual Bodywork*. Nicht so verbreitet bei der Schamhaftigkeit und diversen Tabus in unserem Lande, aber genauso möglich und sinnvoll für Menschen mit Behinderung und chronischen Erkrankungen. Das Einladen von professionellen Sexualassistenten oder Assistentinnen für deine erotischen Bedürfnisse ist sowohl zu Hause als auch in Institutionen wie Heim und Hospiz möglich.

Bist du sensorisch eingeschränkt, magst vielleicht andere sinnliche Kanäle mehr oder möchtest auch ohne Partner bzw. Partnerin sexuell genießen? Pornografische Darstellungen, erotische Chats oder Rollenspiele, auch online, angepasste Sexspielzeuge, teils mit Fernsteuerung, können dich unabhängig von körperlichen Einschränkungen im Mit-dir-Liebe-Machen unterstützen. Der Markt bietet mittlerweile auch sexuelle Hilfsmittel, spezielle Möbel, Haltegriffe oder Stützen, die dir neben vielen Kissen und neuen angepassten Sexpositionen sexuelle Aktivität erleichtern. Trau dich, offen mit dir selbst und anderen – bis hin zu Selbsthilfegruppen – zu kommunizieren. Lass dich auf neu entdeckte Wege ein und überraschen, was du – nach einer Phase der Umgewöhnung – an neuer erotischer Energie erlebst!

MUTMACHGESCHICHTE

»Krebs hat vieles verändert – aber nicht unsere Liebe«

Günther, 68, hatte plötzlich und unerwartet eine Krebsdiagnose: metastasierter Prostatakrebs. Er lebte mit Ulrike, 70, seit 40 Jahren zusammen. Sie hatten drei Kinder und fünf Enkelkinder, die sie gelegentlich mal betreuten, sonst lebten sie ein umtriebiges Rentnerleben. »Bis das jetzt vor einem halben Jahr kam, haben wir unseren Sex genossen«, sagte Ulrike. »Wenn wir an ruhigen Tagen und in den Ferien sogar zweimal am Tag gevögelt haben, habe ich schon gesagt: ›Ich glaub, wir sind nicht ganz normal‹, bei allem, was du sonst so liest und geklagt bekommst von Freundinnen, bei denen sich nichts mehr abspielt oder höchstens einmal im Monat. Aber jetzt ist es bei uns genauso.« Günther bekam eine Anti-Krebstherapie, die sein Testosteron auf Kastrationsniveau runterfuhr. Sie erzählten: »Sehr wirksam, was die Krebsbekämpfung betrifft. Aber neben anderen Nebenwirkungen, wie Hitzewallungen, Müdigkeit, Antriebslosigkeit und Verstimmungen, spürt Günther kein sexuelles Verlangen mehr, die Erektion ist ein Witz, für Penetration nicht zu gebrauchen. Wir kommen zu dir, weil wir irgendwie ganz hilflos sind.« Die beiden bewegten sich schwankend zwischen der Bedrohung durch die Krankheit, letztlich für beide, und dem Akzeptieren der wohl sehr wirksamen, lebensverlängernden Therapie. Und das bei den rasanten Nebenwirkungen wie dem Verlust der in hohem Maß für Männlichkeit stehenden Erektion und ihres lebendigen, verbindenden Liebeslebens. Für die neue Situation hatten sie nichts im erotischen Nähkästchen. Ulrike spürte durchaus Erregung, wenn sie sich abends vorm Einschlafen umarmten, veratmete das aber lieber, als es anzusprechen, weil es ihr übergriffig vorkam. »Habe ich bis jetzt nur andersrum gehört, bei Freundinnen, wo die Männer andauernd Lust haben, sie aber überhaupt nicht. Das will ich nicht mit Günther veranstalten.« – »Hilft nichts«, gab ich zu bedenken, »das müssen wir uns genauer ansehen!«

Auch hier ist die Kommunikation superwichtig. Genauso wie sich Zeit füreinander zu nehmen, Zeit zu geben! Es geht ums Erkunden. Erst mal verbal: Wo soll die Reise hingehen? Worauf hast du Lust? Breit gedacht, nicht nur für den erotischen Bezug. Worauf hast du keine Lust? Diese Fragen sind für beide wichtig. Dann das Erforschen, das In-sich-Hineinhören. Von der Seite der berührenden Person gleichermaßen wie von der berührten: Wie fühlt sich was an, was spürst du, wenn ich dich da berühre? Was spüre, denke, fühle ich, wenn ich dich da berühre? Am schlaff bleibenden Penis zum Beispiel, der früher sofort aufsprang wie ein wilder Hengst beim Anblick einer rossigen Stute? Aus weiblicher bzw. Partnersicht interpretiert als »Du willst mich, du begehrst mich.« Da musst auch du umlernen, Signale ganz neu deuten und andere Dinge, wie hier den Penis, neu erotisieren: als zartes Spielzeug, das zum Geküsstwerden einlädt? Lass deiner Fantasie freien Lauf. Ein »Ich merk nichts« gibt es dabei nicht. »Fokussiere deine Aufmerksamkeit ganz auf den Moment, schreibt Yella Cremer in ihrer »Kurzanleitung Slow-Sex – der Liebe lauschen«. »Spiele mit Langsamkeit. Nutze deinen Körper, um wahrzunehmen, was du genau in diesem Moment erlebst. Lausche der Spur des Genusses und folge ihr sanft, statt mit viel Tun und Machen irgendwas erreichen zu wollen. Der Genuss liegt oft in den kleinen Dingen.[29]«

MUTMACHGESCHICHTE

Gehört, getan. Ulrike und Günther waren motiviert. Sie fanden Zeit und Raum, übten entsprechend den Vorgaben des *Sensate Focus* (siehe Kapitel »Übungen«), blieben erst mal absichtslos, was Erregung und Orgasmus anging. Und potzblitz, angenehme Gefühle stellten sich ein. Obwohl der Testosteronwert bei Günther schon seit Wochen gleich Null war und Gott sei Dank die Knochenmetastasen verschwanden, entwickelte sich Erregung, wenn Ulrike ihn am Oberschenkel, am Hoden und am Penis streichelte. Der Penis entwickelte durchaus auch eine gewisse Fülle, die völlig unerwartet zum Einführen bei Ulrike reichte, er kam zum Orgasmus! »Nicht ganz so fantastisch wie sonst, aber trotzdem eine große Freude.« Und die Freude reichte bei ihm auch noch aus, die erregte Ulrike mit seinen erfahrenen Fingern zum Höhepunkt zu bringen. »Was für ein Vergnügen, so können wir mit der Krankheit gut weiterleben«, sagten beide. Und Günther fügte hinzu: »Meiner Abwehr tut das bestimmt auch gut!« Recht hat er!

Würde ich Männern mit Erektionsstörungen bei entsprechend niedrigem Blutwert Testosteron verordnen, habe ich bei Günther diese Wahl nicht. Das wäre für ihn wie für den Teufel das Weihwasser. Bei Krebserkrankungen haben wir in der Sexualtherapie besondere Regeln zu beachten. Im Kapitel »Sexualität nach Brustkrebs« habe ich schon geschildert, dass es neue Medikamente gibt, Wechseljahrsbeschwerden anders als mit Hormonersatztherapie zu lindern – bei Brustkrebs wird davon abgeraten. So brauchte es auch im Fall von Saskia neben der Beratung besondere Lösungen für ihre sexuellen Probleme.

MUTMACHGESCHICHTE

»Sex tat weh – heute genieße ich ihn mehr als je zuvor!«

Saskia kannte ich schon aus meiner Zeit als Frauenärztin. Dort hatte ich sie im Rahmen einer Brustkrebserkrankung betreut. Da war sie noch nicht in den Wechseljahren, bekam nach OP und Bestrahlung das Medikament Tamoxifen zur Nachbehandlung. Das Tamoxifen blockiert die Rezeptoren für Östrogen im Brustgewebe, behindert aber die Eierstöcke nicht bei der Östrogenproduktion, solange sie dieses Hormon noch produzieren. Jetzt war sie, mit 54, in die Wechseljahre gekommen, litt sehr unter Hitzewallungen und Schlafstörungen. »Ich wache auf, bin klitschnass und die Bettwäsche auch. Hab immer eine andere Decke bereitliegen, trotzdem bin ich erstmal wach und ärgere mich. Östrogene darf ich ja nicht nehmen!« Das war das eine, aber auch die üblichen Beschwerden an Vulva und Vagina hatten sich schon eingestellt: Die Haut war trocken. Es tat weh, wenn ihr Mann den Penis einführte, und hinterher fühlte es sich ein paar Tage wund an. »Gleitgele haben wir schon einige ausprobiert, das bringt es nicht!«

Ja, da musste ich Saskia zustimmen. Östrogene könnten das Wiederauftreten eines behandelten Brustkrebses begünstigen. Neben der Tatsache, dass ich immer auch über die Möglichkeit rede, sich anders als mit dem üblichen Geschlechtsverkehr erotischen Genuss zu verschaffen, konnte ich Saskia gute Mittel empfehlen, die auch diese »Körperübung« wieder möglich machten: Das schon erwähnte Präparat Veoza. Dazu eine Creme zur Pflege des Vulvovaginalbereichs.

MUTMACHGESCHICHTE

Saskia hat sich von mir die DHEA-Vaginalcreme und Veoza von ihrer jetzigen Frauenärztin verordnen lassen. Beim nächsten Termin drei Wochen später meldet sie: »Die Hitzewallungen sind nicht ganz weg, aber deutlich geringer. Und was die Vulva betrifft: Wir haben schon die Probe aus Exempel gemacht: Top!« In einer Mail ein paar Wochen später schreibt sie diesen Satz von weiter oben: »Sex tat weh – heute genieße ich ihn mehr als je zuvor.«

Sex-Education 50+ – Dein Spielplatz für Liebe und Intimität

»Kennst du *Sex-Education*, die Serie für die ganz Jungen bei Netflix? Das ist ein Muss für dich bei deiner neuen Profession!«, sagten meine Töchter lachend. Ich habe was dazugelernt. Vor allem, wie locker Aufklärung gestaltet werden kann: Sachliches und Emotionales gut gemischt. Das findest du auch in dieser »*Sex-Education* 50+«: Informationen, Storys und Übungen zu Gestaltung und Genuss von Liebe und Erotik in Beziehung zu dir und deinen Lieblingsmenschen.

Hast du die Serie *Sex-Education* gesehen? Wohl für junge Leute gedacht, aber auch superinteressant für Erwachsene. Dort kannst du – wenn du möchtest – auf spannende und humorvolle Weise »Lernschritte« nachholen, die du in deinem individuellen »Sexualkundeunterricht« verpasst hast und in der Schule sowieso nicht geboten bekamst. Während in der ersten Staffel der etwas schüchterne Highschool-Schüler Otis – Sohn einer Sexualtherapeutin – anderen Jugendlichen Ratschläge in sexuellen Fragen gibt, erfährt man in der Folge mehr über das Erwachsenwerden und die ersten sexuellen Erfahrungen des Hauptdarstellers und seiner Mitschüler und Mitschülerinnen. Dramen und Liebesgeschichten in den Welten der von Unsicherheit, Emotionen und Hormonen getriebenen Teenager sind klug angereichert mit Debatten über Identitäten, Genderrollen und sexuelle Selbstbestimmung.

Die Besonderheiten durch die individuell sehr unterschiedlichen Herausforderungen des Älterwerdens habe ich im ersten Teil des Buches schon beschrieben. Mit dem Kapitel »*Sex-Education* 50+« möchte ich noch mehr Mythen über Sex entzaubern und dir Vorschläge machen, wie du die diversen Hindernisse erkennst und aus dem Weg räumst, die dich vom genussreichen Liebesleben abhalten. Egal, ob du frisch verliebt bist oder in langer Beziehung lebst, für sexuelle Selbstbestimmung, sexuellen Genuss und erotisches Vergnügen ist es nie zu spät.

Ich kläre auf und gebe Anregungen, wie du deinen Körper besser verstehen und deine eigene Sexualität weiter entfalten kannst. Insbesondere auch, wie ihr eure gemeinsame erotische Lebenswelt neu gestaltet, euren Liebesgarten mit zu den neuen klimatischen Herausforderungen passenden Blumen, Kräutern und leckeren Früchten bepflanzt. Es kann passieren, dass dir allein durchs Lesen ein »Ach so!« entfährt und die Erkenntnis schon zu positiven Veränderungen führt. Wahrscheinlicher ist, dass dem Aha-Erlebnis ein Umsetzen der Einsichten folgen muss. Raus aus dem alten Trott. Veränderungen wollen auf den Weg gebracht werden. Da entsteht Vorfreude, neue Energie. Das fängt an mit neugieriger Bestandsaufnahme und Klären des bisher vielleicht nur vagen Ziels: »Es muss sich was ändern! So halte ich das nicht mehr aus.« Es lohnt sich, dir ein Bild zu machen, wohin es gehen soll. Im Sinne der sogenannten Wunderfrage der Systemiker: »Stell dir vor, heute Nacht geschieht ein Wunder und morgen sind alle deine Probleme verschwunden. Wie wäre dein Liebesleben dann anders?« Schau dir das Wunder an: Wie sieht sie aus, deine neue Lebenswelt? Wie siehst du aus, bewegst du dich? Wie gehst du anders mit dir, deinem Lieblingsmenschen um? Was denkst und fühlst du? So ein konkretes Bild könnte dich motivieren, deinem Sexualleben, eurem Sexualleben in der Kommunikation, in Aktionen, in den folgenden Übungen, im Alltag wieder die nötige Priorität einzuräumen, damit es florieren kann. Aber – das will ich nicht unter den Teppich kehren – alte

Gewohnheiten zu ändern, kostet auch Mühe. Du musst vielleicht Scham überwinden. Oder Angst, deine Wünsche nach Veränderung könnten die Beziehung erst recht ins Wanken bringen. Da muss dein Partner bzw. deine Partnerin überzeugt, bestenfalls schon mit neu Gelerntem verführt werden. Der »innere Schweinehund« hat gerade keine Lust auf die Streichelübung, die zwar die Sinne wohlig anspricht, aber dir auferlegt wurde, um aus der »Drängeldynamik« auszusteigen. Im Prinzip ist es aber nicht »die eine Übung«, die die Sonne wieder scheinen lässt. »Eine Schwalbe macht noch keinen Sommer!« Lies weiter, dann erfährst du, was die Ingredienzien für eine köstlich befriedigende Beziehung sind.

Frauen sind anders, Männer auch

Wenn du in deine Yogagruppe im Fitnessstudio gehst, wer sitzt da mit dir auf der Matte? Und an einem See, wer beobachtet da seine diversen Angeln? Ich gebe zu, das hat nichts mit Sexualität zu tun, und da gäbe es noch viel mehr eindeutig geschlechtsbezogene Gruppen. Wir können aber auch beobachten, wie sehr sich bisher eher Frauen- oder Männertypisches vermischt hat. Und das passiert auch hinsichtlich sexueller Interaktionen zwischen den Geschlechtern. Wurde früher die weibliche Lust oft vernachlässigt, sind wir heute daran interessiert, den Orgasmus-Gap – die Tatsache, dass beim Geschlechtsverkehr 98 % der Männer, aber nur etwa 30 % der Frauen zum Orgasmus kommen – zu überwinden. Frauen äußern deutlich mehr ihre Wünsche und haben überhaupt auch welche, Männer können ihre Gefühle äußern. Die *#MeToo*-Bewegung hat landauf landab dazu sensibilisiert, dass Konsens in intimen Beziehungen zum Thema geworden ist. Männern ist es ein großes Anliegen, dass ihre Partnerinnen den Sex mit ihnen genießen – ob mit oder ohne Orgasmus. Trotzdem bleibt in diese Richtung noch viel zu tun.

Beziehungsspezifischer erfahren wir es hier in einem Buch. Schon 1992 erschien in den USA »Men are from Mars, Women are from Venus«, geschrieben von dem amerikanischen Paartherapeuten John Gray. In Deutschland erschien es erst 2001 unter dem Titel »Männer sind anders, Frauen auch«.

Das Buch legt dar, dass die meisten Beziehungsprobleme das Ergebnis fundamentaler psychologischer Unterschiede zwischen den Geschlechtern sind. Gray nutzt dafür eine Metapher, die dem Buch auch den Namen gab: Männer und Frauen wohnen auf unterschiedlichen Planeten, Männer auf dem Mars, Frauen auf der Venus. Beide Geschlechter sind nur mit der Gesellschaft und den Gebräuchen ihres eigenen Planeten vertraut, aber nicht mit denen des anderen. Das Buch fand hohe Resonanz, wurde mehr als 15 Millionen Mal verkauft, der deutsche wie der amerikanische Titel sind uns geläufig. Es gab aber auch reichlich Kritik an Grays Darstellung der menschlichen Psychologie in Stereotypen. In einer größeren Studie[30] mit 13.000 Personen waren die zwar bestehenden Unterschiede zwischen den Geschlechtern, außer in körperlichen Maßen und Kraft, nicht statistisch signifikant. Trotzdem gibt es insbesondere für die Sexualität ein paar Verhaltensweisen, die eher Männern oder eher Frauen zugeordnet werden können. Nonbinäre Menschen wurden bei dieser Aufschlüsselung selbstredend nicht berücksichtigt.

Wir sehen nun mal unterschiedlich aus und haben rein körperlich unterschiedliche Aufgaben und Herausforderungen. Es gab Zeiten, da war es wohl ziemlich klar aufgeteilt: Mann ist Jäger, Frau ist Mutter, Hüterin des Herdes, Sammlerin. Das hat sich im Laufe der Jahrtausende deutlich verwischt, aber immer noch gibt es die Unterschiede in Größe und Kraft, immer noch bekommen die Frauen Kinder und stillen sie. Immer noch leben wir, wie Angelika Eck[31] konstatiert, »mit dem wunden Punkt der patriarchalischen Unterdrückung weiblicher Sexualität in der jüdisch-christlichen Kulturgeschichte«. Frauen tragen keine Hauben mehr, streben auch nicht unbedingt danach, darunter zu kommen. Auch jungfräulich in die Ehe zu gehen, ist nur noch für sehr wenige erstrebenswert. Aber die »geschlechtergerechte« Sozialisation von der Zuweisung, die wir bei der Geburt bekommen – »Es ist ein Mädchen!« oder »Es ist ein Junge!« –, wird nach wie vor weitgehend durchgehalten.

In der *Sexocorporel*-Ausbildung habe ich Videos gesehen, in denen einmal ein kleiner Junge, ein anderes Mal ein kleines Mädchen, beide so zwei Jahre alt, im Kreise ihrer Familie agierten. Der Knabe hatte nur ein Hemdchen an, spielte an seinem Penis, der auch gleich anschwoll. Die Onkel und Tanten schauten amüsiert zu und machten Bemerkungen über »den kleinen Mann«. Der Kleine merkte das wohl und präsentierte sich mit weiteren Faxen. Das Mädchen hingegen hatte ein Kleidchen an und drehte und wendete sich galant und verführerisch posierend, um ihr Aussehen bewundern zu lassen. Das ist ein Beispiel, wie unsere sexuelle Lerngeschichte laufen kann. Unsere Sexualkultur lehrt Mädchen, sie sollen verführerisch sein, sich schön machen. »Sexuelle Neugier und Aktivität ist für die meisten Mädchen zwar nicht (mehr) verboten, aber deshalb noch lange nicht erlaubt. Die Spaltung in die Heilige und die Hure ist immer noch aktuell«, sagt Michael Sztenc[32] in seinem Männerbuch »Klappt's?« Weiters meint er: »Die klassisch männliche Lerngeschichte führt zu einer eher genitalen Sexualität. Sie ist zwar lustbetont, vermeidet aber emotionale Seiten, mit denen Mann sich verletzlich macht. Die klassisch weibliche Lerngeschichte betont mehr die Emotionen.« Ist dir das bei eurem Liebesspiel schon aufgefallen? Kommen dir folgende Sätze bekannt vor?

- »Ich schmuse gern mit meinem Liebsten. Aber er wird dann gleich hart und will mehr. Darum lasse ich das lieber. Aber das Knuddeln fehlt mir sehr.«
- »Ich hätte gern mal wieder richtig guten Sex. Du machst nur mit oder hast ›Migräne‹.«

Emotionalität in die Erotik zu bringen, vonseiten der Männer, und (wieder) Sexyness in die Emotionen, vonseiten der Frauen, wäre – bei aller Verallgemeinerung, die ich hier vorgenommen habe – wohl eine richtige Richtung für viele, um wieder Schwung in eintrocknende, ungedüngte Gärten zu bringen, egal ob du sie allein oder zu zweit bewirtschaftest. Anregungen gibt es im Kapitel »Übungen«.

»Sex ist nicht einfach nur Sex – nie«[33]

Sexualität, zentraler Bestandteil unseres Lebens, ist ganz klar viel mehr als Sex. »Wir hatten Sex«, sagen Leute heutzutage locker flockig, statt »Wir haben zusammen geschlafen« oder das gruselige Wort »Geschlechtsverkehr« zu benutzen. Hier nähere ich mich der Sexualität noch mal aus einem anderen Blickwinkel, das eine oder andere habe ich in anderem Kontext schon erwähnt. Etwas mehrmals unter die Nase gerieben zu bekommen hilft, die eigenen Glaubenshaltungen aufzuspüren, sie zu überdenken und fallen zu lassen. Sexualität ist nun mal ein vielschichtiges Konzept. Es umfasst körperliche und emotionale Aspekte und ist, ich sag's noch mal, kulturell geprägt. Sex lebt in unserer westlichen Welt von vielen Glaubenshaltungen. Hier ein paar davon:

- *Mythos 1:* Nur penetrierender, heterosexueller Geschlechtsverkehr zählt als normaler Sex.
- *Mythos 2:* Nur spontaner Sex ist guter Sex.

- *Mythos 3:* Sex ist nur erfüllend, wenn er in einem Orgasmus gipfelt.
- *Mythos 4:* Männer können und wollen immer, denken ständig an Sex.
- *Mythos 5:* Frauen wollen erobert werden.
- *Mythos 6:* Frauen sollten öfter mal flachgelegt werden.

Diese Liste könnten wir sicher noch beliebig fortsetzen. Wenn zwei oder auch mehr Menschen sich treffen, so bringt jeder einzelne seine persönliche Geschichte mit, dabei auch sein ureigenstes sexuelles Spektrum. Das wird gefüllt von seiner sexuellen Biografie, seinen sexuellen Erfahrungen, seinen Fantasien und seinem Begehren. Stell dir jede Person als einen Kreis vor. Wenn beide Kreise in eine Beziehung eintreten, wird sich bei den meisten eine gewisse Überschneidung – mal kleiner, mal größer –, ein partnerschaftlicher Teil ergeben. Wenn jemand für sich der Überzeugung ist, so wie er oder sie seine Sexualität lebt, so ginge guter Sex, und so ginge guter Sex für alle, dann können wir nur entgegnen: »So geht guter Sex für dich. Mein Sex hat andere Facetten.« Und die Facetten, die in unserer Kultur einen gewisse Grundtönung haben, können dann individuell noch mal unterschiedlich eingefärbt sein. Im »Modell der sexuellen Gesundheit« des *Sexocorporel* werden bei den kognitiven Komponenten, die unser Sexualleben maßgeblich prägen, Wissen/Unwissen, Glaubenssysteme, Ideologien, Idealisierungen, Werturteile und Denkweisen aufgeführt. Hört sich trocken an. Sie alle wirken jedoch auf unser sexuelles Handeln und Erleben und beeinflussen sich dabei auch noch gegenseitig. Und das ist nur ein Bruchteil der indirekten Einflüsse, die auf dich einwirken und mit denen du umzugehen lernen musst. Dazu kommen die sogenannten psychosozialen Einflüsse, als da sind: psychische Reaktionen, die Beziehungsdynamik und soziale Prozesse wie Auszug der Kinder, Arbeitslosigkeit, Pensionierung und Trennung.

Indirekt sind in diesem Sinn auch organische Einflüsse wie medizinische Faktoren und – nett beschönigend gesagt – die Biologie des Älterwerdens, die wir in diesem Buch ausführlicher betrachten, wichtig.

Das alles heißt: Sexualität ist uns nicht angeboren, wir wachsen in sie hinein, schauen sie uns ab, sofern wir was zu sehen kriegen, machen als Baby, als Kind und immer weiter – hoffentlich – eigene sinnliche Erfahrungen beim Berührtwerden, beim Riechen und Schmecken, können irgendwann erkennen: Mmh, das ist besonders, das fühlt sich gut an, das möchte ich weiter erleben. Spätestens in der Pubertät, oft schon deutlich eher – immer noch ohne erotische Erfahrungen wirklich als Sexualität benannt zu haben – entdecken die meisten den Solo-Sex. Jungs finden fast alle zur manuellen Selbstbefriedigung. Sie haben ihr »Ding« schon entdeckt, bevor sie laufen konnten. Mädchen den Bereich zwischen den Beinen nur zur Hälfte. Keiner hat sie zur Erkundung ihres Genitales speziell ermuntert. Wenn sie es doch taten, wie ich es jetzt bei den kleinen Mädchen so mit 2–3 Jahren beobachten konnte, die sich locker so weit vorbeugen können, bekamen sie ein »Bäh, lass dass!«. Genauso, wenn sie, weil es doch so gute Gefühle machte, auf einem dicken Kissen oder Kuscheltier rumjuckelten. Heute lernen sie mit ihren ersten Worten und entsprechend offenen Eltern und Erziehenden »Vulva« genauso sagen, wie sie dir, wenn gefragt, auf Nase, Augen und Mund zeigen.

Erinnerst du dich, wann du das erste Mal eine Interaktion mit jemand anderem als erotisch oder sexuell wahrgenommen hast? Oder erkennst du heute rückblickend eine solche? Im Kindergarten, in der Schule, im Zeltlager? Bei mir war es eine »Interaktion« mit dem etwas jüngeren Nachbarsjungen Kurt. Ich war so zwölf, lag mit dem Bauch auf dem Sofa, hatte einen Rock an. Er hob immer wieder den Rock ein bisschen hoch, um anscheinend meine Unterhose zu erspähen, ganz zart, mit der Intention, ich solle nichts davon merken. Ich tat, als ob ich nichts merkte, genoss dabei das kribbelige Gefühl zwischen den Beinen. Geredet wurde nichts. Und auch hinterher – ich erinnere mich nicht mehr, wie wir aufhörten – war es, als wäre nichts Besonderes passiert. Es blieb auch bei dem einen Mal. Wie man sieht, ist es haften geblieben, vielleicht so was wie eine Initiation in erotische Sensationen. Ich habe auch bald darauf zu masturbieren begonnen, mit Lust – und Schuldgefühlen. Ich habe es nicht einzuordnen gewusst, keinen zum Reden gehabt. Irgendwann hat mich die »Bravo« einer Freundin aufgeklärt. Ein bisschen halfen auch die sogenannten »Groschenhefte«, Liebesromane vom Bergdoktor oder aus der Welt des Adels, die wir im Konfirmandenunterricht heimlich austauschten. Warum erzähle ich das?

Wir alle haben unsere Aufklärung über sexuelle Dinge einerseits individuell erfahren und erhalten, andererseits gibt es sicher ähnliche Muster. Und diese Muster sind für Jungs andere als für Mädchen. Ausnahmen bestätigen die Regel. Das zeigte sich schon in der Art, wie wir miteinander oder gerade nicht – lieber Jungs und Mädchen allein – gespielt und kommuniziert haben.

Vielfalt – auch in der Therapie

»Ich wollte immer nur mit Jungs spielen, da deutete sich das schon an!«, erzählte mir eine lesbische Klientin. Sie war Ende 50 und kam zu mir, weil sie bis jetzt noch nie eine sexuelle Beziehung zu einer Frau eingehen konnte. Das Ganze erschloss sich dann nicht so sehr als sexualtherapeutisches Thema, sondern als eines hinsichtlich Akzeptanz und Leben der eigenen Identität. Es gab diverse traumatische Ereignisse in ihrer Biografie zu entdecken, die sie seit ihren Kindertagen verfolgten. Ich empfahl ihr eine begleitende Psychotherapie. Durch Gespräche und Körperübungen mit mir lernte sie ihren Solo-Sex wieder lieben.

Und aus unseren diversen »Lernschritten«, die wir im Laufe unseres Lebens gemacht haben, unterstützt von Eltern und Lehrern im weitesten Sinne, oder ganz im Gegenteil, sexualpädagogisch ungebildet, durch Glaubenshaltungen behindert und nicht selten durch Übergriffe traumatisiert, entwickelt sich, wie wir unser Sexualleben gestalten. Welche Priorität wir ihm einräumen. Wie wir uns sexuell begegnen. Und nicht wenige haben sich mit dem, was sie so gehört, gesehen, gelesen und in den ersten sexuellen Treffen erfahren haben, zufriedengegeben. Sind damit aber nicht mehr zufrieden oder haben durch besondere Lebensereignisse oder einfach das Älterwerden Einschränkungen erfahren. Sie vermissen das Lebendige, Verwegene, Freudige, Geile, Verbindende ihrer erotischen Abenteuer. Lassen sich nicht weismachen, dass man sich eben damit abfinden muss. Wollen das Feuer ihres Liebeslebens wieder anfachen. Das erfahre ich immer wieder in meinen Beratungen.

Über Defizite will ich hier nicht länger reden, sondern darüber, wo es jetzt langgehen kann. Du hast es gelesen: Sexualität ist mehr als nur der Sex, der gemeinhin als normal gilt und der in vielen Ehebetten wohl auch lange so gehandhabt wurde: ein bisschen Streicheln und Küssen, die Kleider so weit vom Leib wie nötig, steifer Penis rein in Vagina, ordentlich hin und her, Schluss mit Glück nach Orgasmus des Mannes und manueller Befriedigung der Partnerin, mit Pech schon nach Abspritzen (sorry!) des Mannes und sich dann – er zufrieden, sie weniger – in der Decke einrollen und schlafen. Und es ist auch nicht das, was du in Pornos vorgeführt bekommst – ewige Geilheit, Männer, die immer können, Frauen mit Wahnsinnsbusen, allzeit bereit, die sich stöhnend allen Wünschen unterwerfen. Schon lange möchten Frauen am Orgasmusgeschehen jedes Mal partizipieren, möchten ihn vaginal genießen, zusammen mit ihrem Lieblingsmenschen zum Höhepunkt kommen. Und Männer möchten auf eine Frau treffen, die nicht nur verführbar ist, sondern selbst aktiv ist und den Sex in vollen Zügen genießt. Auch das hört sich ein bisschen plakativ an – Sexualität ist so viel mehr!

Sexualität ist Zärtlichkeit, Fantasie und emotionale Nähe

Sexualität, die du mit dir allein lebst, mit einem Menschen, der dir gerade erst begegnet ist, mit deinem Lieblingsmenschen, mit Menschen, die du z. B. auf speziellen Partys kennenlernst, lebt von deinen individuellen Wünschen, deinen Vorlieben, deinen Emotionen, deiner Spielfreude und deinen Fantasien.

Tagträumend, meinen Gedanken und Fantasien freien Lauf lassend, entwickelt sich ein Garten Eden. Das ist allein mein Garten Eden. Und ich stelle mir vor, du hättest deine ureigensten Vorstellungen von deinem erotischen Paradies. Sicher kommen dir Bilder aus vergangenen Liebesbeziehungen oder aus den ersten Jahren der jetzigen in den Sinn. Du denkst an Filmszenen, Liebesromane, erotische Literatur. Wo sind jetzt deine sexuellen Highlights? Brauchst du ein paar Anregungen? Hat dein »Eden« zu kämpfen mit Trockenheit, verwelkten Blumen, Unkraut, Nacktschnecken? Fehlen die Schmetterlinge, zwitschert kein Vogel? Sprich: Hat das Erleben von körperlicher Lust und Emotionen durch deine speziellen Lebensbedingungen gelitten, oder hat es sich bis jetzt nicht so richtig entfaltet, fehlen dir ein paar »Lernschritte«?

Schaff dir dein neues Paradies! Zärtlichkeit und emotionale Nähe lassen sich auf vielfältige Weise herstellen. Dafür brauchst du keine Toys, kein Wellness-Wochenende! (Das kann schon mal toll sein, zum Luftholen, aber es dient selten als Lösung bei schlechtem Klima in der eigenen Wohnung.) Eigentlich hättest du alle Ressourcen, du hast sie vielleicht nur noch nicht als solche erkannt oder nicht klug und effizient genutzt. Schauen wir doch mal, was sich so in diesem Sinn nutzen lässt.

Poesie und Musik dienen z. B als neue Blumen im Garten der Zärtlichkeit und Vertrautheit. Hast du jemals im »Hohelied Salomos«, dem Lied der Lieder, gelesen? Es ist – kaum zu glauben – ein Teil des Alten Testaments und ein Meisterwerk erotischer Liebeslieder. Dort steht: »Deine Lippen triefen von Honig, meine Braut. Honig und Milch sind unter deiner Zunge.« (Hohelied 4,11) Und weiters kannst du dort lesen: »Wie ein Apfelbaum unter den wilden Bäumen, so ist mein Freund unter den Jünglingen. Unter seinem Schatten begehre ich zu sitzen, und seine Frucht ist meinem Gaumen süß.« (Hohelied 2,3)

Die Lovesongs von heute nutzen andere Worte, aber auch sie schwelgen in Bildern und Symbolen aus dem Land der Sinne: »You set fire to my world« (Zara Larsson), »Lass uns viel, vielsagende Blicke tauschen« (2raumwohnung), »Ich sing für Dich, ich schrei für Dich« (Jan Delay), »Love is in the air, every sight and every sound« (John Paul Young). Spotify oder andere Streamingdienste listen Tausende romantischer Lieder, auch dramatische mit viel Abschiedsschmerz. Letztens habe ich »Ich weiß nicht, zu wem ich gehöre« von Friedrich Holländer, zu großem Erfolg gebracht von Marlene Dietrich in den 30er-Jahren des letzten Jahrhunderts, mit sexualtherapeutischen Ohren gehört. Es thematisiert – ganz sinnlich – die erotischen Sehnsüchte und Verwirrungen der Liebe. »Ja soll denn etwas so Schönes nur einem gefallen, die Sonne, die

Sterne, gehören doch auch allen?« Klingen da nicht schon deutliche Wünsche nach offener Beziehung an?

All diese »Tiraden« sind in hohem Grade romantisch, zärtlich, fantasievoll. Man lässt das Herz sprechen. Und es spricht das Herz an. Bei Frauen ist das sehr oft einer der Kontexte – dazu später mehr –, der den Weg zu Erregung, zu Lust auf Sex öffnet. In der Beratung frage ich oft nach dem Liebesleben am Anfang der Beziehung. Erinnerst du dich an *den* Song, der den Anfang eurer Beziehung markiert? Es gibt in der Tat Umfragen, die darauf hindeuten, dass Frauen das häufiger als Männer tun. Sie verbinden bestimmte Lieder mit dem ersten Kuss, dem ersten Tanz, weil sie oft stärker als Männer Musik mit Emotionen verknüpfen. Männer erinnern sich eher an Orte.

Herz hin, Herz her. Wie funktioniert das eigentlich? Der Gefühlsauslöser für Texte und Melodien sitzt im Hirn, im limbischen System, auch das Großhirn springt an. Du hörst etwas, und das wirkt auf dein Gemüt. Alles ist möglich: gute Laune, Frohsinn, eine zarte Geneigtheit. Spüren kannst du das freudige Gefühl dann intensiv im Bauch – die berühmten Schmetterlinge – und Genitale. In Vulva und Penis wird es, je nachdem, kribbelig, feucht, gut durchblutet, ggf. mit entsprechenden Folgen. Das passiert, wenn unsere Sinne, unsere Werte, Emotionen und Ideale – kurz unsere Attraktionscodes – angesprochen werden. Mal »auf den ersten Blick«, mal nach »1000 Mal berührt«. Dann kommt nicht einfach die Seele, das Herz, sondern die Biologie ins Spiel. Das limbische System wird aktiviert. Dopamin, das Glückshormon, Oxytocin, das Kuschelhormon, Serotonin, das Wohlfühlhormon, und Adrenalin, verantwortlich für Aufregung, Herzklopfen und Schmetterlinge, werden freigesetzt. Sie machen uns euphorisch und lassen uns vom Sex mit dem neuen Lieblingsmenschen träumen, dabei sogar Orgasmen haben oder ganz konkret die Kleider vom Leibe reißen, wenn wir uns sehen.

Wie die meisten von uns im Laufe des Lebens wahrscheinlich mehrfach erfahren haben, hält dieses überbordende Gefühl nicht ewig, nicht in dieser Ausprägung. Aber: Musik, Tanzen, Lieder sind wunderbare »*Social Media*«, um immer wieder und lebenslang Momente von emotionaler Nähe und Zärtlichkeit zu kreieren. Eine Playlist eurer Lieblingslieder, einschließlich eures Kennenlernlieds, könnte eine frische Quelle für verführerische Atmosphäre sein.

Was braucht das erotische Paradies noch? Viel Wärme, einen Hauch Berührung? Gern auch mehr als einen Hauch. Denk an erster Stelle an dich selbst! Einfach so, *just for fun*. Falls du noch Tagesereignisse verdauen oder ihnen nachspüren möchtest, dein Partner schon eingeschlafen ist oder du gerade keinen hast, dann probier doch folgende Übung aus, in der es darum geht, sich selbst zu streicheln, denn das wirkt Wunder.

ÜBUNG

Dich selbst berühren

Nimm dich einfach selbst in den Arm, halte dich einen Moment, dann streichle dich, drück dich, wie es dir gefällt. Bewege deine Hände über dein Gesicht, fahre zart ein paar Mal über deine Lippen – (fühlt sich schon mal gut an, oder?), den Hals runter bis zum Busen. Umfasse beide Brüste mit den Händen, halte sie, bewege sie sanft. Berühre deinen Bauch, lasse die Fingerspitzen, die ganzen Hände sanft darübergleiten. Dann lasse sie bis zu den Oberschenkeln rutschen, soweit du reichst. Streichle die Innenseiten deiner Oberschenkel und komme dann zu deinem Genital. Auch da bleibe erst mal zart. Gezieltere Bewegungen beschreibe ich im Kapitel »Übungen« unter Penis- bzw. Vulvamassage. Es kann sein, dass du ins Land der Träume reist oder in

Wallungen kommst, das einfach genießt und darüber einschläfst oder deine Fantasien aktivierst und dich bis zum Orgasmus weiter stimulierst.

Das Atmen dabei nicht vergessen. Du könntest dir vorstellen, dass du durch die Vulva einatmest, den Atem an deiner Wirbelsäule hochperlen lässt bis zum Scheitel, dann den Atem wieder zurücklenkst und zum Schluss wieder ausatmest. Gern mit einem zarten Ah oder Oh. Totale Entspannung für Körper und Gemüt erreichst du mit der ruhigen tiefen Bauchatmung, der Diaphragma-Atmung.

ÜBUNG

»Diaphragma-Atmung« – atme dich glücklich

Mit dieser Atemtechnik aktivierst du den Vagusnerv, das senkt Herzfrequenz und Blutdruck und entspannt dich innerhalb von ein bis zwei Minuten, verteilt aber beim Sex auch deine Erregung im ganzen Körper. Funktioniert einfach und überall:

Einatmen durch die Nase, vier Sekunden lang.

Langsam und vollständig ausatmen, acht Sekunden lang.

Den Selbstberührungs-Plan kannst du auch auf zwei und mehr Personen umschreiben, ihr könnt euch abwechseln, den Fokus mal mehr aufs »Berühren geben«, mal mehr aufs »Berühren nehmen« lenken. Du kannst ihn auch beim Duschen oder Eincremen einsetzen. Dich zu berühren, insbesondere deine erogenen Zonen, und dich dabei zu bewegen, hält dich im Flow der Erregung. Hole deine erotischen Fantasien dazu (auch nicht verboten beim Paarsex!), liebkose sanft und laaaangsam, verwöhne wild, folge dem Genuss, surfe auf der Welle – entweder bis sie ausklingt oder bis zum *Point of no Return*.

P. S.: Darf's auch stürmisch sein? Du hast weit mehr als die Hände zum Berühren eines anderen Körpers, insbesondere in der Sexualität. Was für ein Geschenk ist es, sich Körper an Körper zu reiben, Schlingpflanzen gleich, ganz zart und sanft oder wie tollende Kätzchen – rasant und zielstrebig. Der Berührungsgenuss steigert sich noch durch den Aspekt des vierten Sinnes: Schmecken. Die Zunge ist da ein wahrer Tausendsassa und hat bei beiden Geschlechtern schon vielfältige Orgasmen ausgelöst, die bei »nur Sex« einfach nicht kommen wollten. Und ja, ein Ejakulat ist für viele nicht unbedingt der leckerste Drink. Denkt euch was aus, wenn ihr den Schluck umgehen wollt.

Ist insbesondere das Schmecken, der gustatorische Sinn, nicht ein wunderbar sinnlicher Genuss, wenn man an leckeres Essen denkt? Habt ihr euch schon mal gegenseitig etwas zum Probieren gereicht, euch am Eis schlecken lassen? Yummy! Zunge, Geste und Genuss – und dann noch ein wissender Blick – führt das nicht auch gleich zu Sensationen in tiefer gelegenen Gegenden? Wie wär's mit einem Candle-Light-Dinner zu zweit mit der Zubereitung von Lieblingsessen? Was hält dich davon ab, es auch nach 30 Jahren Beziehung mal wieder zu zelebrieren? Eine Anleitung zum Wiedereinstieg findest du in der Übung »Gastgeber« im Übungskapitel. Was ist beim Essen neben dem Geschmack noch eindrucksvoll? – Welcher Geruch dir in die Nase steigt. Was wäre ein Garten ohne Düfte! Das weckt zusätzliche Erinnerungen und Emotionen. Und du musst dir da gar nichts Künstliches ansprühen. Aus dem heimlich gelesenen Erotikbuch meiner Mutter erinnere ich den Tipp des Leibarztes von Kaiserin Maria Theresia, der ihr riet, die sexuelle Leidenschaft ihres Ehemannes dadurch anzuregen, dass sie ihre verschwitzte Unterwäsche anließ. Maria Theresia hatte insgesamt 16 Kinder. Das lässt darauf schließen, dass es gewirkt hat, ihn aus der Reserve zu locken, und passt zu unserem heutigen Wissen über Pheromone. Das sind chemische Signalstoffe im Schweiß, die – ohne, dass du es merkst – deine Partnerwahl und deine Lust beeinflussen können. Frauen sollen zum Beispiel während der fruchtbaren Tage den Geruch von Männern mit hohen Testosteronwerten bevorzugen – sagen Studien. Und der Volksmund nutzt schon lange die Aussage, dass du jemand »riechen kannst« oder auch nicht. Was lernen wir daraus? Es hängt nicht davon ab, ob du gerade frisch geduscht oder rasiert bist, damit das Schäferstündchen gelingt! Was noch? Schnupper einfach mal hier und da an deinem Lieblingsmenschen, lass zarte Düfte in der Luft, im Badewasser, in Ölen sein, die dich an duftende Momente erinnern, dich sinnlich anregen.

Deinen erblühenden Liebesgarten möchtest du genießen und ihn von anderen bewundern lassen. Manche Dinge brauchen keine Worte, ein Blick genügt. Nicht immer ist es dann gleich Liebe auf den ersten Blick, aber vielleicht ein kleiner Flirt? Da fällt mir der Magnum-Werbespot »Release the beast« im Kino ein. Eine schöne blonde Frau, in der Hand ihr Magnum-Eis und begleitet von einer Löwin, schreitet auf einen attraktiven Mann zu. Er wird begleitet von einem Löwen. Sie begegnen sich, halten inne in einem intensiven Moment eines Augenblicks. Danach brüllen Löwe und Löwin sich an, ihre sexuelle Attraktion ausdrückend. Und ein erotischer Mund beißt im Video verlockend knackend in die schokoladige Umhüllung eines »Magnums double choc.« Wenn hier nicht alle Sinne angesprochen werden! Verführung pur!

Du hast bestimmt schon Mütter oder Väter so was von verliebt und zärtlich auf ihr lachendes Baby schauen sehen, kennst Blicke voller Emotionen aus Filmen? Und als ihr euch kennengelernt habt, waren es da nicht die Blicke, die Bände sprachen, die ein Kribbeln im Bauch auslösten? Wahrscheinlich sind diese Momente rarer geworden, aber immer wieder lösen sie ein Gefühl von Nähe, von Zuneigung aus. Es ist so einfach. Braucht gerade ein bisschen mehr Aufmerksamkeit. Zärtlichkeit damit auszudrücken, ist nicht alles. Ihr könntet Blicke, vielleicht verbunden mit einer gewissen Neigung des Kopfes, auch zum Verführen verwenden. Genau wie das Lauschen, Sinn Nummer zwei in der »Sinneordnung«, der Sinn für Wahrnehmen und Kommunikation. Es muss nicht gleich *Dirty Talk* sein, kann aber. Töne turnen an. Musik allgemein hatten wir ja schon.

MUTMACHGESCHICHTE

Tönen, Stöhnen, sich gehen lassen …

»Ich bin jetzt richtig laut und lass mich gehen. Und ich freue mich so darüber. Das macht den Sex so viel geiler, mich so viel lebendiger. Und Peter merkt, dass es mir guttut, wie er mich berührt. Unser Sex ist wahnsinnig intensiv geworden.« Christiane hatte sich jedes Geräusch beim Liebesspiel verboten, damit sie bloß keiner höre. Sie atmete flach, schämte sich auch vor ihrem Partner ob ihrer Erregung. Sie war als Kind mal beim Doktorspiel erwischt und zurechtgewiesen worden. Dieses spezielle Ereignis haben wir mit der *Wingwave*-Methode angeschaut. Als ersten Schritt aus der Komfortzone trauten sich die beiden an ein Rollenspiel: Sie spielte einen Orgasmus, lautstark vorgetäuscht wie in dem Film »Harry und Sally«. Das Risiko, dass jemand die beiden hörte, hatte real gar nicht bestanden.

Bist du jetzt ganz bei Sinnen? Siehst du nach den paar Anstößen schon Möglichkeiten, was du alles mit deinen Sinnen Sinn-volles machen könntest? Einerseits, um deine Gefühle auszudrücken und auf ganz unterschiedliche Art und Weise Nähe herzustellen, und andererseits, um Zärtlichkeiten auszutauschen? Du kannst so deine (erotischen) Wünsche artikulieren. Manches wird sich erfüllen. Sinnliches zu genießen, überhaupt zu spüren, was du magst und möchtest, ist ein erster Schritt. Andererseits wirst du empfänglicher für Gefühle und Wünsche deines Lieblingsmenschen. Du kannst dich seiner Art, Nähe herzustellen, Liebe und Zärtlichkeit und Lust zu zeigen, ganz neu öffnen. Noch mehr Anregungen dazu findest du bei den Übungen.

Lust auf Knopfdruck? – Nein, Lust braucht Raum, Zeit und Mut

Lust, was ist das überhaupt? Ein Gefühl, intensiv und angenehm. Und nicht nur auf die sexuelle Erregung begrenzt. Auch das hat sich die Natur gut ausgedacht, um uns zu motivieren, lebensnotwendige Dinge zu tun, wie essen zum Beispiel. Und wie war das doch gleich mit dem Sex? Was war seine grundlegende Funktion? Die Fortpflanzung. Und damit wir uns auch darum kümmern, bekamen wir ein Belohnungssystem im Gehirn eingebaut. Dort wird dann Dopamin ausgeschüttet, das Glücksgefühl auslöst, wenn wir uns entsprechend benehmen. Und uns wurde schnell klar, dass das sexuelle Lusterlebnis auch zur Befriedigung anderer Bedürfnisse hervorragend sein kann. Wir denken vielleicht zuerst an das körperlich-sinnliche Vergnügen. Nicht zu unterschätzen ist aber auch die emotionale Bedeutung! Sex dient einerseits der Bestätigung der Beziehung: Er bzw. sie liebt mich, wir sind uns nahe, wir bleiben zusammen, ich fühle mich sicher. Und er bringt uns die »narzisstische«

Bestätigung: Ich bin sexy, begehrens- und liebenswert, ich hab sexuell was zu geben.

Lust möchte eingeladen sein. Es braucht einen Sinnesreiz, damit sie aufspringt und dich mitreißt. Wer denkt, sie kommt einfach vom Himmel gefallen, der irrt sich. Das sieht nur manchmal so aus, in der ersten Zeit einer neuen Beziehung, bei Männern einmal mehr dank Testosteron und Sozialisation und auch sonst immer mal, wenn alle Attractionscodes einer Person punktgenau angesprochen werden. Mit Attractionscodes bezeichnet man bestimmte Dinge, die dich erotisch ansprechen. Geläufig ist den meisten der Busen – sprichwörtlicher Code für Männer. Oder ein schöner Hintern. Für Frauen z. B. die »Beule« in der Jeans eines Mannes, das hübsche Gesicht, die Stimme – es ist für jeden individuell verschieden. Auch Fetische sind solche Codes, sie lösen bei ihren Liebhabern Erregung aus. Die gute Nachricht ist: Das ist nicht festgelegt. Du hast Dinge erotisiert, durch Berühren, Ansehen, Liebkosen, Küssen etc. und kannst dein Sortiment immer neu erweitern, wenn du neugierig und entdeckerfreudig bist.

Wie kannst du die Lust einladen als Paar? Wie starten Singles in ein Solo-Sex-Vergnügen?

MUTMACHGESCHICHTE

Die Liebe ist ein seltsames Spiel …

Elvira und Rudi, 70+: »Zum Beispiel, wenn wir von einem Spaziergang an der Elbe nach Hause kommen und gute Laune haben, schauen wir uns an und sagen: ›Wollen wir uns mal ein bisschen nackig machen?‹«

Renate, 72: »Wenn mich die verstörenden Nachrichten der Tagesschau noch verfolgen, denk ich: Ach, mach dir das Leben einfach mal 'nen Moment schön. Dann umarm ich mich erst selbst, streichle meine Brust und atme mein Diaphragma-Atmen. Dann lass ich die Hand, die Finger zur Vulva wandern, hol mir meine erotischen Fantasien - das braucht's -, knete, streichle, reibe die Klitoris - na, du weißt schon, bis der Orgasmus kommt. Meine Fantasien erzähle ich dir aber nicht!«

Anne, 56, und Stefan, 53: »Mindestens am Wochenende schaffen wir das nach dem Mittagessen. Einer fragt mit klitzekleinem Augenzwinkern: »Wollen wir eine Siesta einlegen?« Fast immer gibt es eine Zustimmung. Dann zu den Kindern (16 und 14): »Wir legen uns jetzt mal eine Stunde hin!« Das geht immer durch. Dann verschwinden wir und schließen sicherheitshalber die Tür ab. Wir schlafen durchaus auch, aber dann kuscheln wir, und es wird immer was Sexiges draus.«

Claudia, 57: »Ein amerikanischer Coach, den ich kenne, hat mal gesagt: Die deutschen Paare, die er kennt, streiten sich nur, um danach richtig guten Sex zu haben. Dem kann ich nur zustimmen. Den heißesten Sex haben wir, wenn wir uns wieder vertragen haben. Wir merken dann, wie viel wir uns eigentlich bedeuten, und wollen die blöden Verletzungen wieder heile machen. Heißt aber nicht, dass ich mich deshalb mehr streiten will. Wir kriegen das immer besser hin: guter Sex, nachdem jeder was Tolles für sich gemacht hat.«

Erkennst du dich wieder? Erkennst du deine Partnerin wieder? Habt ihr einen Code oder ein Ritual, das euch verlässlich zu einem magischen Moment führt? Oder hast du eher eine Variante mehr von dieser Klage: »Ich habe keine Lust auf Sex« bzw. »Mein Lieblingsmensch hat einfach keine Lust auf Sex, tut aber nix dagegen.«

Stellt sich die Frage: »Was ist daran verkehrt? Wozu muss ich Sex haben?« Dann könntest du entgegnen: »Ich erinnere mich, wie schön Sex für mich war«. Oder: »Er will, ich mag ihn und würde auch gern wollen!« Dass die heiße sexuelle Lust der Anfangsphase einer Beziehung abnimmt, das habe ich hier schon des Öfteren erwähnt. »Das ist normal, damit musst du dich abfinden«, heißt es gemeinhin. »Die »Verliebheitshormone« werden dann nicht mehr so reichlich ausgeschüttet.« Aber das hat sich *Mother Nature*, wie David Schnarch so schön sagt, nicht aus Versehen ausgedacht. Wenn Menschen sich verlieben, sind sie füreinander meistens Fremde. Sie lernen sich nach und nach kennen, was auch dazu führt, dass die rosarote Brille verrutscht. Du merkst nicht nur, dass deine neue Liebe anders ist, als der erste Eindruck versprach, sondern auch, dass dir das »Anders« nicht immer passt. Und vice versa. Der Sex ist nach ein paar Monaten nicht mehr so aufregend, weil übervertraut. Streitigkeiten, Verletzungen, recht haben wollen, dringliche Wünsche nach Klärung auf der einen Seite, Rückzüge auf der anderen etc. durchsetzen den Alltag. Und wenn dann noch das pralle Leben mit allen Herausforderungen reinspielt? Das wirkt sich lustdämpfend aus, die Lust geht in den Keller. Distanz entsteht, die immerhin für manche Paare dramatischen, heißen Versöhnungssex bringt. Aber das kriegen nicht alle Paare hin. Absolut kein erstrebenswerter Weg zum lustvollen, für beide befriedigenden Sex in einer engagierten Beziehung, in der beide persönlich wachsen und in der Erotik viel Platz findet. Wo geht es denn längs?

Frauenlust – Männerlust: Kontexte

Die Leidenschaft für Sex zwischen den beiden Geschlechtern hat große Übereinstimmungen, aber auch deutlich erkennbare Besonderheiten. Es fängt damit an, dass wir zur Kenntnis nehmen, dass Erregung bei Frauen und Männern zwar durch Sinnesreize in Gang kommt, aber unterschiedliche Kontexte dafür ausschlaggebend sind. Gilt es für die männliche Lust als Norm, dass auf einen sexuellen Reiz körperliche Erregung folgt, beschreiben Frauen ihre Lust abstrakter als eine zwischenmenschliche Erfahrung, die von emotionaler Intimität abhängt. Ausnahmen bestätigen die Regel: Am Anfang einer Beziehung können auch Frauen oft sehr spontan in erotische Wallungen kommen. Im Lauf der Zeit, erst recht, wenn besondere Belastungen, wie z. B. Kinder dazukommen, ebbt das bei vielen ab. Dann beschreiben viele Frauen, dass sie aus einem bestimmten Kontext heraus viel leichter zum Sex zu verführen sind und auch selbst die Initiative dazu ergreifen. Kennst du deine Kontexte? Weißt du, wann du bei deinem Lieblingsmenschen die besten Chancen auf eine Liebelei hast? Das können manchmal unerotische Dinge sein, wie nicht völlig erschöpft zu sein, die To-do-Liste einschließlich Anruf bei Tante Inge erledigt und die Wäsche aufgehängt zu haben oder – der Sache schon etwas näher – eine herzliche Begrüßung beim Nachhausekommen, sich gesehen zu fühlen, ein Dinner zu zweit, in Ruhe auf dem Sofa zu sitzen, einen romantischen Film zu gucken, der schon mal das Herz erwärmt … Diese Bedürfnisse gegenseitig zu erkennen, zu akzeptieren und dann im täglichen Leben zu berücksichtigen, kann ein wunderbarer Beginn für mehr Lust sein.

Natürlich möchten auch Männer beachtet, begrüßt, geküsst werden. Aber was den Sex betrifft, scheinen sie sich nach einem stressreichen Arbeitstag bei einer Vögelei entspannen zu können und danach richtig gut zu schlafen. Im nächsten Absatz erfährst du, warum es auch Mut braucht, klar und offen über den Raum, die Bedingungen zu sprechen, den die Lust bei dir ganz individuell braucht, um sich voll zu entfalten.

Das »Nein« als Kompetenz

Dr. Angelika Eck, systemische Paar- und Sexualtherapeutin, hat es in einem Interview in »Psychotherapie heute«[34] 2016 im Hinblick auf sexmüde Frauen mal auf den Punkt gebracht: Lustlosigkeit als eine Kompetenz zu begreifen und sich nicht dafür zu schämen oder sich mit dem Nein zur Lust verteidigend zu beschäftigen, so lautet die zentrale Botschaft. Vertiefen lässt sich das in dem von ihr herausgegebenen Buch »Der erotische Raum«.

Diese Art der Betrachtung gibt der Lustlosigkeit eine andere Bedeutung. Nicht du bist verkehrt oder gar krank. Sie gibt dir die Deutungshoheit, du kannst dein Missbehagen neu definieren, ganz autonom. Die Frage an dich ist: »Worauf hast du keine Lust?« und im zweiten Schritt »Worauf hast du denn Lust?«

Das Nein kann für so viel Verschiedenes stehen. Etwas, das du nicht ansprechen magst, dich nicht traust einzubringen. Dein Körper spricht dann an deiner statt auf seine Weise: Lustpegel bleibt auf Null. Das kann zum Beispiel ausdrücken:

- Um diese Zeit will ich es nicht (Ich bin fertig vom Tag, nicht jetzt auch noch Sex. Die großen Kinder haben noch einen Schlüssel und könnten vorbeikommen …).
- Hier will ich es nicht (Mit Schmusen starten vorm Fernseher, die kleinen Kinder könnten reinkommen. Oder: Es ist zu kalt, es ist nicht einladend …).
- Auf diese Art will ich Sex nicht (mehr), eigentlich hat es mir so nie richtig Spaß gemacht.

- Mit dir will ich Sex (zurzeit/überhaupt) nicht mehr.
- Mich beschäftigen gerade ganz andere Sachen so sehr, dass meine Sexualität keinen Platz mehr hat.

Was fällt dir persönlich noch ein? Ich lade dich ein, einen Moment innezuhalten und darüber nachzudenken: *Worauf* habe ich *keine* Lust?

Lustbremse Groll

Immer wieder kommen wir in den Beratungen auf alten Groll als große Lustbremse. Mehr bei den Frauen als bei den Männern. Das bestätigt z. B. auch eine Studie von Simone Buzwell, Dozentin an der Swinburne University in Melbourne, die besagt, dass nicht Trott und Kinderkriegen die Lust vertreiben, sondern eine unfaire Arbeitsteilung[35]. Zufriedenheit in der Beziehung ist vor allem für die weibliche Libido wichtig. Dabei führt wahrgenommene Ungerechtigkeit bei beiden Geschlechtern zu Unzufriedenheit und weniger Sex, bei Frauen aber viel häufiger. Auffallend war, dass die, die mehr Arbeit übernahmen als der Partner, weniger Lust auf ihn hatten. Masturbieren wollten sie aber immer noch. Waren es auf der einen Seite auch Müdigkeit und Überforderung, die eine Rolle für die Lustlosigkeit gespielt haben, tat die Verbitterung ihr Übriges. Die Sache mit dem Groll geht aber über Ungerechtigkeit bei Betreuung- und Hausarbeit und die psychischen Belastungen hinaus. Dass Frauen da immer noch mehr übernehmen, hat eine Studie des Deutschen Instituts für Wirtschaftsforschung gezeigt. 20- bis 24-jährige Frauen in Deutschland machen ein Viertel mehr unbezahlte Sorgearbeit als Männer. 10, 15 Jahre später, nachdem die meisten Familien gegründet haben, übernehmen sie fast doppelt so viel Hausarbeit und Kinderbetreuung. Da ist sicher einiges in Bewegung. Es gibt mehr Möglichkeiten und mehr Akzeptanz, Arbeit gerechter aufzuteilen. Aber auch immer noch Bedingungen, die das behindern. Ich erwähne hier nur mal den *Pay Gap*.

Ungleiche Arbeitsverteilung und Nichtanerkennung der häufig unsichtbaren Arbeit durch die Aufgaben, die gemeinhin als »nicht der Rede wert« betrachtet werden, sind nur ein Teil. Groll kann nach unterschiedlichsten Verletzungen lange gehegt werden. Manchmal sind die Verletzungen dem oder der Verursachenden gar nicht in der fatalen Dimension der Auswirkung bewusst. Auch die grollende Person stellt den Zusammenhang, dass es schwer ist, jemanden zu begehren, der einem etwas angetan hat oder immer noch antut, oft nicht her. Das kann ein Seitensprung vor Jahren gewesen sein, ein vergessener Jahrestag, immer wieder nicht eingehaltene Vereinbarungen. Es wundert dich wahrscheinlich nicht, dass Frauen unter solchen Umständen wenig Lust auf Sex haben. Ganz klar, hier hilft kein Sexspielzeug, kein Kerzenanzünden oder gar Testosteron. Darüber muss geredet werden, manchmal mit therapeutischer Begleitung.

Her mit den guten alten »Zwiegesprächen«!

Liane war Ende 46, seit 15 Jahren verheiratet. Ich beriet sie allein per Zoom. Ihr Mann war 52, selbstständig berufstätig. Sie wohnten mit vier Kindern in einem Dorf in Süddeutschland. Liane war noch im letzten Jahr Elternzeit, ihr jüngster Sohn wurde demnächst drei. Er war in der Eingewöhnung im Kindergarten, die drei Größeren gingen schon zur Schule. »Ich habe keine Lust mehr, mit meinem Mann zu schlafen. Es war ihm schon immer zu wenig, aber jetzt ist es ganz aus. Ich mach dann alle zwei Wochen mal mit, sonst ist die Stimmung im Keller. Aber eigentlich bin ich nur wütend«, klagte sie. Und sie fuhr fort: »Und total fertig. Er denkt, ich habe Elternzeit und kann alles erledigen. Die Kinder bringt er nur ins Bett, an dem einen Abend, wenn ich zum Sport gehe. Dabei wollte er unbedingt das vierte Kind. Das nehme ich ihm auch übel, dass er sich nicht an die Vereinbarungen von damals hält. Ich möchte ja auch gern wieder arbeiten, das fehlt mir.« Wir haben über Ursachen und Wirkung geredet, das »Nein« als Kompetenz erörtert. Grenzen setzen zu lernen, war hier das eine Thema. Überforderung bis hin zum Burnout ein anderes. Aber auch ein Erkennen der eigenen Anteile an dem Desaster war wichtig. Ich habe Liane zusätzlich eine psychotherapeutische Rückenstärkung empfohlen. (Eine Familienkur mit dem Mann als Begleitung hatte gerade vor wenigen Monaten stattgefunden.) Zur Linderung der akuten Situation schien mir eine geordnete Auseinandersetzung mit den bereits erwähnten Zwiegesprächen nach Moeller geeignet. Davon kommt die Lust nicht gleich zurück, aber es könnte dem Ehemann zu einem besseren Verständnis der Zusammenhänge von Überforderung, Verbitterung und verringerter Libido verhelfen und lustförderndes Verhalten seinerseits veranlassen. »Eigentlich lieben wir uns ja!« Liane konnte die Zusammenhänge, die ihre Misere aufrechterhielten, klarer sehen. »Unsere bisherigen Lösungsversuche haben nicht funktioniert, die Hormone sind es auch nicht. Wir müssen wirklich was ändern. Und das fängt bei mir an!«

Das ist die Lösung. Weitere Termine mit mir könnten dann das Dranbleiben fördern. Sozusagen als kleine Kontrollinstanz. »Wie bei den Weightwatchers die Waage« ist dann mein Spruch.

Gaspedal versus Bremse

Wir sind immer noch im Kapitel »Lust auf Knopfdruck? – Nein, Lust braucht Zeit, Raum und Mut!« Zeit, Raum und Mut – das ist ein weites Feld, oder? Hier kommt eine Metapher, die dir das Thema griffiger macht: das Gaspedal für alles, was dir Mut macht, Raum und Zeit schafft für ein genussreiches Liebesleben, und die Bremse für alles, was die Flamme Lust überhaupt nicht aufflackern lässt oder sie gleich wieder löscht. Bremsen habe ich schon einige aufgezeigt, sie lauern überall. Mal quietschen sie laut und deutlich spürbar. Das sind die Dinge, die ich unter den Neins und im Absatz über Groll aufgezeigt habe. Manchmal schleifen sie nur, und du brauchst etwas länger oder denkst nicht daran, dass bestimmte Dinge im Leben ein paar Tropfen Öl bräuchten. Das sind insbesondere für Frauen die Glaubenssätze aus ihrer individuellen Sozialisation und den Regeln aus unserer Tausende Jahre alten patriarchalen Kultur. Bei beiden Geschlechtern bremsen die Beeinflussungen durch religiöse Bevormundung in den Geboten der verschiedenen Katechismen, der Tora, des Korans und der vielen anderen »Bibeln«.

Dabei habe ich noch nicht all die übergriffigen sexuellen Handlungen – sei es körperlich, nicht körperlich oder im sozialen Kontext – erwähnt, die dich als verlässliche Bremsen zu den unpassendsten Zeiten triggern. Manche dieser sexuellen Belästigungen sind verdrängt, nicht mehr bewusst erinnerlich oder durch Kommentare wie »war doch nicht so schlimm« von Personen, denen du dich anvertraut hast, kleingeredet worden. Manche sind deutlich und schwerwiegend gewesen, und trotzdem hindert dich Scham und Angst, dich jemandem anzuvertrauen und dir Hilfe zu holen. Und auch wenn du diesen Schritt getan und sogar Psychotherapie in Anspruch genommen hast, kann dieses traumatische Ereignis dich lebenslang daran hindern, dich dem Genuss von Liebe und Lust hinzugeben. Es kickt womöglich bei bestimmten Berührungen, Gerüchen, Worten, Stellungen oder Ähnlichem ein, die auf irgendeine unbestimmte Weise damit verknüpft sind und die Hingabe ins Liebesspiel erschweren. Das Beziehungsgefüge wird ebenfalls belastet – von ängstlich ankettend bis eine feste Bindung vermeidend und bald wieder flüchtend ist alles dabei. Sind derartige Erlebnisse für Kinder und Jugendliche oft besonders schwerwiegend, bleiben sie auch für erwachsene Männer und Frauen eine Belastung, die sie verarbeiten müssen. Auch dafür gibt es Hilfsangebote. Du findest Hinweise im Anhang.

Es ist nicht übertrieben, das hier zu erwähnen. Du hast mitbekommen, was die *#Metoo*-Bewegung an die Öffentlichkeit gebracht und wie sich dadurch die Aufmerksamkeit für dieses Thema in Gesellschaft und Politik erhöht hat. Eine Studie zum Umgang mit sexueller Belästigung am Arbeitsplatz von 2019 (Antidiskriminierungsstelle BRD)[36] zeigte, dass in den dort betrachteten drei Jahren 13 % der Frauen und 5 % der Männer eine sexuelle Belästigung am Arbeitsplatz erfahren hatten. Eine Studie des Bundesfamilienministeriums von 2004 ergab, dass in Deutschland jede siebte Frau (14,3 %) in ihrem Erwachsenenleben mindestens einmal Opfer von sexueller Gewalt wurde[37]. Ich vermute – gestützt auf Berichte im Bekanntenkreis und in der gynäkologischen Praxis –, dass die Dunkelziffer, insbesondere auch in der Generation der 50+, deutlich größer ist. Dass es sexuelle Gewalt in Partnerschaften gibt, ist uns hinreichend bekannt. Mit extremen Ausmaßen, wie uns das Beispiel der 71-jährigen Gisèle Pelicot zeigt, die über Jahre von ihrem Ex-Mann betäubt und von ihm und anderen Männern vergewaltigt wurde. Dies zeigt auf jeden Fall, zu welch gruseligen Auswüchsen menschliche Triebe fähig sind, die auf die eine oder andere Art und Weise auch das Ausleben unserer eigenen Sexualität beeinflussen können. Auf jeden Fall als Bremsen im emotionalen Bereich.

Emily Nagoski hat in ihrem Buch »Kommt zusammen! Die Kunst und Wissenschaft sexuell erfüllter Beziehungen«[38] ein Bild kreiert, das Bremsen und Gaspedale aus dem Blickwinkel unserer Emotionen darstellt. Ein Haus mit verschiedenen Räumen, verteilt über zwei Stockwerke. Wir können dadurch gut erkennen, wie die Bewohner sich gegenseitig beeinflussen, um den Weg zur lustvollen Sexualität zu versperren oder in ihr zu schwelgen. Sie hat dafür einen Grundriss gezeichnet. Im Zentrum wohnt die Lust. Ein sehr sozialer Raum, gefüllt von Umwerbung und Sexualität. Drumherum gruppieren sich die emotionalen Räume, die der Lust nah sind und eine Verbindungstür zu diesem Zimmer haben. Dort haben sich Spiel und Spaß eingerichtet. Hier freust du dich an Freundschaften, Lachen, Singen, an Aktivitäten, die du gern machst. *Seeking*, so nennt es Emily Nagoski im Englischen, ist nebenan. Dort bist du abenteuerlustig, neugierig, wissensdurstig, eben auf der Suche nach neuen, dein Leben bereichernden Dingen. Und dann wohnt da noch die Fürsorge, der Raum für Liebe und Zärtlichkeit. Das umfasst gleichermaßen, dass du umsorgt wirst, aber auch, dass du fürsorglich sein kannst. Ein Stockwerk tiefer, mit einer Treppe nach oben, befinden sich die Zimmer der vermaledeiten Lustgegner Panik und Schmerz, die sich den Raum teilen. Da bist du, wenn du dich allein fühlst, die Verbindung gekappt ist, du hilflos und ohne Hoffnung bist. Auch die Angst befindet sich dort unten, der Bereich zwischen kleiner Sorge und großer Beunruhigung über bedrohliche Situationen, denen du mit Flucht, Rückzug und vorsichtigem Nettsein begegnest. Last but not least, nebenan, ziemlich großzügig, residiert die Wut – in Ausmaßen von gesichtverfinsternder Verärgerung bis zu zerstörerischem Ausbruch. Auch lang gehegter Groll kann sich in dieser Ecke wie ein Vulkanausbruch Erleichterung verschaffen. Kennst du das?

Diese negativen Gefühle, das weißt du, wenn du lange

genug in einer Beziehung gelebt hast, sind unvermeidbar, sind absolute Lustbremsen, Tunnel, durch die du durchmusst, um wieder ins Licht von im weitesten Sinne lusterfülltem Leben, allein, zu zweit, zu mehreren zu kommen. Wie damit umgehen? Wie dieses Bild vom Haus gewinnbringend nutzen? Erster Schritt ist, dass wir schon mal mehr über diese emotionalen Zustände wissen. Wir haben neben dem Fühlen aber auch noch die super Fähigkeit zu denken und genauso gedanklich einen Schritt aus uns herauszutreten, um uns von außen zu betrachten. Dadurch könntest du erkennen, wie du gerade drauf bist. Weiter wäre es gut zu wissen, d. h. zu erforschen, wie du da hingekommen bist, wie du dich dort fühlst. Richtig gut, oder suchst du nach Wegen, wie du da am besten wieder rauskommst? Genauso wichtig ist es zu erkennen, in welchem Bereich dein Lieblingsmensch ist und was ihm von den Kellerräumen ins lichte obere Geschoss helfen könnte, um – wenn erwünscht – in das »Lust-Loft« zu gelangen. Langfristig gilt es, zu erforschen und zu kommunizieren, wie du bzw. ihr am besten erkennt, in welchen Räumen jede bzw. jeder ist und was helfen könnte, in die Gefühlsbereiche zu kommen, die per Flügeltür mit dem Gemach der Lust verbunden sind. Ich kann nur empfehlen, durch die Lektüre von Emily Nagoskis Buch »Kommt zusammen!« dieses Thema zu vertiefen. Mit Kapitel wie »Wie du deinen Grundriss nutzen kannst« lernst du deinen individuellen Plan zu skizzieren. Da kann es neben den Emotionen noch eine Kammer für deinen Kopf geben, aus dem du manchmal nicht rauskommst, und einen Wirtschaftraum für deine Grundbedürfnisse, denen du Priorität vor einem Sexualleben einräumst. Du erfährst viele andere nützliche Dinge, zum Beispiel, wie du Gas gibst, um dir den Weg zum Lust-Salon bahnen zu können, wenn du in irgendeinem Ärger im Wut-Bereich feststeckst. All das würde den Rahmen dieses Buches sprengen. Mich hat die Lektüre gefesselt. Die Mischung von wissenschaftlicher Recherche, Erkenntnissen über die Zusammenhänge unserer Sexualität, das Einbringen persönlicher Erfahrungen und Geschichten, noch dazu spannend erzählt, haben mich fasziniert und selbst mit neuem Wissen versorgt.

»Pleasure is the measure« – Was die Lust wirklich anlockt

Lust braucht »Kontext«

Hier kommt der konkrete Hinweis auf den Katalysator für Lust. Hast du schon bemerkt? Es lockt dich nur an, was Spaß macht. Du isst nur wirklich gern, was dir schmeckt. Logisch, oder? Das ist dir im Leben sicher schon öfter aufgefallen, und du hast sicher auch genug Erfahrungen gemacht, wo du dich – aus was für Gründen auch immer – auf eine Arbeit, eine Einladung, ein Fest, einen Menschen usw. eingelassen hast, ohne darauf Bock zu haben. Und wie war das dann? Was die Sexualität betrifft, fängt die Bewertung bei den Bedingungen an, unter denen Sex stattfinden soll, und gilt erst recht für den Akt an sich. Diese Einschätzung habe ich von Emily Nagoski übernommen, aus dem gleichen Buch für Paare »Kommt zusammen«. Das Vergnügen, das du beim sexuellen Liebesspiel hast, bestimmt dein sexuelles Wohlbefinden. Es kommt nicht darauf an, wie oft du Sex hast, wie scharf du darauf bist, ihn ersehnst oder ob und wie oft du zum Orgasmus kommst. Es kommt darauf an, dass der Sex, den du hast, dich begeistert! Vanilleeis oder Griebenschmalz? (Nicht, dass es nicht auch Menschen gibt, die sich nach einer Schmalzstulle die Finger ablecken, aber du weißt schon, wie ich es meine …) Das wiederum hängt in großem Maße vom Kontext ab, in dem der Sex stattfindet.

»Kontext ist«, so Emily, »eine Kombination von äußeren Umständen, von Lebensbedingungen und innerem Zustand«. Und da hast du doch in relativ hohem Maße Einfluss drauf. Ich will nicht sagen, dass das mit einem Fingerschnipsen getan ist. Du brauchst das deutliche Bedürfnis, etwas verändern zu wollen, die Entscheidung dafür und die Energie, es anzugehen. Wenn du seit ein paar Jahren in einer Beziehung mit geringem *Sex-Drive* lebst und darüber klagst, kann das zum Beispiel nicht so sehr daran liegen, dass du die erotische Begegnung, den Geschlechtsverkehr, grundsätzlich nicht willst, sondern dass du sie aus verschiedensten Gründen nicht magst. Das motiviert dich dann gar nicht. Wir haben die bremsenden Kontexte schon im Kapitel »Nein als Kompetenz« aufgezählt. Dazu gehört eben der *Sex, not worth wanting*, der unsensible Lover, das kalte Zimmer, Ärger zu Hause genauso wie auf der Arbeit, Erschöpfung, um noch mal einige Beispiele zu nennen. Es braucht dann den gemeinsamen Blick, das nötige Interesse und auch die Ehrlichkeit – mit dir selbst und miteinander –, um rauszukriegen, was das Vergnügen am Sex so nachhaltig stört, um dann im Weiteren zu erforschen, welche Stimmung dich bereit macht, um offen für ein anziehendes erotisches Erlebnis zu sein. Welche sexuellen Erfahrungen haben dir überhaupt schon Spaß gemacht? Was genau hat besonders dazu beigetragen? Was turnt dich eher ab? Unter welchen Bedingungen stellt sich bei dir ein Begehren ein, und sei es noch so zart? Dann könntet ihr aus dem neuen Wissen einen Kontext kreieren, der dich *Pleasure* erleben lässt. Anregungen für mehr Spaß und vergnügliches Begehren bekommst du im Übungskapitel.

Lust ist flexibel: spontan versus responsiv

»Spontane Lust« steht immer noch und immer wieder hoch im Kurs. Sie gilt als das Ideal und erstrebenswert. Täglich gefordert in der Beratung: »Es soll wieder so sein wie zu Beginn. Wenn das nicht spontan passiert, dann will ich gar keinen Sex!« Bei Menschen, insbesondere Frauen, die nicht immer und sofort Lust verspüren, kann das zu Unsicherheit führen. Sie sehen es als Problem, fühlen sich insuffizient oder sogar krank. Medien und Werbung versprechen dir quasi Ekstase auf Knopfdruck. Durch Elixiere, Drogen, erotische Filme und Literatur und natürlich durch Partnerwechsel per Flirt- und Dating-Apps à la Tinder. Großer Hype, statt sich die Sache genauer anzusehen.

Es lohnt sich, diesen »Lust-Imperativ« einer genauen Betrachtung zu unterziehen. Genau genommen ist es ein kulturelles Narrativ unserer patriarchal strukturierten Gesellschaft. Spontane Lust ist normal. Auf jeden Fall. Sie entspringt einer Vorfreude auf das sexuelle Vergnügen. Und Männer wie Frauen spüren sie gleichermaßen, zumindest in neuen Beziehungen. Sehen wir romantische Filme, scheint auch da Liebe und Leidenschaft einfach und immer wieder zu passieren. In Pornos zeigen sie uns intensive Lust ohne emotionale Einbindung, auch das hat bei manch einem die Wahrnehmung der Realität verfälscht. Aber es gibt auch da, wie beim Orgasmus-Erleben, einen immensen Männer-Frauen-Gap. Es gilt als erwiesen, dass Männer sehr viel häufiger spontane genitale Lust empfinden als Frauen. Verantwortlich dafür macht man u. a. das im Verhältnis zu Frauen 10- bis 20-mal so hohe Testosteron im Körper, die im Vergleich zu Mädchen frühere Sexualisierung durch die wunderbare Handhabbarkeit des Penis und die entsprechende Sozialisation, die geringere Tabuisierung der männlichen Lust und die in Studien nachgewiesene stärkere Reaktion auf visuelle Reize. Und wenn dann »spontane Lust ist das Nonplusultra« als universelles Gesetz, als Norm gehandhabt wird, führt dies unweigerlich zu Konflikten.

Als völlig gleichwertig anzusehen ist nämlich die »responsive« Lust. Responsiv bedeutet in diesem Fall, dass die Lust sich erst in einem besonderen Kontext entwickelt, betreffend Raum und Zeit und innerer Bereitschaft. Schon aus dem Vergnügen emotionaler Nähe, liebevoller Stimulation und Fantasien entwickelt sich die Lust als Antwort darauf. Das hat sich noch nicht überall rumgesprochen. Diese Art von Lustentwicklung ist eine Domäne der Frauen und oft gewöhnungsbedürftig für Männer, die mit dem traditionellen Bild sofortiger Antwort auf den Griff zwischen die Beine oder an die Brust aufgewachsen sind, was ja in der Hochphase der Verliebtheit auch manchmal funktioniert. Um das zu illustrieren, hier ein Beispiel aus der Beratung:

MUTMACHGESCHICHTE

Die Lust reagiert auf Einladung!

Anna, 62, kam allein zu mir in die Beratung. Sie erzählte: »Frank macht mich ewig an, dass ich zu wenig Lust hätte. Aber Vögeln kommt mir schon lange wie Arbeit vor. Ich würde gerne kuscheln, in seinem Arm einschlafen. Aber kaum haben wir Körperkontakt im Bett, hat er schon einen Steifen. Und das ist für ihn der Beweis, dass Sex jetzt unvermeidbar sein muss. Dann bedrängt er mich mit Zungenküssen, kneift mit einer Hand an der Brust rum, die andere geht zwischen die Beine, an die Klitoris und fängt wie wild an zu reiben. Ich hab ihm schon hundertmal gesagt, dass ich es zarter und langsamer möchte. Klappt nicht. Er steht dann so unter Strom, braucht seine Triebbefriedigung. Ich lasse es dann über mich ergehen, nehme Gleitgel, fake den Orgasmus und bin froh, wenn er runter ist. Und dann sagt er noch, ich wäre nicht normal. Seine Ex wäre immer begeistert gewesen. Bin ich denn frigide? Glaub ich eigentlich nicht. Wenn ich nämlich Zeit habe und allein bin, mache ich es mir kuschelig. Ich hab ein Hörbuch mit erotischen Geschichten, das bringt mich in Stimmung, und dann kriege ich locker einen Orgasmus!«

Welche Diagnose stellst du? Wie würdest du den Konflikt lösen, wenn du ihn hättest? Ich sehe regelmäßig Frauen mit solch schrägen Geschichten, bei denen der Kontext in keiner Weise berücksichtigt wird, und die Frauen oft selbst gar nicht benennen können, worauf sie Lust haben, wenn ich sie danach frage. Die Männer lehnen es typischerweise ab, mit zur Beratung zu kommen. Sie haben ja kein Problem. Ich kann dann vor allem rückenstärkend wirken, aufklären darüber, dass Lust bei Frauen in langjährigen Beziehungen – und nicht nur da – fast immer responsiv ist, dass in diesem Fall Anna völlig normale Reaktionen zeigt – also eben kein Begehren entwickelt. Anna bleibt nichts anderes übrig, als das klar zu kommunizieren und Grenzen zu setzen. Die ersten Schritte zur Erfüllung ihrer eigentlichen sexuellen Bedürfnisse liegen in ihrer Hand. Es gilt, dass wenn eine Person in einer Beziehung Veränderung bei sich einbringt, dem anderen nichts anderes übrig bleibt, als irgendwie irgendwann darauf zu reagieren. Schafft sie es, das Verständnis ihres Mannes zu wecken, nimmt er seinerseits den Druck raus und neue Gewohnheiten an, haben sie gute Chancen ein erfülltes Liebesleben zu führen.

Bitte ich darum, den Partner das nächste Mal doch mitzubringen, und er folgt der Einladung, ist allein das schon als positives Zeichen zu werten. Dann kann ich beide über die Zusammenhänge von spontan und responsiv aufklären. Auch mein Verständnis für seine Lage, seine unbefriedigten Bedürfnisse vermitteln. Mit Glück erreiche ich ihn mit der Aussicht, dass auch er gewinnen könne. Wenn er sich auf eine Modifikation ihres bisherigen einseitigen Liebesspiels einlässt, könnte er erstens durchaus durch neue vielfältige Berührung und emotionale Nähe sinnliche Erfahrungen ganz neu und bereichernd erleben. Und zweitens könnte es gelingen, auch die Glut seiner Partnerin wieder zu entfachen.

Frank, 65, kam mit zur Therapie und sagte: »So, so« und »Aha!« Er erzählte, wie er aufgewachsen war. Drei Brüder, er der Älteste, in der Landwirtschaft. »Wir mussten früh mit anfassen. Es gab eher was hinter die Ohren als eine Umarmung.« Ich fragte, welche Funktion Sex für ihn hätte. »Naja, Kinder wollen wir ja keine mehr«, er grinste. »Aber Anna macht mich immer noch an. Ich liebe sie und finde sie immer noch sexy. Das gehört doch einfach dazu, das fühlt sich schon, na, geil an, und danach schlaf ich gut. Ich kann es auch gar nicht verstehen, warum sie das nicht mehr mag!« Ich zeigte beiden ihr jeweiliges »Unglück« auf. Ihre bisherigen Lösungsversuche hatten nicht gefruchtet. Außer Streiten, Verweigerung und Hilflosigkeit auf ihrer Seite und noch mehr Druck und Frust von seiner Seite war ihnen nichts Rechtes eingefallen. Nachdem ich ihnen dann ihre »Drängeldynamik« aufgezeigt hatte, meinten beide, sie würden sich gern auf was Neues in Sachen Sexualität einlassen. Frank etwas verhaltener als Anna: »Ich vertraue da ganz Ihrer Erfahrung, es findet ja im Moment sowieso nichts statt!«

Fazit der ersten gemeinsamen Stunde: Verzicht auf alle Aktivitäten, die in Richtung Geschlechtsverkehr führen könnten, mindestens für die nächsten sechs Wochen. Hausaufgabe bis zum nächsten Treffen bei mir: der 6-Sekunden-Kuss bei allen Begrüßungen und Verabschiedungen als Paar, die tägliche 2-Minuten-Umarmung (Anleitung siehe Übungen).

In den nächsten Sitzungen wurden die Übungen ergänzt, schon in der Stunde, und spezieller dann zu Hause mit dem *Sensate Focus*. Beide nahmen sich die Zeit, tauten auf, hatten Spaß, kamen sich emotional wieder näher, lernten und erspürten nie gekannte Feinheiten und Möglichkeiten, sich zu berühren. Waren verwundert darüber, was sie alles voneinander nicht wussten. Frank genoss, wie seine Frau unter seinen Fingern – ganz responsiv eben – in Wallung geriet, und Anna war es möglich, sich dem – für sie ganz neu – hinzugeben. Nach sieben Sitzungen hieß es dann von ihrer Seite: »Nun können wir alleine!« Mir war es sehr recht!

Spannende Übungen, kreative Ideen: So wird euer Liebesleben abwechslungsreich

Manchmal braucht es einen inneren Ruck oder einen Kick von außen, um aus dem Klagen, aus dem täglichen Einheitsbrei aufzutauchen und sich neuen unbekannten Möglichkeiten zu stellen. Bereit? Dann kommen hier die Übungen. Wie du schon ahnst, bringen sie nur was, wenn du sie machst – und das nicht nur einmal. Sie sollen dein Gespür für dich und deinen Körper verbessern. Ein reichhaltiges Büffet zur Erweiterung deines alltäglichen erotischen Speiseplans. Nimm dir einen Teller und suche aus. Bei den *Amuse-gueule* findest du Leckerbissen für dich ganz allein, um dein »erotisches Selbst« zu beleben – als Frau, als Mann gleichermaßen. Solisten und Paare können schon mal davon profitieren. Dann folgen Leckereien, die du allein genießen, mit denen du aber auch deinen Lieblingsmenschen verwöhnen kannst. Kleine Anmerkung: Hast du schon gemerkt, wie zärtlich, wie erotisch es sein kann, deiner, deinem Liebsten eine Schleckerei in den Mund zu schieben?

Die Köstlichkeiten sind nach verschiedenen Kriterien geordnet. Hast du gerade vorwiegend Fast Food reingestopft, schnell mal im Vorübergehen Streetfood genossen, bekommst du hier eine Auswahl von neuen Varianten, Aromen und Geschmäckern serviert. Du kannst dir ein ganzes Menü zusammenstellen oder dich zum Candle-Light-Dinner einladen lassen. Gehörst du zu denen, die dachten, sich auf eine gewisse Diät einstellen zu müssen, dann lass dich überraschen. Du findest neue Anregungen (hier und im nächsten Kapitel unter »Kreative Spiele«), Gewürze, mit denen du die Einschränkungen vergessen kannst und sogar nie probierte Speisen entdeckst und genießen lernst!

Dein »erotisches Selbst«

»Good sex relies on being in your body.
Present and focused.«

ESTHER PEREL

Die wunderbare Esther Perel betont immer wieder, sei es in Workshops[39], Ted-Talks[40] oder Instagram-Posts, wie sehr ein genussreiches Liebesleben davon abhängt, dass wir in unserem Körper wirklich leben, mit ihm vertraut sind. Belebe deine Sinne neu! Fühlen, Sehen, Schmecken, Hören, Berühren – unsere fünf Sinne laufen im Alltag oft so mit, wir nehmen sie kaum noch wahr. Dabei bringen sie den nötigen Duft, die Würze ins sexuelle Erleben. Sie machen uns Appetit aufs erotische Vergnügen. Noch dazu führt das Erkunden und Berühren deines Körpers, deiner Haut über die dortigen Nervenendigungen und die Nervenbahnen zum Gehirn und somit zu einer besseren Präsenz deines Körperbildes im somatosensorischen Kortex und dadurch zu erhöhter Sensibilität. Außerdem bilden sich durch wiederholte Berührungen Synapsen in den sogenannten »Lustzentren« unseres neurophysiologischen Belohnungssystems – das habe ich schon erwähnt. Mach Erfahrungen, die lustvoll oder zumindest wohltuend sind. Diese unterstützen unser Erinnern an angenehme Momente. Das kann wiederum unser Verlangen positiv beeinflussen. Dazu habe ich dir ein paar einfache Übungen zusammengestellt. Zum »Morgen- und Abendgruß« und sanftem »Solo-Sex« haben mich Anleitungen von Michael Sztenc[41] inspiriert.

ÜBUNG

Duschvergnügen

Hast du Musik im Bad? Stell sie dir an. Sie macht den Hintergrund. Dann rein in die Dusche und unter das Wasser. Lass es laufen. Wie fühlt sich der Strahl, die Berieselung auf deiner Haut an? Welche Temperatur tut dir gut? Ganz heiß und endlos, ganz kalt für einen rasanten Schluss? Magst du das Wasser lieber, wenn es dir auf den Rücken prasselt, oder ziehst du ein zartes Rieseln im Gesicht vor? Nimm es einfach wahr und genieße es. Sei unter der Dusche und nicht schon in Gedanken beim nächsten Meeting. Dann nimm dir Duschschaum auf die Hand und berühre damit streichelnd deinen Arm, folge der streichelnden Hand mit dem Blick und lass dann beide Hände über deinen Körper wandern.

Für Frauen: Nimm deinen Busen in die Hände, lass ihn einen Moment darin ruhen, streichle ihn mit kreisenden Bewegungen. Fahre weiter nach unten zum Bauch, verwöhne ihn auch. Dann lass deine Hand zwischen die Beine gleiten, berühre deine Labien. Liebkose deine Vulva oder bewege dein Becken so, dass die Vulva zart deine Hand touchiert.

Für Männer: Seif deinen Brustkorb, die Achseln, deinen Bauch mit streichelnden Berührungen ein. Dann widme dich deinem Penis, nimm ihn in die Hand und gib dir dann viel Zeit zum Hinspüren. Schau ihn dabei an, schäum ihn ein, zart, langsam, deine Eichel, deine

Vorhaut (wenn du eine hast), den Schaft. Beziehe die Hoden mit ein.

Lass die Berührung ausklingen, indem du dich selbst umarmst und einfach den Schwall des Wassers genießt, bis du dich lösen kannst. Das muss gar nicht ewig dauern. Es geht einfach um deine Präsenz im Moment.

Nimm das Handtuch und trockne dich bewusst ab. Beweg dich dabei zur Musik, ein bisschen Akrobatik darf sein.

Wenn du dich eincremst, lass auch das eine achtsame Berührung sein. Nimm dir Zeit dafür. Genieße den Geruch und die Geschmeidigkeit von Öl oder Lotion und der eingeölten Haut.

Begrüß dich im Spiegel und nimm deine frischen Sinne mit in den Tag!

Vulva verwöhnen mit Granatapfelöl

Ich empfehle für diese Übung gern Granatapfelöl, es wirkt regenerierend. Es ist aber auch manch anderes Öl recht, entscheide z. B. nach deinem Lieblingsduft. Anmerkung: Öl darf an Vulva und Vagina. Was wir oft als Schleimhaut bezeichnen, ist in Wirklichkeit einfach Haut, die nicht verhornt ist. Du schlägst noch dazu zwei Fliegen mit einer Klappe: die Pflege der Haut (nach den Wechseljahren besonders wichtig in diesem Bereich) und die Erhöhung der erotischen Empfindsamkeit durch Vermehrung der Synapsen im Gehirn durch die Berührung. Also besorge dir das Öl, lass ein paar Tropfen in die Rinne zwischen Zeige- und Mittelfinger träufeln (so mache ich das jedenfalls) und bring das Öl so auf die Vulva und auch in die Vagina, soweit die Finger reichen. Berühre den Bereich einschließlich Klitoris kreisförmig, leicht massierend, solange du magst oder dir Zeit nehmen kannst. Nimm wahr, wie sich die Vulvahaut anfühlt, wie angenehm die Berührung ggf. ist, nimm wahr, was deine Finger spüren. Alles wird weiter oben gespeichert und kann dich zu anderen Zeiten bei den intimeren Aktivitäten zu zweit zusätzlich anturnen!

Der Morgen- und Abendgruß für deine »Intimzone«

Wenn du gerade aufgewacht bist, bleib noch ein kleines bisschen liegen und lege deine Hand zwischen deine Beine, auf deine Vulva bzw. deinen Penis, gern auch die Hoden, wecke sie mit einem zarten Streicheln und sag »Guten Morgen, gut geruht? Bereit für den Tag?« oder was dir sonst Schönes einfällt. Und abends desgleichen, und du wünschst »Gute Nacht!«

Solo-Sex

»Kann ich doch selbst« – hier kannst du das Verfeinern von Selbstbefriedigung, deiner Selbstliebe, wie es Woody Allen mal definiert hat, das Erotisieren von Penis bzw. Vulva lernen.

Vielleicht hängst du es an den Abendgruß gleich dran – sonst suche dir einen ruhigen Moment. Stelle ein Öl bereit. Mach dir Musik an, mach es dir bequem. Lass hier und jetzt Pornos weg, benutze deine Sinne. Fang an, dich zu streicheln, überall am Körper. Stell dein Kopfkino an und fantasiere eine Szene, eine Geschichte, die dich erregt und in der du aktiv am Liebesspiel mitspielst. Nimm ein bisschen vom Öl und berühre deine Vulva/deinen Penis und stimuliere sie/ihn auf vielfältige Art und Weise. Lass die Erregung ansteigen, nimm wahr, wo du sie körperlich spürst, was du denkst, was du fühlst. Genieße sie, mache es dir langsamer, schneller, kräftiger, zarter. Lass sie ein wenig abklingen und durch neuerliche Stimulation wieder ansteigen, streichelnd oder reibend, probiere alles durch. Wenn du willst, komm zum Orgasmus.

»Lernschritte« – für Lust und Orgasmus bei Frauen

Dies ist eine Übung *für Frauen* aus dem *Sexocorporel:*

Je mehr lustvolle Sinnesreize, Emotionen, Gedanken, desto größer das Lusterleben und Begehren. Hier geht es im Wesentlichen um die Berührungsreize. Es geht nicht darum, etwas Bestimmtes zu spüren, sondern unvoreingenommen wahrzunehmen, nichts Konkretes zu erwarten!

Es wird gebraucht: Zeit für dich, im Bett, warm, ungestört, gern Musik, ein Handspiegel, ein Öl (z. B. Granatapfelöl).

1. Vulva mit dem Spiegel anschauen

Zum Einstieg in die »Lernschritte« schau dir mindestens ein Mal deine Vulva im Spiegel an. Für Frauen, die das zum ersten Mal machen, kostet es manchmal ein bisschen Überwindung. Sei neugierig. Es ist deine Vulva. Lehne dich bequem an, stell die Beine auf und betrachte deine Vulva im Spiegel. Gehörst du zu denen, die noch Schamhaar tragen oder bevorzugst du die Intimrasur? Benetze deine Fingerspitzen mit etwas Öl, falte deine Labien zart auseinander, entdecke die Klitoris, die Harnröhre, den Vaginaleingang.

2. Vulva-Wahrnehmungsübung

Nimm dir möglichst täglich Zeit, deine Vulva mit der Hand zu berühren, zu streicheln, zu massieren. Variiere im Tempo, mach's kreisend mit den Fingerspitzen oder in längeren Strichen. Die Empfehlung ist 5–20 Minuten, je länger, desto intensiver die Wirkung.

Unterm Strich gilt aber: Lieber öfter kurz (sei es morgens und abends eine kleine Runde) als ab und zu lang. Achte darauf, was die Vulva spürt, wie deine Finger den Bereich wahrnehmen und wie die Wahrnehmung sich im Laufe der Zeit verändert.

3. Vagina-Wahrnehmungsübung

Lass deine Finger in die Vagina gleiten und erkunde sie mit leichtem Druck. Das mag die Vagina, sie hat entsprechende Nervenrezeptoren. Was spürst du – vonseiten der Vagina, mit dem Finger?

4. Becken-Wahrnehmung

Ziehe den Beckenboden langsam zusammen, indem du dir vorstellst, deine Sitzbeinhöcker zusammenzuziehen, als wären sie zwei Magnete. Mach das bitte 3-mal täglich 10-mal. (Geheimtipp: Das geht, wo immer du untätig rumsitzt: S-Bahn, Meeting …) Spürst du danach die Wärme der verstärkten Durchblutung? Das ist die Basis der sexuellen Erregung. Gleichzeitig kräftigt es deinen Beckenboden und beugt einer Senkung vor.

»Lernschritte« – für Lust und Orgasmus bei Männern

Eile mit Weile, statt »mal schnell abspritzen«!

Erweitere deine »Ich-hol-mir-einen-runter«-Rubbel-Praktik. Erst recht, wenn du in letzter Zeit immer kräftiger reiben und drücken musstest oder härtere Pornos brauchtest, um zur Erektion und zum Orgasmus zu kommen.

Mach es dir wie in der Übung Solo-Sex gemütlich, sei ungestört und nimm dir Zeit und Öl. Streichle dich auf unterschiedliche Art und Weise am ganzen Körper. Spiele mit verschiedenen Berührungsmodi, mal kräftig, mal zart, mal ganz langsam, mal zügiger. Dann beziehe deinen Penis mit ein und andere erogene Zonen am Körper, streichle und massiere dich. Atme tief in Brust und Becken ein und langsam wieder aus. Wenn du Lust verspürst, folge dem Gefühl, schau wie du es durch deine Bewegung und Art der Berührung vertiefen kannst. Wenn der Penis steif wird, bewege nicht deine Hand am Penis, sondern deinen schön eingeölten Penis in der Hand, mit Bewegungen deines Bekkens. Lass erst mal nur diese Berührung wirken, bevor du dann deine Fantasien (Fantasien, keine Medien!) als Gewürz mit einbeziehst, aber die Körperempfindungen weiter gleichberechtigt wahrnimmst. Die Strategie ist, aus den Kopfbildern in die Körperempfindung zu kommen. »Vom Ficken zum Liebe machen«, sagt Michael Sztenc. Und weiter »Das braucht etwas Zeit. (Schon mal in England im Linksverkehr gefahren? Ist wie rechts, nur anders ...)«[42]

Die Königsübung des Sexocorporel – für Frauen und Männer

Die Beckenschaukel

Im Becken und seiner Muskulatur sind weibliches und männliches Genital gut eingepackt und verankert. Damit die äußeren Genitale Vulva, Vagina und Penis gut zusammenfinden, müssen wir unser Becken bewegen, klaro. Neben der »Stellung« machen Rhythmus, Tonus und Atmung den Unterschied für die reine Sinnesfreude. Auch beim Solo-Sex wirkt die Schaukelbewegung zusammen mit tiefer Atmung Wunder für Genuss und Durchblutung. Mittlerweile ist gut erforscht, dass die Art, wie du deinen Körper insgesamt, nicht nur dein Becken, beim Sex bewegst, deine Gefühle und Gedanken beeinflusst. Sowieso stehen Körper, Gefühle und Gedanken immer in Verbindung miteinander, beeinflussen sich gegenseitig. Das kannst du vielfältig nutzen. Bewegst du dein Becken so, als ob du schaukeln würdest, und lässt du dann noch deinen Atem tief ein und ausströmen, kannst du die Erregung steigern und aus dem Genitalbereich in den ganzen Körper kanalisieren, strömen lassen. Das macht aus dem Orgasmus nicht nur einen kleinen Hopser, sondern ein eindrucksvolles, sinnenfreudiges Ereignis …

Es lohnt sich also, die Beckenschaukel ins eigene Leben zu integrieren. (Das tut auch dem Rücken gut!) Manche kennen Ansätze schon aus dem Yoga: »Katze-Kuh«, »Kamelritt« heißt das da. Ich habe mich nach meinen Yoga-Stunden manchmal gewundert, weil ich irgendwie erregt war. Seit ich die Beckenschaukel kenne, weiß ich, woher das kam! Eine schriftliche Anleitung hier würde den Rahmen sprengen und eher nicht zum Umsetzen anregen. Du findest animierende Videos und mehr Erklärung auf der *Sexocorporel-inspirierten* Webseite »Lilli«[43].

Übungen zu zweit – Appetizer

Egal wie euch die Sexualität abhandengekommen ist, durch Belastungen, ungünstige Lebensumstände, unterschiedliche Bedürfnisse oder altersbedingte bzw. gesundheitliche Einschränkungen, ihr sozusagen Diät gehalten habt über Wochen, Monate, Jahre: Mit diesen Appetizern könnt ihr euch wieder näherkommen. Fangen wir doch mit der Spezifizierung der Kommunikation an. Spielerisch. Die Sachen bleiben einfach an.

Gern mag ich ein Spiel von Esther Perel *»Where should we begin?«*, leider wegen des Imports aus den USA hier sehr teuer, aber erhältlich. Es ist ein interaktives Paarspiel, das du auch mit Freunden spielen kannst. Es animiert den Storyteller in dir. Die Karten sind eine großartige Gelegenheit, sinnvolle Diskussionen – zu zweit, zu viert, zu sechst – anzuregen.

Ann-Marlene Henning, bekannte Sexualtherapeutin, die mich zu meinem Job animiert hat, bietet zwei Spiele an: »Ach was?! Das sex-o-logische Gesellschaftsspiel« und »Doch! Doch! Doch! – (D)ein intimes Kartenspiel«. Für alle, die sich näherkommen wollen, ein erster Schritt der Verführung. Es steigert sich über drei Runden – ganz nach dem Motto »Der Weg ist das Ziel«.

Es gibt viele Spiele mehr, unter anderem mit Anleitungen online[44], oder du kannst welche bei den üblichen Onlinehändlern kaufen. Sie versprechen, »langjährige Partnerschaften mit einer scharfen Prise Erotik und Spannung zu würzen«. Schau mal, vielleicht sogar in der örtlichen Bücherhalle? Immer gilt: *Chacun à son goût*!

Bonus: Die nächsten Appetizer sind ein sinnlicher Genuss für alle, gut auch für die Gesundheit. Neben dem, was ich schon erwähnt habe, den positiven Auswirkungen der Glückshormone auf die Psyche, stärken Nähe und Sexualität auch das Immunsystem, durch Stressreduktion senken sie den Blutdruck, lindern Schmerzen, verbessern den Schlaf. Studien zeigen, dass Menschen, die sexuell aktiv sind und jemand Angenehmes in ihrer Nähe haben, länger leben. Also, greift zu! Und probiert am besten folgende Übungen aus.

ÜBUNG

Der 6-Sekunden-Kuss

Ich habe ihn in einer Frauenzeitung beim Warten auf dem Flughafen in New York kennengelernt und gleich importiert! Er geht aber wahrscheinlich auf den amerikanischen Paartherapeuten Dr. John Gottmann zurück. Der sagt, dass sechs Sekunden küssen lang genug ist, um ein Gefühl, eine hormonelle Reaktion auszulösen, und kurz genug, um ihn jederzeit in den Alltag zu integrieren. Du glaubst es nicht: Das Stresshormon Cortisol sinkt, die Glückshormone steigen, Aufmerksamkeit und Wertschätzung für dein Gegenüber werden signalisiert. Es ist so easy und effektiv, ein Signal für eure Liebe zu setzen:

Setzt den 6-Sekunden-Kuss doch statt des üblichen »Vogelpickens« beim Begrüßen und Verabschieden ein – gern auch öfter –, lasst eure Lippen sechs Sekunden aufeinander verweilen, spürt euch, die Berührung, die Wärme, den Moment von Nähe. Wundert euch nicht, Gott bewahre, wenn ihr ein Strömen bis ins Genitale spürt. Gönnt euch einen Augenblick beim Auseinandergehen.

Die 1-Song-Umarmung

Nehmt euch die Zeit, aufeinander zuzugehen und euch zu umarmen: Wange an Wange, Brust an Brust, Becken an Becken, solange ein Song läuft, der euch beiden gefällt. Ihr dürft dazu auch in leises Schwingen kommen.

Meine Paare erhalten stets ein Rezept mit dem Zusatz: Für die Umarmung verantwortlich an geraden Tagen: Rosaly, an ungeraden Tagen: Enrico. Oder wie auch immer sie heißen.

Berührungsvorspiel

Hier geht es darum, gegenseitige Berührung mit deinem Partner zu erkunden. Wie sie beruhigt. Wie angenehm sie ist. Wie sie Verbindung schafft. Und, um das Geben und Empfangen zu üben. Entscheidet, wer berührt wird und wer gibt. Macht es euch bequem, lehnt euch an.

Wer zuerst empfängt: Strecke deinen Arm mit der Handfläche nach oben aus und mach deinen Unterarm frei.

Wer gibt: Bewege deinen Zeigefinger mit einer langsamen, sogar noch langsameren, kreisenden Bewegung von der Spitze des Mittelfingers deines Partners/deiner Partnerin bis zur Ellenbeuge. Was ist das Langsamste, wie du den Arm entlangfahren kannst? Experimentiere mit verschiedenen Arten der Berührung. Schnell und langsam. Flach und tief. Kreisförmig und linear. Ein Finger und ein paar Finger. Fingernägel oder Fingerspitzen, massierend oder einen Hauch oberhalb der Haut.

Schließe zwei Runden ab, bevor du die Rollen tauschst. Mach es in der ersten Runde zu deinem eigenen Vergnügen, in der zweiten Runde zur Freude deines Partners/deiner Partnerin. Falls dir als Nehmender eine Berührung nicht gefällt, sag es freundlich. Aushalten gilt nicht.

Sensate Focus I, II, III

Sensate Focus I–III ist ein Trainingsprogramm, angewendet in vielen Therapieformen, das es euch ermöglicht, in eine neue Art intimer Begegnung zu kommen, erst recht, wenn lange keine mehr stattgefunden hat. Ich finde, ihr könnt es auch ohne therapeutische Begleitung gewinnbringend einsetzen. Zur Berührungserfahrung kommt hier noch das »Spiel« als Geschmacksverstärker dazu. Du erinnerst dich? »Spiel« ist der Raum mit Flügeltüren zur Lust! Ihr könnt dabei frei von Druck, frei vom »Sex-Imperativ« eure Körper und eure Vorlieben erforschen. Der Druck, die Lustbremse, kann zum Beispiel für die eine Person gewesen sein: »Ich soll jetzt Lust haben!«, für die andere: »Ich muss jetzt eine Erektion kriegen!« Für andere auch: »Wir wissen gar nicht mehr, wie intime Nähe und Anfassen geht!« Erregung kann zufällig passieren, ist aber nicht angepeilt. »Kein Sex« ist die Ansage! Eine feste Verabredung sichert, dass es stattfindet.

Es gibt einen aktiven und einen passiven Partner, hier als Partner A und B beschrieben. Die Rollen wechseln nach vereinbarter Zeit, starten könnt ihr mit fünf Minuten und die Dauer von Mal zu Mal steigern, ganz nach Lust und Laune. Genauso gut eignen sich als sinnlicherer Zeitmesser auch zwei bis drei Songs einer eigenen oder ausgesuchten Playlist. Ihr braucht natürlich einen warmen Raum mit angenehmer Atmosphäre. Das Telefon ist aus.

Die eigentliche Übung:

I – Zuerst berührt Partner A den Partner B, der auf dem Bauch liegt, mit Ausnahme der Körperteile, die üblicherweise – oder auf Wunsch auch während der

Übung – von der Unterwäsche bedeckt sind. Partner A berührt nur zu seinem eigenen Vergnügen, während Partner B sagen darf und soll, wenn sich etwas unangenehm anfühlt. Und dann tauschen sie die Rollen. Danach Wiederholung des ganzen auf dem Rücken liegend.

II – Als Nächstes – nach einigen Wochen, wenn beide sich mit Teil I, also einer körperlichen Begegnung ohne sexuelle Stimulation, gut fühlen – berührt Partner A Partner B wie in Teil I, aber jetzt mit Einbeziehung der Körperteile, die sonst von der Unterwäsche bedeckt werden. Der Berührte sagt sowohl, wenn sich etwas unangenehm anfühlt, als auch, wenn sich etwas besonders gut anfühlt. Wieder werden die Rollen gewechselt und dann auch die Position – Bauch/Rücken – wie in I.

III – Nach einigen Malen, wenn beide dazu bereit sind, berührt A den Partner B am ganzen Körper, einschließlich der Körperteile, die die Unterwäsche bedeckt, spielerisch stimulierend, zum Vergnügen beider Partner. Es gilt hier, die Genitalien des Lieblingsmenschen erst mit den Augen, dann mit den Händen zu erkunden. Mit all der gegenseitigen Kommunikation der vorherigen Phasen. Getauscht wird wie gehabt. Das Erkunden der Lust und Erregung des Partners soll Spaß machen. Auch hier geht es nicht um sexuelle Erregung und Orgasmus. Am Ende der Übung lasst die Berührungen sanfter werden, bleibt ein paar Minuten nebeneinander liegen.

Schließlich, wenn ihr beide meint, es sei an der Zeit, legt eure Rollen als A und B ab, seid ihr selbst, mit erfrischten Sinnen, und berührt euch, wie es euch beliebt, zum gegenseitigen Vergnügen.

Eine ausführlichere Beschreibung findet sich im Internet, unter anderem beim »Institut für Beziehungsdynamik«[45].

Beziehung – wie kriegen wir das gut hin?

Zweierbeziehungen, zumeist monogam angedacht, sind in unseren westlichen Gesellschaften die dominante Beziehungsform (80–90 %). Studien[46] zeigen, dass der allergrößte Teil der sexuellen Begegnungen in Deutschland in solchen Paarbeziehungen stattfindet, mit mehr oder weniger großer Zufriedenheit. Scheidung – ein Drittel aller Ehen betreffend – ist eine Ausstiegsmöglichkeit bei üblichem Desaster. Wenn es aber vor allem im Liebesleben klemmt, ist auf der Suche nach Alternativen in den letzten Jahren das Interesse an Formen wie offener, einvernehmlicher, nicht monogamer Beziehung und Polyamorie, besonders bei jüngeren Menschen, gewachsen. In der Beratung sehe ich alle Altersgruppen: Junge, die eine Idee oder sogar einen Anspruch, sich Freiheit zu gönnen, haben und sich erkundigen, was da alles zu bedenken ist. Ältere Paare, bei denen er oder sie oder auch beide nicht mehr zufrieden sind mit dem gemeinsamen Liebesleben, sei es wegen unterschiedlicher Wünsche hinsichtlich Frequenz oder deutlich divergierender sexueller Vorlieben. Häufig spüre ich ein allgemeines Unbehagen. Oft wird er dann verbalisiert: der Wunsch, doch zu zweit das Liebesglück wieder herzustellen, wenn möglich, so wie es am Anfang der Beziehung war.

Herausforderungen in der Beziehung

Sind wir frisch verliebt, schauen wir zuversichtlich auf die sich anbahnende Beziehung, haben typischerweise viel Vertrauen in den neuen Lieblingsmenschen und glauben an unsere Beziehungsfähigkeit. Missverständnisse, Unzufriedenheit, Streit, Trennung – wir doch nicht! Wie schon weiter oben erwähnt, kommen wir aber nicht drum herum zu erkennen, dass es zwar Gemeinsamkeiten, eine gewisse Schnittmenge, gibt, dass aber der andere auch anders ist. Das kann hinsichtlich bestimmter Fähigkeiten bereichernd sein, aber auch gehörig nerven! Und dann kommt irgendwann der komplexe Alltag dazu, gemeinsame Projekte fordern euch und stellen die Beziehung auf die Probe. Nicht selten fühlst du dich nicht mehr gesehen, wertgeschätzt und geliebt. Du streitest, möchtest den anderen ändern oder grollst irgendwann still vor dich hin. Auch ein großer Teil sexueller Schwierigkeiten findet in diesem Kontext statt. Was sich dann als Erstes verkriecht, ist die Lust. Mit Glück taucht sie gelegentlich im »Versöhnungssex« noch mal auf. Dabei gibt es dann für einen Moment ein paar Glückshormone, das eigentliche Problem wird nicht gelöst.

Mit mehr Verständnis für die Zusammenhänge und neuen Perspektiven für bessere Kommunikation kannst du die Lust wieder einladen!

Warum triggert uns die berühmte »Zahnpastatube«?

Warum reagieren wir manchmal so intensiv – und im Rückblick eher unangemessen – auf bestimmte Ereignisse? Und das oft schon bei Nichtigkeiten wie einer Zahnpastatube, die mal wieder offen im Bad rumsteht. Warum besetzen sie in Hundertstelsekundenschnelle unsere Gefühle, gleich danach unsere Gedanken und Aktionen? Im Prinzip ist diese Reaktion eine »übertriebene« Antwort unserer Amygdala. Die ist Teil des limbischen Systems und damit des sogenannten entwicklungsgeschichtlich uralten Reptiliengehirns. Die Amygdala beeinflusst unsere emotionalen Reaktionen und daraus folgende Handlungen auf Ereignisse und Sinnesreize und nutzt für die Bewertung des Ereignisses ihre gespeicherten Gedächtnisinhalte. Speichern ist eine ihrer Aufgaben. Sie lagert besonders gern emotional gefärbte Gedächtnisinhalte und Sinnesreize und initiiert dann am Großhirn vorbei – je nach ihrer Bewertung der Situation – im bekannten *Fight-, Flight-* oder *Freeze-Modus* – Wutempfindungen, wutentbrannte Handlungen oder Angst- und Fluchtreaktionen.

Hier wird es für uns moderne Menschen kompliziert: Unsere Amygdala kann nicht zwischen physischen Bedrohungen (wie Raubtieren, dafür war sie evolutionär eigentlich mal kreiert worden) und psychologischen oder sozialen Bedrohungen wie Kritik, Ablehnung oder z. B. öffentlichem Reden unterscheiden. Dein Gehirn verarbeitet einen Streit mit deinem Partner, einen harten Kommentar deines Chefs oder eine herausfordernde Aufgabe mit fast der gleichen Dringlichkeit wie in der Steinzeit den Angriff eines Säbelzahntigers.

In einem Streit mit deinem geliebten Menschen kannst du durch defensive oder wütende Reaktionen die Situation eskalieren lassen. Die Amygdala kann nämlich den präfrontalen Kortex kaltstellen, der normalerweise für die Planung, Risikobewertung und logische Entscheidungsfindung verantwortlich ist. Er hat keine Chance, seine üblicherweise verantwortungsvolle Rolle zu übernehmen. In diesem Zustand können deine Worte schneidend und gemein sein. Die Amygdala kann auch den Teil des Gehirns abschalten, der für Mitgefühl und Verbundenheit verantwortlich ist. Empathie ist dir dann ein Fremdwort. Kommunikation auf Augenhöhe wird dir nahezu unmöglich. Je nach Temperament schweigst du vielleicht und reagierst nicht mehr. Oder du machst verletzende Aussagen, die du später bereuen wirst. Wenn Flucht dein Muster ist, wirst du einfach rausgehen. Auch nicht toll.

Warum nun diese manchmal merkwürdigen Auslöser für einen Streit? »Die meisten Menschen entwickeln spezifische Trigger, die auf ihren Lebenserfahrungen basieren, insbesondere auf frühkindlichen Ereignissen. Diese Auslöser erzeugen emotionale Vorlagen, die in scheinbar unzusammenhängenden Situationen aktiviert werden«, sagt die amerikanische Psychotherapeutin Barbara Heffernan[47]. Anlass waren Begebenheiten, in denen du als Kind nicht beachtet wurdest, deine Bedürfnisse selten berücksichtigt wurden, deinem Gefühl nach deine Schwester »immer« mehr Aufmerksamkeit und Lob bekam, du nie was recht machen konntest.

Und Barbara Heffernan weiter: »Was diese Auslöser so mächtig macht, ist, dass das emotionale Gedächtnis kein Gefühl für Zeit oder Kontext beinhaltet. Das emotionale Gehirn arbeitet mit der Mustererkennung, nicht mit der logischen Analyse. Es sagt im Wesentlichen: ›Ich habe dieses Muster schon einmal gesehen, und es endete schlecht. Ich muss mich jetzt schützen!‹«

Das erklärt, warum Beziehungskonflikte solch extreme Reaktionen auslösen können. Unser Gehirn stuft dies als Bedrohung ein. Eine vernünftige Kommunikation ist dann nahezu unmöglich. Am Ende fühlen sich beide Partner verletzt und fürchten um das Wohlergehen der Beziehung.

Dabei geht es nicht darum, emotionale Reaktionen wie Spannungen und Streitereien zu eliminieren. Sie liefern dir – mit etwas Abstand oder aus der Perspektive deines Partners neu betrachtet – wertvolle Informationen für einen bewussteren Umgang miteinander. Vielmehr geht es darum, Selbstregulationsfähigkeiten zu entwickeln, um zu verhindern, dass die quasi automatischen Reaktionen deiner Amygdala bewusste Entscheidungen überholen und nicht nur deine Partnerschaft, sondern auch andere wichtige Beziehungen beschädigen. Wir können erforschen, wodurch unsere explosiven Momente getriggert sind und uns einander mit mehr Mitgefühl und Verständnis nähern. Erkenntnisse könnten sein: »Das hier ist wirklich nicht gegen mich gerichtet, ich rutsche in vergangenes Erleben« bis hin zu »Hier wird meine Grenze überschritten, wir müssen neue Vereinbarungen treffen«. Du kannst dann mit klaren Signalen über deine Bedürfnisse auf deinen Partner zugehen.

Diese Form emotionaler Regulation ist eine Fähigkeit, die durch Übung wächst. In der Tat kann manchmal ein bisschen Unterstützung, z. B. in Form von Achtsamkeitstrainings oder gar einer Paartherapie hilfreich sein.

Bindungsstile als Wegweiser ...

Was wir auch aus unserer ureigensten Biografie mitbringen und was uns in unserer Beziehungsfähigkeit und in unserer Art, unsere Sexualität zu leben, beeinflusst, ist unsere Bindungsfähigkeit. Liebe und sichere Bindung zu erfahren, ist für uns Menschen so wichtig. Wir sind verletzliche Wesen und brauchen, wenn wir auf die Welt kommen, jemanden, der uns versorgt, typischerweise erst mal unsere Eltern. Das Bindungsbedürfnis des Kindes behalten wir unser ganzes Leben. Um einem geliebten Menschen nahe zu sein, haben wir verschiedene Überlebensstrategien.

Nach John Bowlby[48] gibt es vier Bindungstypen. Haben wir uns als Kinder in der Beziehung zu unseren Eltern in unseren ersten zwei Lebensjahren sicher gefühlt, sind wir auch in einer Auseinandersetzung mit unserem Lieblingsmenschen nicht so schnell irritiert und finden nach einer Meinungsverschiedenheit den Weg zurück und stellen wieder Verbindung her. Wir leben im Wesentlichen glücklich und zufrieden mit einem *sicher gebundenen Bindungsstil.*

Waren unsere Eltern immer wieder nicht in der Lage, angemessen für uns zu sorgen, insbesondere emotional ansprechbar zu sein, haben wir gelernt, wahlweise durch Druckausüben (Klammern) oder wütenden Protest die Aufmerksamkeit auf uns zu lenken. Das wiederum verunsicherte sie. Ebenso geht es jetzt unseren Partnern oder Partnerinnen. Wir suchen ihre Nähe, haben aber gleichzeitig Angst, uns unserem Lieblingsmenschen verletzlich zu zeigen. Das führt zu einem negativen Verhaltensmuster, genannt *unsicher ambivalenter Bindungsstil.* Wir fühlen uns weder wichtig noch liebenswert, wenn unsere Bedürfnisse nach Nähe und Sicherheit in der Beziehung nicht zu unserer Zufriedenheit erfüllt werden. Mit unseren speziellen (Streit-) Strategien versuchen wir, Nähe und Unterstützung unserer Bezugsperson zu erreichen. Wir werden verzweifelt und wütend, wenn wir uns nicht richtig wahrgenommen fühlen.

Ein sogenannter *unsicher vermeidender Bindungsstil* wird ausgelöst, wenn wir bei chronisch fehlender Aufmerksamkeit und Fürsorge der Eltern resignieren. Das gilt auch in romantischen Liebesbeziehungen. Wir wenden uns ab und verschließen uns, um uns vor Zurückweisung zu schützen. Wir neigen zu emotionslosem Sex. Ausreichend Autonomie und Unabhängigkeit sind uns wichtig, Bedürfnisse nach Unterstützung und Intimität können wir insbesondere in Stresssituationen leugnen. In Auseinandersetzungen mit dem Partner/der Partnerin fühlen wir uns, als könnten wir es bei allem Bemühen niemals recht machen. Im Geheimen fürchten wir trotzdem, wir könnten ihn/sie nie wirklich glücklich machen.

Kinder, denen das Verhalten ihrer Eltern, die sie ja eigentlich bräuchten, Angst macht, deren Art und Weise unvorhersehbar ist, werden im Verhalten ebenfalls unberechenbar. Traumatische Erlebnisse in der Kindheit wie Geburtstraumata, Vernachlässigung oder sexueller Missbrauch haben Einfluss auf unsere Entwicklung und unser Auftreten, auch und insbesondere in einer Liebesbeziehung. Nach solchen bindungstraumatischen Erlebnissen entwickeln Erwachsene oft einen sogenannten *desorganisierten Bindungsstil* und verhalten sich auch so in Beziehungen: Mal suchen sie große Nähe, dann wieder isolieren sie sich. Sie haben Schwierigkeiten, Beziehung zu anderen Menschen aufzubauen, und zweifeln daran, ob sie überhaupt liebenswert sind.

Aus unseren Bindungsstilen heraus kreieren wir Interaktionsmuster mit unserem Lieblingsmenschen, der wiederum mit seinem eigenen Bindungsstil daherkommt und aus dem heraus mit uns in Aktion tritt. Daraus können wir bestimmte Muster gestalten, positive wie negative. Die Emotionsfokussierte Therapie (EFT) hat die Metapher »Tanz« kreiert, bei der Emotionen als Melodie gesehen werden, zu der die Partner tanzen. »Wir brauchen liebevolle Kontakte wie Luft zum Atmen«, sagt die Begründerin der EFT, Sue Johnson[49]. »Wenn wir lieben, tun wir alles, um eine liebevolle Reaktion von unserem geliebten Menschen zu bekommen.« Paare, die sich in einem negativen Muster verfangen, tanzen dann die »Protestpolka«.

Die Protestpolka hat nur wenige Schritte. Auf ein frustrierendes Verhalten deines Partners folgt bei dir ein Gefühl, im EFT sekundäres Gefühl genannt. Aus dem Gefühl heraus reagierst du und hast damit im Sinne der Protestpolka deinem Partner schon auf den Zeh getreten. Ein Beispiel: Wenn dein Geliebter sich abends noch stundenlang Sportschau anschaut, bist du frustriert und reagierst mit genervtem Stöhnen, gehst ins Bett. Das Gefühl »dahinter«, das sogenannte primäre Gefühl könnte deine Angst sein, dass er dich nicht mehr begehrt. Was du eigentlich bräuchtest, wäre Aufmerksamkeit, Berührung.

Jemand anders, mit anderem Bindungsstil, würde eher wütend werden, einen Streit vom Zaun brechen –verzweifelt, weil »schon wieder« seine Bedürfnisse nicht gesehen werden. Der in die Sportschau versunkene Partner, ein

Mensch von der Sorte, der eher Emotionen meidet, dort sitzend mit der Idee, das sei gerade sein gutes Recht auf Entspannung nach einem Arbeitstag, wird ärgerlich und verunsichert, wehrt die Anmache ab, versucht zu beschwichtigen. Wieder fühlt er sich wie einer, der es nie recht machen kann. Und er bräuchte doch einfach nur Anerkennung für seine persönliche Art, den Tag ausklingen zu lassen. Der Abend ist für beide gelaufen.

Wie kommt man aus dieser Protestpolka raus? Weg davon, Opfer seines Bindungsstils zu sein? Vom Alltagskonflikt hin zur Befriedigung des eigentlichen Bedürfnisses? Der EFT-Weg: innehalten, nachfühlen, analysieren, kommunizieren![50] Es kann sehr hilfreich sein, das schriftlich zu tun:

Schreibe die Verhaltensweisen deines Lieblingsmenschen, die dich immer wieder frustrieren oder zur Weißglut bringen, auf einen großen Zettel in eine Spalte, in die nächste das Gefühl, das sie bei dir auslösen. Dann, wie du darauf so ganz spontan reagierst. Für Spalte 4 besinne dich und überlege, was das Gefühl »dahinter« ist. Das ganz primäre Empfinden, das du vielleicht gar nicht gern zugeben magst – Angst, Scham, Traurigkeit, Eifersucht … Daraus ergibt sich dein Bedürfnis. Was bräuchtest du eigentlich? Und aus dieser Erkenntnis könntest du dann eine konkrete Bitte formulieren, nicht nur für Spalte 5, sondern um sie auszusprechen. Durch solcher Art neue Klarheiten – dass nicht dein Partner, deine Partnerin der Feind ist, sondern euer Interaktionsmuster – kann sich euer Stil, eure Erreichbarkeit füreinander drastisch ändern. Das braucht ein bisschen Zeit, aber Übung macht den – na, du weißt schon!

Kommunikation: Wie du über Wünsche, Bedürfnisse sprichst und mögliche Schwierigkeiten im Sexualleben überwindest.

Kennst du negative Muster aus Konflikten bei deinen sexuellen Themen? Hier dazu ein konkretes Beispiel:

MUTMACHGESCHICHTE

Manchmal hilft auch eine Pille!

Claudia, 59: »Lass uns doch Mittagsschlaf machen. Haben wir schon so lange nicht zusammen. Ist viel schöner mit dir!«
Ralf, 63: »Keine Zeit, habe gleich einen Klienten.«
Claudia: »Wieso musst du den denn gerade um diese Zeit bestellen?«
Ralf: »Was ist an 15:00 Uhr auszusetzen?«
Claudia: »Na, du weißt schon. Gibt doch noch mehr als Arbeit. Und wo ich mittwochs frei habe.«
Ralf: »Einer muss ja das Geld verdienen. Erst kommt die Arbeit, dann das Vergnügen. Du kennst doch meine Devise.«
Claudia: »Spielverderber. Sonst warst du doch hinterher, was ist eigentlich los? Findest du mich nicht mehr attraktiv?«
Ralf: »Ach, spinn nicht rum!« Er dreht sich um und geht ins Büro.

Hintergrund: Seit die Kinder aus dem Haus waren, hatte sich die Siesta als gute Möglichkeit für ein »Schäferstündchen« rauskristallisiert. Claudia war vor ein paar Monaten aufgefallen, dass Ralf, wenn sein Penis sich in ihr bewegte, die Erektion nicht mehr so lange halten konnte wie sonst und wie sie es für ihr Vergnügen gebraucht hätte. Sie war dadurch abgelenkt, wusste es nicht einzuordnen. Hatte er nicht mehr so viel Lust auf sie? Auf die Idee, dass das ein typischer Vorgang bei älter werdenden Männern war, kam sie erst mal gar nicht. Irgendwann sprach sie es an. Er wehrte ab, wollte es erst nicht wahrhaben, musste es dann aber zugeben. »Ist eben so«, war seine Devise. »Geh doch mal zum Urologen«, ihr Einwand. Einen Termin dort ließ er wegen eines anderen »wichtigen Meetings« platzen und vermied dafür die Schäferstündchen.

Claudia war früher Patientin bei mir gewesen und wusste über meine Pläne, nach der Praxis in die Sexualberatung zu wechseln.

Nicht faul, fand sie mich wieder, fragte mich, ob ich auch was über Männer wüsste. »Klaro«, war meine Antwort. Ralf lenkte ein. »Okay, zu Elke geh ich, hast ihr ja sowieso schon alles erzählt.« Nach entsprechender Anamnese und Beratung schritt er mit einem Rezept für Tadalfil 5 mg (täglich und unabhängig vom erotischen Event einzunehmen) von dannen. Ich hatte um Feedback gebeten. Das kam kurz und knapp: Haut hin! Danke!

Über Kommunikation habe ich schon ausführlich im Kapitel »Die Liebe bleibt – Kommunikation und die Sprache der Liebe« gesprochen. Blättere doch gern noch mal zurück!

Das dort Beschriebene möchte ich nun verfeinern. Kommunikation ist ein wichtiger Punkt, überall. Im Liebesleben, in einer Beziehung erst recht. Da geht es darum, den Mut aufzubringen, etwas anzusprechen, die Worte für das Sexuelle zu finden sowie die Scham und die Angst vor Zurückweisung der eigenen Wünsche hinsichtlich Veränderung zu überwinden. Die speziellen aus dem Alltag herausragenden Kommunikationsmöglichkeiten, die ich vorstellen möchte, gehen über Reden weit hinaus. »Ein Mensch kann nicht nicht kommunizieren«, sagte der österreichische Psychologe, Kommunikationswissenschaftler und Philosoph Paul Watzlawick. Jedes Verhalten hat eine kommunikative Botschaft. Das kannst du positiv nutzen. Die Übungen in diesem Kapitel lassen euch auf verschiedene Weise – mit allen Sinnen – kommunizieren.

Mit Glück hattest du als Kind schon eine möglichst störungsfreie »Einführung« in die Sexualität, ein freudiges Absolvieren der sexuellen »Lernschritte«, konntest im Wachsen und Werden bereichernde Erfahrungen sammeln, hattest möglichst auch noch das Glück eines einfühlsamen Partners, einer Partnerin, um irgendwann zu wissen, was dir gefällt, was dir erotischen Genuss verschafft, und dabei experimentierfreudig zu bleiben. Und wenn du dann denkst, du hast's endlich, dann kommt dir möglicherweise das Leben in Form von Wechseljahren, Erektionsstörungen, Hüftproblemen, Chemotherapie, Parkinson oder anderem dazwischen. Was passiert noch? Nicht wenige verlieren ihren Lieblingsmenschen durch Trennung oder Tod. Und wenn sich nach dem Tod eines geliebten Menschen das Gefühl einstellt, das, was ich mit ihm hatte, werde ich mit keinem anderen wieder ebenso intensiv erleben, dann kann ein Leben ohne Sexualität gut und richtig sein. Aber es geht auch anders. Auch das hat mich zum Schreiben dieses Buches motiviert: Kundzutun: »Das Lebbe geht weider« – wie man in Frankfurt sagt. Auch das Liebesleben. Du musst es manchmal neu erfinden, manchmal braucht's ein anderes Menü, aber immer gewinnst du neue Lebensqualität. Schau dir die faszinierenden Berichte, diese speziellen Erfolgsgeschichten am Ende des Kapitels an.

Wie kommst du dahin?

Nicht wenige Frauen antworten in der Beratung auf die Frage »Worauf hast du denn Lust?« mit »Weiß ich nicht«. Immer noch haben ungefähr die Hälfte der Frauen keine

Erfahrung mit Masturbation. Sie hatten sich in der Paarsexualität – im Falle eines männlichen Partners – an die klassisch-männliche genitale Sexualität angepasst, lustbetont, aber weniger emotional, und hatten gar keine eigene Speisekarte. Nicht selten ist irgendwann die »Ich tue so, als ob es mir auch Spaß macht«-Batterie aufgebraucht, Lustlosigkeit stellt sich ein.

Was wäre, wenn du einen Teil von dir erforschen und leben könntest – deine Wünsche, deine Fantasien, dein erotisches Selbst – und frei darüber reden könntest, ohne Angst vor Verurteilung? Stell dir vor, du erkennst die einschränkenden Glaubenssätze, lässt die Scham und die Ängste los, die dich davon abgehalten haben, deine sexuelle Lust und Kraft voll und ganz zu umarmen. Denkst du jetzt: »Na, ich weiß nicht?«, wie Tina, 59, die freudig erregt erzählte: »Vor fünf Jahren hatte ich eine Affäre. Da ging es heiß her, da war ich geil wie früher. Wir haben uns im Hotel getroffen und sind übereinander hergefallen.« Pause. »Nach 23 Jahren Ehe ist das ja nicht mehr zu erwarten,« schließt sie mit deprimierendem Unterton. »Es ist einfach anders,« entgegne ich. »Lass uns mal schauen, wie du eure Glut wieder zum Brennen bringst.«

Es gibt viele Wege, um wieder ins Glühen zu kommen. Einige für dich allein oder zusammen mit deinem Lieblingsmenschen habe ich bereits vorgestellt. Und da nicht alle Menschen, alle Paare über einen Kamm zu scheren sind, gilt für dich vielleicht ein ganz anderer als für deine suchenden Mitmenschen. Schau sie dir an. Es gilt zu erforschen, worauf du überhaupt Lust hast. Das gleiche gilt für dein Gegenüber. Jeder von euch hat seine Lust, hat Wünsche, Bedürfnisse, Vorerfahrungen. Und wenn ihr sie äußert, ausleben möchtet, stellt ihr fest, dass sie nicht in jedem Moment deckungsgleich sind. Wie bekommst du, was du willst und was du brauchst? Wie möchtest du eigentlich beim Sex berührt werden, weißt du das überhaupt? Fang bei dir an. Mit einer Übung aus dem *Sexocorporel*, die dazu dient, deine sexuelle Lustlandschaft bewusster kennenzulernen.

ÜBUNG

Entdecke deine Erregungs-Landkarte

Du brauchst dafür einen ruhigen Moment für dich allein. Am besten bist du wenig bis gar nicht bekleidet. Morgens nach dem Aufwachen, abends vor dem Einschlafen? Es geht darum, dass du deine eigenen Berührungsvorlieben entdeckst. Dafür erkundest du mit deinen Fingerspitzen, den ganzen Fingern, den Händen, Vorder- und Rückseite deines ganzen Körpers bzw. die Stellen, an die du hinkommst. Fang im Gesicht an, fahre über deine Lippen, verweile dort, geh zart und fester drüber, ganz langsam und schneller, stülpe sie nach oben und unten, geh weiter, über Wangen, Augen, Brauen, Schläfen, Stirn, spiele auch dort mit Zartheit, Druck und Tempo. Vergiss die Ohren nicht, dann die Kopfhaut, die Haare, den Nacken. Und so bewege deine Hände über deinen ganzen Körper und spüre, wie unterschiedlich sich einzelne Regionen anfühlen. Wie unterschiedlich Hautareale spüren können, wo es sich gut, besser, sogar erregend anfühlt – Zonen, denen du das nie zugetraut hättest. Und auch welche Art von Berührung hier und welche da intensivere Empfindungen auslöst. Die Genitalregion, sogar der Anus, wenn du magst, gehören auch dazu. Merk dir alles. Noch besser: Male dir einen Körperumriss oder suche unter dem Begriff »Body Outline PDF« eine Vorlage dafür im Internet. Markiere sie mit Buntstiften. Grün steht für Zonen, die sehr angenehm, lust voll und erregend sind. Gelb für neutrale und unklare, noch nicht genug erforschte Zonen. Und Rot für Tabubereiche oder unangenehme Regionen. Du könntest z. B. mit Symbolen noch hinzufügen, welche Art von Berührung du wo am liebsten mochtest. Nutze das Werk zunächst für deinen Solo-Sex, spiele damit und lass durch wiederholte Berührung die Synapsen im Hirn sprießen, dadurch wirst du immer sensibler. Und du könntest Farben für Emotionen kreieren, um festzuhalten, wo du dich geborgen fühlst und wo unsicher.

Variante I:
Berühr dich mit Utensilien: z. B. mit Federn, mit Stoffen wie Samt, mit Gegenständen wie Bürsten (die für Babys oder auch rauere), mit einem Topfkratzer oder mit einem Körperöl.

Variante II:
Animiere deinen Lieblingsmenschen zum eigenen Kartenstudium, zeigt euch eure Ländereien mit ihren klimatischen Besonderheiten und bereist euch dann gegenseitig, sensibel für die »Kultur« des anderen Körpers, aber auch ein paar Geschenke anbietend. Wichtig ist dabei, auf Konsens zu achten. Das lernst du sehr gut mit dem *3-Minuten-Spiel* gleich in Folge.

Vielleicht stellst du dir manchmal die Frage, wie du merken kannst, dass das, was du beim Sex beiträgst und gibst, dem bzw. der anderen wirklich so richtig guttut? Wie gestalten wir es einvernehmlich? Ein wunderbares Spiel, das alles zu erforschen, ist das *3-Minuten-Spiel*. Hier geht es um das Aushandeln und Besprechen von Berührungen und mehr. Es wurde von Harry Faddis entwickelt, von Betty Martin verfeinert und diente als Grundlage für die Entstehung des »Wheel of Consent«. »Vielen fällt es schwer zu spüren, was sie wollen«, sagt Ondra Veltruský[51], Sexualcoach und »Wheel of Consent«-Trainer. Er begleitet Menschen beim Erforschen dessen, was ihnen beim Sex und in ihren Beziehungen fehlt. Mit dieser Anleitung kannst du dich selbst auf den Weg machen.

ÜBUNG

Das 3-Minuten-Spiel

Das tragende Element des Spiels sind zwei Fragen, eigentlich zwei Angebote, die ihr euch nacheinander stellt:

1. Wie würdest du gern von mir berührt werden – für drei Minuten?
2. Wie würdest du mich gern berühren – für drei Minuten?

Daraus ergeben sich vier mögliche Kombinationen. Wenn du aktiv wirst, tust du einerseits etwas dienend, gebend für die andere Person und in weiteren drei Minuten tust du etwas für dich, du nimmst etwas. Wenn dein Lieblingsmensch tätig wird, tut er etwas für dich, und du nimmst es an, oder er macht es für sich, du erlaubst es ihm.

Mit jeder Runde lässt du dich neu auf etwas ein, in der aktiven wie in der passiven Rolle. Du kannst Vertrautes genießen (»Massiere mir meinen Rücken«, »Lass mich mit deinen Haaren spielen«) oder auch neues erotisches Terrain begehen. Fang behutsam an, mit neutralen Körperregionen. Traue dich mehr, wenn du magst. Du hast das Recht »Stopp« zu sagen, wenn es dir nicht behagt. Gib niemals mehr, als du wirklich möchtest.

Die Methode »Wheel of Consent«[52], zu der die letzte Übung gehört, eröffnet eine Welt der Selbstermächtigung und erweitert unseren Horizont der Entscheidungsfreiheit. Sie führt uns vor Augen, dass wir oft unbewusst in die Rolle der oder des Handelnden oder Empfangenden schlüpfen. Wir sollten uns jedoch vor Augen führen, was wir wollen, um darum bitten zu können, und auch wissen, was wir nicht wollen, um eine klare Grenze ziehen und diese auch kommunizieren zu können.

Das 3-Minuten-Spiel kann die richtige Annäherung sein, wenn ihr zum Beispiel lange keinen Sex mehr hattet und gar nicht mehr wisst, wie ihr am besten beginnen sollt, wenn das Berühren auf einen flüchtigen Kuss reduziert war, wenn du zu oft Ja gesagt hast, aber tatsächlich Nein meintest, wie in folgendem Beispiel.

MUTMACHGESCHICHTE

Ganz von Sinnen

Maren, 52. »Früher habe ich gern mit Gerhard geschlafen. Dann wurde es mir von Mal zu Mal zu drängelig. Die Wechseljahre haben da wohl auch dazu beigetragen. Ich würde eigentlich gerne kuscheln, umarmt werden, mich anlehnen. Aber kaum schmusen wir ein bisschen, ist seine Hand an meinem Busen und er kriegt eine Erektion und will mehr. Dem gebe ich dann lieber keine Bühne.« Hungrig nach Nähe waren sie aber beide. Sie ließen sich aufs 3-Minuten-Spiel ein. Maren wünschte sich mehrere »Spielabende« mit Rückenkraulen, Rükkenstreicheln und traute sich dann für 3-Minuten-Slots Gerhard sensiblere Körperterritorien anzuvertrauen. Genauso wie sie auch wieder neugieriger wurde beim Berühren von Gerhard – für drei Minuten. Gerhard dagegen lernte – ähnlich wie beim *Sensate Focus* – ganz neue Seiten – das Erlauben, das Dienen – wahrzunehmen und zu genießen und neue sinnliche Qualitäten zu entwickeln.

Einer Freundin, die mir gegenüber geklagt hatte, dass ihr neuer Partner sie so gerne »lecken« würde, sie das aber eklig fände, habe ich bei einem Glas Wein gefragt, wo sie das denn gelernt hätte. »Na, war das bei dir nicht so als Kind? Fass dich da nicht an, das ist doch bäh!« Immer wieder stoßen wir auf Glaubenshaltungen, die wir aus der Kindheit mitgebracht haben. Um die aufzulösen, habe ich ihr dann empfohlen, es mit dem Netz und doppelten Boden des 3-Minuten-Spiels zu versuchen: sich die Modalitäten für gerade mal 3 Minuten ganz genau zu wünschen, und trotzdem noch die Möglichkeit des Einspruchs zu haben, wenn es nicht guttut. Beim nächsten Treffen auf einer Party raunte sie mir zu: »Echt gar nicht so schlecht. Über die drei Minuten sind wir längst hinaus! Danke, meine Liebe!« Schön, wenn das Spiel so eine Wirkung zeigt, und natürlich darf es auch mal länger werden, wenn beide damit einverstanden sind.

Eine wunderbar sanfte und trotzdem intensive Annäherung passiert auch, wenn man sich anschaut. Besonders wichtig ist dies für alle Paare, die merken, dass ihnen die Aufmerksamkeit füreinander abhandengekommen ist, insbesondere auch für diejenigen, die sich gerade von einer einschneidenden Lebenserfahrung erholen. Erst recht, wenn diese Lebenserfahrung – wie zum Beispiel eine Krebserkrankung – die Sexualität betreffend negativ nachhallt. Mit der ganz unspektakulären Übung »Köpfe aufs Kissen« könnt ihr euch wieder ganz neu wahrnehmen.

ÜBUNG

Heads on Pillow

Beide Partner liegen auf der Seite, angezogen oder unbekleidet. Jeder legt seinen Kopf auf ein Kissen, weit genug auseinander, dass dein Gegenüber nicht wie ein Zyklop aussieht. Und ihr blickt euch einfach nur an. Warum würdest du mich nach all den Jahren noch anschauen wollen? Warum liebst du mich noch? Nehmt euch einfach die Zeit, zusammen zu sein, euch in die Augen zu blicken, einander in den Armen zu halten. Nicht wenige bekommen dabei feuchte Augen, weil es einfach sehr intim sein kann.

Diese Übung mit dem Namen *Heads on Pillow* habe ich bei David Schnarch gefunden[53]. Diana Richardson, Sexualtherapeutin, die den Namen *Slow Sex* in Anlehnung an *Slow Food* statt *Fast Food* geprägt hat und bekannt ist für ihre eine Woche dauernden *Making Love Retreats*, schlägt das Sich-in-die-Augen-Schauen übrigens als einen der Ausgangspunkte für *Slow Sex* vor. Ganz »slow«, fast in Zeitlupe, nähern wir uns dem Genitale in der Tat mit dem *Vagina-Penis-View*. Hier geht es noch nicht um »Wie werde ich am schnellsten erregt?«, sondern um »Zeig mal, wie du zwischen deinen Beinen aussiehst.« Auch wenn heutzutage selten nur unter der Decke oder mit Licht aus der Verkehr vollzogen wird, ist ein offenes Ansehen von Vulva, Penis und Hoden sowie das Zeigen, wo einem welche Berührung guttut und anturnt, ein Darüber-Reden eher noch ungewöhnlich und schambesetzt.

Licht im Dunkel

Um sich weiter zu erforschen, mehr voneinander kennenzulernen und zu wissen, was Spaß macht und was total abturnt, schlug schon die »Sexualtherapie nach dem Hamburger Modell« ein »Spiel« vor, das – so einfach es scheint – doch sehr herausfordernd sein kann. Mit »Oha!« – voll im hamburgischen Slang – segnete Willi, 60, meine Spielanleitung ab. Ursula, 58, sagte gar nichts. Beim nächsten Treffen bestätigten beide: »Das war der intimste Moment in unserem Leben.« Sie hatten schon einige Wochen *Sensate Focus* hinter sich und waren beim Schritt »Berühren unter Einbeziehung des Genitales« angekommen. Ihr Anliegen war die seit Jahren darniederliegende Sexualität, weil Ursula Schmerzen beim Sex in der Vagina hatte, die durch Behandlung mit der nach der Pause üblichen Estriol-Creme nicht besser geworden waren. Sie haben sich zu der Sitzung verabredet, sie mit einem gemeinsamen Bad eingeleitet und hatten danach – nach 30 Ehejahren – eine neue Vertrautheit miteinander. Das war ein entscheidender Wendepunkt in der Therapie. Willi hatte ein ganz anderes Verständnis von den Strukturen, die da wehtun konnten. Er drängte nicht mehr, allein das erregende Streicheln durch Ursula bei der weiteren Stufe des *Sensate Focus* war neuer Genuss. Und Ursulas Vagina konnte sich entspannen. Ganz langsam kamen sie sich auch dort näher bis zum *Happy End*.

Vagina- und Penis-View

Richtet euch ein gemütliches warmes Ambiente, Timer oder besser Playlist zur Hand. Gern könnt ihr euch mit gemeinsamer Dusche oder Bad einstimmen. Entscheidet, wer A, wer B ist, wer anfängt. Entkleidet euch und setzt euch einander gegenüber. Gern dürft ihr auch ein Tuch um den Schoß geschlungen haben. Schaut euch einen Moment an. Dann schlagt es zur Präsentation mit leichtem Schwung beiseite. Als A zeigst du deine Genitale. Beim weiblichen Genitale die gesamte Vulva, den Venushügel, die großen Labien, dann faltest du sie auseinander (mit eingeölten Fingern), zeigst, wo die Vagina anfängt, die Klitoris sitzt und wie sie aussieht, dadrunter die Harnröhre. Du kannst auf Details eingehen wie die Größen oder die Färbung der Labien, die unterschiedlich sein dürfen. Zeig auch den Anus. Und dann, das ist das Highlight, demonstriere, wo und wie du dich selbst gern berührst und dich gern berühren lässt, wo deine erogensten Zonen sind. Der Partner, die Partnerin schaut, hört zu und staunt und darf eine mögliche Neugier auch durch Nachfragen stillen.

Bist du A und ein Mann, darfst du dein Genitale präsentieren. Den Penis, die Funktion der Vorhaut, wenn vorhanden, das Skrotum, die Hoden, Damm und Anus. Und auch du zeigst, was dir an Berührung – wo, wie schnell, mit wie viel Druck – guttut und dich am meisten anturnt. Dein Gegenüber lauscht, schaut und vertieft durch Fragen.

Bedankt euch beieinander für die Erotikstunde, bleibt einen Moment, ein Lied lang, beieinander liegen und genießt euren Haut-zu-Haut-Kontakt.

Vor mir liegt das Buch »Sex that Connects« der Sexologin Jana Welch. Enthalten sind 30 *Challenges*, zumeist von ihr entworfen, einige von Co-Autoren aus dem sexualtherapeutischen oder Sexualcoaching-Bereich. Jana und ich kommen aus der gleichen sexualtherapeutischen Schule, dem *Sexocorporel,* und haben dem beide noch etliches an Kenntnissen hinzugefügt. Ich kann die *Challenges* alle empfehlen. Jana lässt diese Herausforderungen von vier Paaren zwischen 30 und Mitte 50 erproben, lässt sie über ihre Erfahrungen berichten und kommentiert dann. Ich finde, sie eignen sich auch für Paare in den Sechzigern, Siebzigern und Achtzigern, wenn sie nach neuen Horizonten Ausschau halten. Sie bringen nicht nur denen was, die wegen Einschränkungen in der Sexualfunktion neue Wege suchen, sondern auch jenen, die einfach wieder ihr Feuer anfachen wollen und dafür Ideen brauchen. Der Blickwinkel ist innovativ.

Challenge I startet mit der Frage »Noch zu müde für Sex? – Widerstände erkennen und auflösen.« Dort lässt Jana Welch die Lust metaphorisch als Heißluftballon fliegen und fragt, welche Gewichte an deinem/eurem Heißluftballon hängen, die ihr von oben nicht sehen könnt, aber loswerden wollt, damit euer erotisches Leben wieder abheben kann. Ich habe in meinem Buch schon diverse Gewichte benannt. In dieser *Challenge* könnt ihr auf spielerische und humorvolle Art und Weise auf die Spur eurer Widerstandsverhalten kommen. Wenn du keine Lust auf Sex hast, was machst du dann? Welche Folgen hat das? Was müsste sich ändern, damit du die Blockade aufgibst? Und wieso eigentlich du? Lass uns über Differenzierung sprechen!

Symbiose versus Differenzierung

Wir Menschen suchen Bindung, wir sind – so heißt es – Herdentiere. Finden wir sie in jungen Jahren in der Familie, mit Freunden, ersehnen wir sie später in Beziehungen. Dort erleben wir Bindung im gemeinsamen Erfahren unseres Alltags, im Gesehen- und Gehörtwerden, im Erleben unserer gemeinsamen Sexualität. Wir fühlen uns sicher und geborgen. Aber jeder Mensch braucht in seiner Beziehung auch Freiraum und Autonomie. Er hat den Wunsch nach Differenzierung. Zwischen diesen Polen bewegen wir uns.

Dabei ist das Bedürfnis nach Verschmelzung und das Bedürfnis nach Autonomie nicht bei allen Partnern zu allen Zeiten gleich groß. Es kommt zu Widersprüchen, zu Konkurrenzen der verschiedenen Bedürfnisse, sie stoßen aufeinander und müssen immer wieder neu ausgehandelt werden. Das Liebesleben ist davon nicht ausgenommen. Ganz im Gegenteil. Sexualität in einer Beziehung leidet, wie wir schon gesehen haben, aus so ungefähr tausend Gründen. Die unterschiedlichen Deutungen über »Das ist der richtige Sex«, erotische Bedürfnisse insgesamt können Stein des Anstoßes und Anlass ewiger Streitigkeiten sein. Meine Beratung ist zum Beispiel voll von Paaren jenseits der 50, 60, 70, 80 (!), bei denen die Männer – deutlich öfter als umgekehrt – gern mehrmals die Woche Sex hätten, die Frauen sich zwischen »Für mich hat sich das erledigt« und »Weniger wäre mehr« wähnen. Genauso wird aber der Sex, intimes Zusammensein von Menschen beiderlei Geschlechts mehr und minder bewusst auch als Handelsware bzw. Strafe für missliebiges Verhalten des Lieblingsmenschen genutzt, anstatt offen über die Widersprüche zu reden. Daran sind nicht unbedingt nur die Partner schuld, die Dynamiken können vielfältig sein. Das Älterwerden mit all seinen unvorhersehbaren und nur mäßig beeinflussbaren Auswirkungen aufs Leben ist eine davon. Diesen Faktor möchte ich hier durch die Differenzierungslinse betrachten. »*Sex suffers*« in vielen Beziehungen, sagt David Schnarch, einer der Begründer der Differenzierungstheorie. Da helfen dir dann weder Aphrodisiaka, Toys, Blumen, Lingerie oder Pralinen am Valentinstag und so weiter, noch Urlaub zu zweit. Es geht vielmehr darum anzuerkennen, dass ihr mit eurem Streit-Latein am Ende seid. Alle eure Lösungsversuche haben nicht gefruchtet. »Paaren ist das Streben nach Harmonie wichtiger«, sagt Paar- und Sexualtherapeut Prof. Ulrich Clement, »als das Anerkennen der sexuellen Unterschiede.«[54] Sie streiten weiter darum, wer die richtige Sexualität lebt. Schnarch empfiehlt dir dein Beziehungsleben mit vier Säulen zu stabilisieren: nämlich erstens zu lernen, auf deinen zwei Beinen stehen zu können, zweitens das, was dein Partner immer so tut, nicht persönlich zu nehmen, drittens nicht überzureagieren und viertens den rauen Zeiten, die das manchmal mit sich bringt, standzuhalten. So kann lebenslange Leidenschaft und Liebe wachsen. »*Marriage is a people growing machine*« – eine Ehe lässt Menschen wachsen – ist sein Versprechen.[55]

Wie meint er das? Und müssen es wirklich raue Zeiten sein?

David Schnarch ist vor ein paar Jahren gestorben. Er war Paar-, Sexual- und Traumatherapeut in den USA und wurde durch seine Forschung auf dem Gebiet der Paar- und Sexualtherapie bekannt. Schnarch verfolgte das weitverbreitete Phänomen, dass sich bei Menschen in Langzeitbeziehungen das sexuelle Verlangen verringert. Er sah in der »Differenzierung des Selbst« den Ansatzpunkt, diese Probleme zu lösen. Wer intensiver einsteigen will, kann das mit seinem Buch »Intimität und Verlangen: Sexuelle Leidenschaft in dauerhaften Beziehungen«[56]. Für den kleinen Einstieg findest du auch bei YouTube interessante aufmunternde Videos von ihm.[57]

Seine Gedanken zur Differenzierungstherapie haben mich erst verwirrt, zum Nachdenken gebracht und dann doch so angesprochen, dass ich sie durch eine Paartherapieausbildung in »Entwicklungstherapie« (*Developmental Model*) im *Couples Institute* in Kalifornien (nein, kein Bildungsurlaub – nur per Zoom!) von Dr. Ellyn Bader und Dr. Peter Pearson, vertieft habe. Sie haben die Ideen von Schnarch weiterentwickelt. In den zwei Jahren konnte ich eine Menge auch ganz für mich persönlich mitnehmen und in meine Art der Sexualtherapie einweben.

ÜBUNG

Anregungen aus der ARD-Mediathek

Hier in Deutschland kannst du zuschauen oder zuhören, wie differenzierungsbasierte Paar- und Sexualtherapie stattfindet. Eric Hegmann, erfahrener Paartherapeut in Hamburg, den ich über das *Couples Institute* kennen und schätzen gelernt habe, hat mit Moderatoren der ARD die Sendung »Paartherapie«[58] konzipiert. Hier werden echte Paare in einer Paartherapiesitzung mit Eric gezeigt. Das Anschauen dieser Serie kann euch genau wie meine Mutmachgeschichten und die Übungen dabei helfen, in den Austausch zu kommen. Anderer Paare Probleme, so von außen betrachtet, könnten euch zu Aha-Erlebnissen und neuen Überlegungen führen. Bin ich der Partner, die Partnerin, die ich zu sein wünsche? Was sollte ich anders machen, um eine liebevollere Beziehung aufzubauen? Und so weiter. In diesem Sinn: Gemütlich Platz genommen auf dem Sofa und den richtigen Kanal gedrückt!

Was bedeutet eigentlich Differenzierung?

Vielleicht denkst du. »Das reicht doch jetzt. Was hat das denn nun mit Sexualität zu tun?« Eine Menge, insbesondere, wenn du in einer Beziehung lebst und diese nicht nur weiter so lala aufrechterhalten willst, sondern anstrebst, in diesem Rahmen zu leben, atmen, fühlen, genießen, ganz du zu sein. Atmosphärische Störungen in der Partnerschaft, egal wem du daran die Schuld gibst, sind die Apokalyptischen Reiter[59] für Lust und Liebe. Differenzierung ist wichtig, wenn auch von »rauen Zeiten« begleitet, weil du durch einen »Neujahrsvorsatz« leider nicht im Handumdrehen zu einem anderen Menschen wirst, sondern üben musst, deine Streit-Trigger zu identifizieren und damit gelassener umzugehen. Der Weg ist skizziert im »Kontinuum der Selbstdifferenzierung« – so Dr. Ellyn Bader, hier in der Übersetzung von Eric Hegmann aus seiner »Liebes-Wissensdatenbank«[60]. Anfangs- und Endpunkt der zwölf Schritte des Kontinuums möchte ich dir nicht vorenthalten. Sie helfen dir zu erkennen, wie sehr du auf eigenen Füßen stehst und die Beziehung gestaltest und wo die Herausforderung fürs Wachsen liegt.

EXKURS

Das »Kontinuum der Selbstdifferenzierung« in Auszügen[61]

Ich weiß nicht, was ich denke oder fühle. – Es kommt mir nicht in den Sinn, mich meinem Partner gegenüber zu offenbaren.

Ich riskiere emotional zu sagen, was ich denke, und bleibe trotz unserer Differenzen bei meiner Wahrheit.

Ich stoße proaktiv Diskussionen und Aktivitäten an, die für mich und uns gesund sind.

Das »Kontinuum der Fremddifferenzierung« in Auszügen[62]

Ich denke nie darüber nach, was mein Partner durchmacht.

Ich bin neugierig auf die Sichtweise meines Partners und stelle Fragen.

Ich bin aufrichtig daran interessiert, wie es meinem Partner insgesamt geht, um ein besserer Teamplayer zu werden.

Hier noch mal plastischer: Als Paar, frisch verliebt mit rosa Brillen, verleben wir typischerweise eine symbiotische Phase. Wir wollen am liebsten verschmelzen, insbesondere erotisch, konzentrieren uns aufeinander, sehen im anderen genau unser Ideal. Doch nach etwa sechs Monaten, bei manchen etwas später, wenn die Glückshormone langsam abflauen, ebbt auch der sexuelle Run aufeinander ab, und du siehst, Gott bewahre, dass der neue Lieblingsmensch bestimmte Macken hat und obendrein hier und da ganz anders als du ist. Bedürfnisse prallen aufeinander. Mit manchen kannst du dich einverstanden erklären, manches geht gar nicht, du protestierst, klagst und hoffst auf Besserung. Oder du fragst dich: Kann und darf ich die Person sein, die ich bin, wage ich es, dir meine Bedürfnisse anzuvertrauen oder stecke ich zurück?

Wenn Symbiose und Differenzierung kollidieren, entwickeln Partner, je nach ihrer »Überlebensstrategie« entweder einen konfliktvermeidenden Beziehungs-Modus oder sie gehen in eine feindselige Abhängigkeit. Entweder werden – in der Konfliktvermeidung –eigene Bedürfnisse weggedrückt und faule Kompromisse eingegangen. Beide werden immer unzufriedener. Oder die Partner versuchen – bei feindseligen Paaren –, sich gegenseitig zu dominieren.

Differenzierung kann diese Entwicklung in gemeinsames Wachstum wandeln. Das geschieht, wenn ihr beide aktiv eure Gedanken, Gefühle, Wünsche und Bedürfnisse erkennt und ausdrücken könnt und dem Partner erlaubt, das Gleiche zu tun. Das befähigt euch, euch genauer und tiefer kennenzulernen. Das braucht durchaus dann und wann auch ein Aushalten von Konfliktsituationen. Das ist der oben erwähnte »raue Teil« des Prozesses. Du musst lernen, dich selbst im Zaum zu halten, deine ureigensten Abwehrmechanismen einstellen, Verwundbarkeit zulassen.

Euch beiden wird es – je nach erlerntem Bindungsstil – ggf. für eine gewisse Zeit Angst machen, die Entfaltung eurer voneinander abweichenden Bedürfnisse beim anderen zuzulassen. Was nicht heißt, allem und jedem zuzustimmen, es gilt dabei auch eigene Grenzen aufzuzeigen und die des anderen zu respektieren. Dazu braucht es eine Phase des Übens. Statt eifersüchtig über den anderen zu wachen, seine Pläne zu torpedieren und alles Mögliche vorzuschreiben, könnte sich ein Zusammenleben entwickeln, in dem sich z. B. individuelles Verreisen mit Freunden, sich gegenseitig bei der Karriere zu unterstützen und einander mit Spaß zu genießen miteinander abwechseln können.

Probleme stellen sich ein, wenn ihr individuell und als Paar den Prozess nicht meistert, wenn die Ängste um Verlust der Beziehung durchkommen, wenn du je nach Bindungstyp reagierst, eher gar nichts sagst oder immer wieder dem anderen signalisierst: »Ändere du dich, ich bin okay.«

»Der einzige Mensch, den du ändern kannst, ist der, den du morgens gewaschen und gekämmt hast«, habe ich neulich in einem Podcast gehört. So wahr. Wenn dir das klar ist, wenn du das verinnerlicht hast, kann das Leben – nicht nur beziehungstechnisch – ganz anders gestaltet weitergehen. Das braucht ein Engagement, eine gewisse Verpflichtung dir selbst gegenüber und natürlich Achtsamkeit.

Die Hinwendung zu etwas Neuem, zum aktiven Umgang mit einem Beziehungskonflikt kann mit der Beantwortung folgender Fragen beginnen:

ÜBUNG

Was ist mein konkretes Ziel?[63]

1. Was möchte ich lernen oder verstehen?
2. Was möchte ich nicht mehr tun?
3. Was möchte ich anders machen, um eine liebevollere, unterstützende Beziehung aufzubauen?
4. Was ist für mich am dringendsten?

Beschreibe es mir, als würdest du ein Bild malen.

Beschreibe mir ein Bild davon, wie ihr beide nach der Therapie anders sein wollt.

Inwiefern möchtest du anders mit deinem Partner umgehen?

Und inwiefern möchtest du, dass eure Beziehung anders wird?

Welches Ziel würdest du für dein Sexualleben formulieren? Hier ist ein Vorschlag zum Aufbruch in die sexuelle Selbstdifferenzierung.

ÜBUNG

Differenzierung im Liebesleben

Der erste Schritt wäre, deine eigenen sexuellen bzw. erotischen Gedanken, Wünsche, Sehnsüchte und Werte zu entdecken, zu formulieren und klar und ehrlich zu kommunizieren. Mach dafür zaghafte Schritte mit dem Fuß in die Tür, statt mit der Tür ins Haus zu fallen. Sei dir dabei bewusst, dass du das Risiko eingehst, verletzlich und in gewisser Weise entblößt zu sein, wenn du deine sexuellen Wünsche offen mitteilst. Sei gewahr, dass auch dein Gegenüber sensibel und heftig auf deine sexuelle Offenheit reagieren kann. Du darfst dich aktiv dagegen abgrenzen.

Im nächsten Schritt, wenn dein Lieblingsmensch dir seine sexuellen Wünsche mitteilt, höre zu, ohne zu urteilen und zu unterbrechen. Sei neugierig und stelle Fragen, um mehr von seinen sexuellen Ansichten zu erfahren. Reagiere mit angemessener Emotion und mit Verständnis für seine Perspektive, was nicht unbedingt bedeutet, dass du ihr zustimmst. Zeige echtes Interesse und Respekt hinsichtlich seiner Erfahrungen und Wünsche, behalte deine Sichtweise bei. Teilt den Moment der emotionalen Berührung, bedankt euch für eure Offenheit miteinander.

Wie ihr daraus ein gemeinsames Szenario kreiert, kann je nach Übereinstimmung und Differenzen ganz leicht oder kaum umsetzbar sein. Es kann aber auch passieren, dass du dich von erotischen Wünschen deiner Lieblingsperson, Wünschen, die du nicht auf deinem Zettel hattest, anziehen und verführen lässt, dass ihr eure Palette ohne größere Probleme mit neuen knalligen Farben ergänzt oder, wenn wir beim Bild der Speisekarte bleiben, diese mit neuen Gewürzen und Speisen bereichert.

Hier kommen ein paar Spiele, die dich unterstützen, deine Kommunikation und euer Zusammenleben zu revolutionieren. Weitere Anleitungen findest du in der »Liebes-Wissensdatenbank« auf der Webseite des bekannten Paartherapeuten Eric Hegmann[64].

ÜBUNG

»Das Streichelspiel«

Streicheleinheiten – hier in Form von Worten und Taten – sind wunderbar für Körper und Seele, sind »Bindungsvertiefer«. Im Spiel geht es darum, Streicheleinheiten zu erhalten, zu geben und zu erbitten.

I – Entscheide, wer »der oder die Gestreichelte« ist: Die verbale Anerkennung kann sich auf etwas beziehen, was gerade passiert ist, oder »völlig schwerelos« daherkommen.

II – Gib dem zu Streichelnden eine positive Anerkennung: »Toll, dass du schon gekocht hast!«

III – Der Gestreichelte bedankt sich und gibt sich selbst (!) eine positive Anerkennung: »Ja, ich habe gekocht und außerdem dein Lieblingseis mitgebracht!«

IV – II und III könnt ihr gern wiederholen. Zum Ende bittet der Gestreichelte um eine spezifische Anerkennung, etwas, was er gerne explizit hören würde. »Sag mir doch mal, wie zauberhaft es ist, dass ich auch die Wäsche schon aufgehängt habe!«[65]

Die nächste Herausforderung eignet sich, um aus Zeiten der Sprachlosigkeit wieder in Verbindung zu kommen:

ÜBUNG

»Zwei Mal täglich« – Die 30-Tage-Herausforderung

Zwei Mal am Tag anhand von Gesten und Wörtern dem Partner oder der Partnerin zeigen, dass sie ihn/sie lieben, schätzen oder wertschätzen. Beide machen diese Übung in der gleichen Zeitspanne.

Achtung: Partner oder Partnerin dabei nicht sagen, um was es sich gehandelt hat. Nur machen!

Ideen zum »Machen« – immerhin 60 werden gebraucht – und mehr Hintergrundinformation gibt es in der »Liebes-Wissensdatenbank«.[66]

Wenn ihr am Streiten seid, hier eine Möglichkeit, euch nicht nur abzukühlen, indem man wie sonst empfohlen einfach was anderes macht, sondern für sich selbst und den anderen die eigentlichen Bedürfnisse transparenter aufzuzeigen.

»Zurück-auf-Los-Übung«

Dieser »Prozess« dient der Heilung vergangener Verletzungen durch eine neue Art der Kommunikation. Er dient nicht dazu, Probleme zu lösen, sondern nur dazu, das Wiederkäuen negativer Erfahrungen zu stoppen und emotionale Erleichterung zu erfahren. Diese Übung ist ein Experiment, um deinen emotionalen Schmerz zu lindern. Du bist nicht an irgendwelche Versprechen gebunden, die während dieses Experiments gemacht werden. Dein logischer Verstand muss nicht an die Versprechen glauben, die während dieses Experiments gemacht werden, um einen Nutzen für dein emotionales Gehirn zu erzielen. Weiterer Vorteil: Du kannst auch durch Hinspüren und durch Wahrnehmen von dem, was du gern gehört hättest, erkennen, was genau dich an der Aussage des Partners verletzt hat. Das heißt, du nimmst dein eigentliches Bedürfnis deutlicher wahr, kannst es in der Bitte um *Replay* ausdrücken und später ggfs. noch mal konstruktiver einbringen.

Situation: Du fühlst dich durch das, was dein Partner gerade gesagt hat, verletzt. Anstatt defensiv zu reagieren, gehst du die folgenden Schritte durch.

1. Du sagst: »Autsch, stopp. Können wir noch einmal wiederholen, was gerade passiert ist?«
2. »Was ich gerne hören würde, ist ...«
3. Dein Partner antwortet nur mit dem, was du hören möchtest.
4. Du sagst deinem Partner, ob eine Verfeinerung gewünscht wird.
5. Du dankst deinem Partner für sein Entgegenkommen.
6. Atmet entspannt durch.

7. Sage deinem Partner, was du fühlst und wie es auf dich wirkt.
8. Dankt euch gegenseitig dafür, dass ihr alte Muster durchbrecht.

Schlüssel zum Erfolg:
Für den Partner: Wiederhole einfach, was dein Gegenüber hören möchte. Eine kooperative Haltung ist wichtiger als alles perfekt zu machen.

Bewahre dir eine aufgeschlossene Haltung. Wenn dir eine Veränderung versprochen wird, sage nicht: »Das glaube ich dir nicht![67]

Der Konflikt ist damit manchmal schon gelöst. Mindestens aber stoppt es den Streit und läutet einen Verständigungsprozess ein.

Nichtsdestotrotz: Für manche Paare mag bei der Umsetzung die Begleitung eines Paartherapeuten, einer Paartherapeutin sinnvoll sein. Hier Monis Geschichte, die das Kapitel über »Differenzierung« und das folgende zu »Offene Beziehung« verbindet.

MUTMACHGESCHICHTE

Ein echter Prüfstand für die Liebe

Moni kam schon vor einigen Jahren in meine Beratung. Sie arbeitete als Journalistin, war Mutter zweier erwachsener Söhne, war gerade 60 geworden. Wechseljahrsbeschwerden plagten sie immer noch, vor allem Schlafstörungen, die sie den Wechseljahren zuordnete. Dafür gab es aber wahrscheinlich noch andere Gründe: Ihr etwas jüngerer Ehemann, Sebastian, der sonst als Unternehmensberater während der Woche in einer anderen Stadt gearbeitet hatte, war durch Corona auf einmal viel zu Hause. Dadurch war sie stärker mit seiner masochistischen Neigung konfrontiert, von der sie schon nach etwa sieben Beziehungsjahren erfahren hatte. Er selbst lebte mit dieser Vorliebe seit seiner Jugend, fügte sich Schmerzen beim Masturbieren zu, las submissive Storys, wünschte sich von ihrer Seite mehr dominantes Verhalten. Der gemeinsame Sex war über die Jahre hinweg für sie angemessen und schön gewesen, Sebastian hatte sich mehr BDSM-Praktiken gewünscht, sie hatte sich nur auf weniges eingelassen. Jetzt war auf einmal alles viel dichter für Moni. »Ganz schlimm«, sagte sie, »er ist bloß noch in Chats – ich brauch mich nur mal umzudrehen. Auch abends neben mir im Bett. Wenn wir danach Sex haben, fühle ich mich nur noch gebraucht.« Über die Jahre hatte es Veränderungen in der BDSM-Szene gegeben, größere Akzeptanz und Verbreitung, einen leichteren Zugang zu Menschen mit entsprechenden Interessen über Google-Suche und Chats. Das kam Sebastian sehr entgegen, er wollte an diesem Leben teilnehmen, zumindest online, gern aber auch in vivo: sich zum Sexsklaven ausbilden lassen, einem lesbischen Paar dienen, sich mit einem Peniskäfig der Dominanz anderer, am liebsten Moni, unterwerfen … Ihr war diese Haltung – sich zu unterwerfen, sich Schmerzen zufügen zu lassen – widerwärtig, sie entsprach überhaupt nicht ihren Werten, von denen sie sonst als Paar eine ganze Menge gemeinsame hatten. Moni, die als Kind ihren Vater verloren hatte, als Jugendliche mit Essstörungen kämpfte, fühlte sich bei Sebastian sicher, aufgehoben. Die gemeinsamen Kinder, mittlerweile am Studieren, waren ihre Freude, sie beide in beruflichen Positionen, die ihnen gefielen, gemeinsame Freunde gab es auch genug. Aber mit keinem redeten sie über ihre sexuellen Herausforderungen, keinem traute sich Moni in ihrer Not anzuvertrauen. Dass der andere, in diesem Fall er, sich ändern sollte, funktionierte auch hier nicht. Wenn ihm etwas so viel Spaß machte, er auf mehr aus war, auch um seine Erektion zu halten, es keine negativen sozialen Konsequenzen gab, warum sollte er? Sie könnte doch genauso gut mitmachen, sich auf ihn einlassen. Die Erkenntnis aus der Situation war: »Der Submissive kontrolliert im kontrollierenden Setting«. Eine Patt-Situation.

In dieser Phase bat ich beide, als Paar Unterstützung bei einer für den BDSM-Bereich erfahrenen Therapeutin zu suchen. Moni sah ich in größeren Abständen. Klar war: »Wir wollen zusammenbleiben.« Das Öffnen der Beziehung war eine neue Option. Wie weit, wurde immer wieder diskutiert. Sie war bereit, mehr über Sebastians Welt der Kinks zu erfahren, auch seine primären Bedürfnisse dahinter. Therapeutische Arbeit mit beiden Biografien spielte eine Rolle. Moni lotete aus, was für sie möglich und tolerabel war, und was hingegen ein No-Go. Verträge – was er darf, was nicht – wurden geschmiedet und gebrochen. »So, als wäre ich Vegetarierin, die immer wieder Fleisch essen soll! Es gibt keine wirkliche Lösung. Aber wir sind im Gespräch.« Und lachend: »Grade lesen wir gemeinsam jeden Sonntag eine Frage aus den ›69 Fragen zu Sex‹. Wir schauen auf das, was wir gut können.« Mittlerweile wissen die Söhne Bescheid, einige Freunde auch, die Welt dreht sich weiter. Die »Schmerzen« der Differenzierung – dem anderen die Möglichkeit zu geben, dort wo es angemessen ist, nach seinen Wünschen zu leben – spürt sie: »Nächsten Sonntag trifft er sich mit einem Mann. Ich hatte gehofft, er lässt es. Aber ich will ihm und mir die Möglichkeit zum Wachsen geben.«

Wenn Paare mit sehr unterschiedlichen Vorlieben, wie hier Moni und Sebastian, aufeinandertreffen, kann es passieren, dass der Überlappungsbereich der sexuellen Wünsche der Partner stark variiert. Das führt manchmal dazu, dass die »erotische Entwicklung freundlich verhindert werden kann«, wie Prof. Ulrich Clement schreibt.[68] Und dass bei erotischen Abstimmungsprozessen das Nein mächtiger als das Ja ist. Wunsch und Abneigung hinsichtlich einer erotischen Interaktion könnten kompromissbereit verhandelt werden, aber auch als ein gemeinsames Entwicklungspotenzial, das in der Differenz liegt. »Ob Irritationen ängstlich oder neugierig machen, ob sie als bedrohlich oder belebend angesehen werden, hängt ganz von der Perspektive des ›Beobachters‹, des Partners also, ab«, so Ulrich Clement weiter. Als eine Intervention, das Entwicklungspotenzial zu nutzen, hat Clement »Das ideale sexuelle Szenario« entwickelt. Ich habe darüber schon in Zusammenhang mit »Sexueller Kollusion« berichtet.

ÜBUNG

Das ideale sexuelle Szenario nach Prof. U. Clement

Unabhängig von deinem Lieblingsmenschen gilt es, ureigenste Wünsche im Hinblick auf eine erotische Begegnung auf einen Zettel zu schreiben, jeder für sich in einem ruhigen Moment. Stelle dir vor, du dürftest ganz egoistisch sein, aufschreiben, was du dir sexuell wünschst, wann, wo und mit wem du was gern tun würdest, was am berauschendsten und erregendsten für dich wäre. Dabei geht es weniger um deine Gefühle, sondern vor allem um deine Aktionen.

Die Original-Übung stammt aus einem therapeutischen Setting, das Besprechen der Szenarien erfolgt dann in einer Therapiesitzung, weil da schon eine ganze Menge Zündstoff für das Paar drin sein kann. Ihr könnt die Übung aber auch durchaus allein machen, mit klarer Absicht, euch die Szenarien gegenseitig zu zeigen und dadurch die Wünsche und Bedürfnisse des jeweils anderen kennenzulernen und gegebenenfalls das eine oder andere »Fremde« spielerisch und im Konsens auszutesten. Im Zuge dessen möchte ich noch einmal auf die Challenges von Jana Welch in ihrem Buch »Sex that Connects« verweisen. Drei davon laden übrigens in den Bereich von BDSM ein.

Offene Beziehung – auch eine Möglichkeit

Es kommt vor, dass sich Paare an mich wenden, die im Rahmen ihrer Differenzierung auf die Idee kommen, ihren unterschiedlichen sexuellen Bedürfnissen einvernehmlich mit dem Öffnen der Beziehung zu begegnen. Sie fühlen sich in vielen Dingen sehr verbunden, aber hinsichtlich ihrer sexuellen Wünsche, Gedanken und Bedürfnisse kommen sie nicht auf einen zufriedenstellenden Nenner. Sie sehen diese Option als einen tauglichen Lösungsversuch, spüren aber doch gewisse Unsicherheiten ob dieses Abenteuers. Das gehört nicht zu unseren Erfahrungen, keiner hat es uns in unserer Kultur beigebracht. Statt »offener Beziehung« kennen wir nur die tausend Geschichten von Fremdgehen, von Affären, die immer wieder mit großen Verunsicherungen, Verletzungen und Leid einhergehen. Diese Paare wollen aber auf Augenhöhe, im Konsens miteinander mit sexuellen Kontakten außerhalb der Zweierbeziehung umgehen und möchten wissen, was sie bedenken, beachten sollten, um diesen Prozess für beide verträglich zu gestalten. »Besiegeln Sie nicht sofort ein neues Beziehungsmodell, sondern einigen Sie sich mit Ihrem Freund auf ein Experiment, bei dem Sie beide die Hauptpersonen sind und bei dem Sie sich viel darüber austauschen, wie es gerade so ist – für Sie und für ihn«, rät auch die exzellente Paar- und Sexualtherapeutin Dr. Angelika Eck einem Paar im Buch »Schlafzimmerblick«[69].Es gilt auf jeden Fall auszuloten, was weiter exklusiv für das Paar gilt, was sein darf, konkrete Absprachen über Transparenz. Auch Dinge wie Verhütung und Vermeidung von sexuell übertragbaren Krankheiten gehören angesprochen. Es gibt kein Patentrezept!

Immer wieder kommen allerdings Paare in die Beratung, weil einer von beiden den Wunsch nach Öffnung der Beziehung in den Raum gestellt hat, da für ihn oder für sie sexuelle Langweile oder absolute Unzufriedenheit herrschen. Das ist keine gute Basis für das Gelingen einer Öffnung der Beziehung, das ist einfach nur ein Dilemma. Da steht es dann an, in eine Klärung der unterschiedlichen Bedürfnisse, der verborgenen Konflikte zu investieren. Mit all den in anderen Abschnitten schon beschriebenen Möglichkeiten kannst du schauen, ob deine grundsätzlichen Paarprobleme oder spezielle Missverständnisse im Liebesleben ausgeräumt werden können, damit wieder Lebendigkeit, Freude und Genuss einziehen. Nicht zuletzt stellt sich aber auch manchmal die Frage: Trennen wir uns? Wie viele Paare in den besten Jahren haben nicht eine Scheidung hinter sich und sagen rückblickend: Das war die beste Entscheidung in meinem Leben!

5 Sprachen der Liebe

Erwähnen möchte ich unbedingt die »5 Sprachen der Liebe« als ein Bild für Kommunikation, das mittlerweile vielen geläufig ist. Sie wurden von Gary Chapman, einem großen Paartherapeuten und Forscher in Liebesdingen, entwickelt. Es ist ein Versuch, zu kategorisieren, wie unterschiedlich Menschen Liebe ausdrücken und empfangen.

EXKURS

Die 5 Sprachen der Liebe

1. Worte der Anerkennung
2. Zweisamkeit, gemeinsame Zeit ohne Ablenkung
3. Geschenke, auch in Form von Gesten
4. Hilfsbereitschaft, etwas für den anderen tun
5. Körperliche Berührung und Nähe, von Umarmung bis Sex

Die Idee zu den Liebessprachen ist, dass jeder Mensch seine eigene Sprache erlernt hat und in dieser vorwiegend seine Liebe ausdrückt. Wenn nun aber Partner in unterschiedlichen Liebessprachen unterwegs sind, die Sprachen des anderen nur lückenhaft beherrschen, kann es zu Missverständnissen, Verletzungen, Gefühlen von Missachtung kommen. Du kannst deine Liebessprache und die deines Partners durch einen Test ermitteln. (Zahlreiche Möglichkeiten dafür findest du im Internet.) Bei den Paaren in der Beratung, vor allem denen mit *Desire Descrepancy*, also Unterschieden in der Lust auf Sex, denen ich den Test anbiete, kommt überdurchschnittlich oft auf der Seite der Frauen die Liebessprache »Zweisamkeit« raus, bei den Männern »Körperliche Berührung«. Wohlverstanden, als Sprache der Liebe, nicht als Sprache des Triebes. Der Trieb spricht eben für die Liebe mit.

Das Konzept der »5 Sprachen der Liebe« finde ich grundsätzlich hilfreich. Das Bewusstsein darüber, wie unterschiedlich wir unsere persönlichen Interaktionen bewerten, kann uns helfen, Taten, Worte, Gesten des anderen in völlig neuem Licht zu sehen. Hast du die Blumen des Partners achtlos in die Vase gesteckt und gedacht »Dem fällt auch nichts mehr ein!«, kannst du es nun als bewusst für dich gewählt, mit Liebe ausgesucht sehen und »Danke!« sagen. Und du verstehst jetzt auch, warum er oder sie deinen Wünschen nach Tanzkursen und Ausflügen gegenüber sehr reserviert reagierte. Und ihr könnt den ausgewerteten Test als Anlass nehmen, über diese Art Missverständnisse zu reden und über eure Lieblings-Liebessprache aufzuklären. Vielleicht kennst du ja die Geschichte von dem alten Ehepaar, das erst kurz vor dem Tod herausbekam, dass der Mann die Suppe, die die Frau täglich kochte, weil sie dachte, sie wäre sein Lieblingsessen, nur aß, weil er dachte, er täte ihr einen Gefallen.

In unserem Kontext hier: Du musst als Frau nicht dein Leben lang beim Sex Stöhngeräusche machen und den Orgasmus faken – ihm zuliebe. Und als Mann so tun, als ob du es nicht merkst – ihr zuliebe. In welcher Liebessprache wäre das zu klären?

Da kommen wir an die Grenzen der 5 Liebessprachen. Die Theorie stammt aus einem westlich-christlichen Kontext. Gary Chapman war auch Pastor und legte viel Wert auf eine romantische Paarbeziehung. Die 5 Sprachen sind ein praktisches Werkzeug, aber kein Dogma. Wir können durchaus in mehreren von ihnen relativ flüssig unterwegs sein und haben auch noch ein paar Dialekte parat, je nach Lebenssituation.

Gern gebe ich in der Beratung eine Kommunikations-Bestandsaufnahme von Michael Sztenc mit, wieder aus seinem Buch für Männer »Klappt's?«[70]. Das ist auch für Frauen sehr interessant, die ja sowieso öfter die treibende Kraft sind, wenn bei ihrem Liebsten mal was nicht mehr ganz so läuft, wie es soll.

ÜBUNG

Wie zeigen wir uns gegenseitig unsere Liebe?

- Auf einem Zettel beantwortet ihr beide für euch allein diese Frage. Bitte bleibt dabei bei konkreten Handlungen, Alltagsdingen wie Kaffee ans Bett bringen, Kinokarten besorgen …
- Vergleicht eure Antworten.
- Habt ihr das Gefühl, eure Liebe kommt an? Habt ihr diese Art von Liebesbeweis jeweils als solchen wahrgenommen?
- Könnt ihr ein Muster in euren Sprachen der Liebe erkennen?
- Liebt ihr aneinander vorbei oder versteht ihr euch? Wie könnt ihr euer Sprachverständnis miteinander verbessern?

Wie zeigen wir uns gegenseitig unser Begehren?

Beantwortet auf gleiche Weise die Frage zur Sprache des Begehrens!

Seid gespannt darauf, was ihr bis jetzt überhört oder missverstanden habt!

Willingness

Den Begriff der *Willingness*, der Bereitschaft, habe ich zuerst bei Esther Perel gehört. Sie spricht damit im Wesentlichen die Frauen an. Das Wort »Bereitschaft« finde ich persönlich aber unerotisch und möchte hier gern weiter über *Willingness* reden.

In einem Video über »erotische Paare« sagt sie: »Erotische Paare sind motiviert. Sie schätzen Sexualität. Sie schätzen diesen Teil ihres Lebens.« Und weiter, mehr an Frauen adressiert: »Sie wissen, dass es sich lohnt, sich zu engagieren, auch wenn sie nicht wirklich begeistert sind.« Sie engagieren sich, weil sie wissen, dass das Spiel mit Erregung zart beginnen kann, sich dann entwickelt und zum Schluss beide mit Genuss gewinnen.

Ich höre in der Beratung so oft: »Ich habe nie Lust. Aber wenn ich mich dann mal drauf einlasse, dann ist es doch immer richtig gut.« Warum reicht diese letztlich gute Erfahrung bei den meisten nicht aus, um öfter ein erotisches Techtelmechtel zu initiieren?

Wie kommst du in diese *Willingness*? Es könnte einfach deine bewusste Entscheidung sein. Und vor allem, die Relativierung von »Nur spontaner Sex ist richtig geiler Sex!« hin zu bedingungsloser Wertschätzung von responsivem Liebesspiel in allen *Highlights*. Auch das Wissen, dass eine gute Menge an eher durchschnittlich aufregendem Sex zum Liebesleben von Langzeitpaaren dazugehört, um das zu erleben, was wir gerne den fabelhaften aufregenden »spontanen Sex« nennen.

Hilfreich ist es, schon kreative Lösungen für eure »Problemzonen« (Behinderungen, gesundheitliche Einschränkungen, Unterschiede im Verlangen, unterschiedliche sexuelle Vorlieben) zu kennen. Noch besser, ihr habt schon gewisse Routinen und Rituale, also Anzeichen von Verführungsverfügbarkeit etabliert. Ich erinnere an meinen Siesta-Tipp.

Und sicher wäre es wichtig, sich aller Grolls und Neins bewusst zu werden und sie mit Reden, Spielen, Sich-beraten-Lassen auszuräumen. *Willingness* kann jedenfalls ein exzellenter Ausgangspunkt im Spiel der Lust und Liebe sein.

Mich hat schon vor vielen Jahren die Aussage meiner Coaches in Sachen Transformation, Ariel und Shya Kane, beeindruckt und in meiner eigenen *Willingness* beeinflusst. Sie sagten damals, dass sie sich versprochen hätten, den Wunsch des anderen nach gemeinsamer Zärtlichkeit, nach Sex, nie unter einem Vorwand abzublocken. *Willingness* pur. Wann immer ich die beiden als Paar erlebe, sehe ich Offenheit, gegenseitige Wertschätzung und viel Liebe.

Was ich von den beiden noch gelernt habe, passt, wenn wir *Willingness* – Bereitschaft – etwas allgemeiner sehen. Ein Leben, in dem das Rechthaben nicht dominiert, tut jeder Beziehung, jeder Liebesbeziehung gut. »*Say yes to your life*« ist eine Anregung der Kanes. Inspiriert davon habe ich mir mit 56 wieder einen Rucksack aufgesetzt und bin mutterseelenallein nach Südamerika gereist, bin insgesamt neugieriger geworden. Schau auch du, was sich machen lässt, statt zu klagen und im Klagen zu verharren, wenn eine Herausforderung auftaucht. Das haben wir eigentlich schon lange mit anderen Vorzeichen von dem amerikanischen Theologen Reinhold Niebuhr[71] gelernt, der einst sagte: »Gott gebe mir die Gelassenheit, die Dinge hinzunehmen, die ich nicht ändern kann. Den Mut, die Dinge zu ändern, die ich ändern kann. Und die Weisheit, das eine vom anderen zu unterscheiden.«

Ariel und Shya haben drei Ideen für Transformation[72] – das Erkennen eines Verhaltensmusters in einem Augenblick – formuliert:

- *Alles, gegen das du dich wehrst, bleibt bestehen und wird stärker, beherrscht dein Leben:* Für eine Beziehung kann das bedeuten: Du siehst diejenigen Dinge an deinem Partner bzw. deiner Partnerin, mit denen du nicht einverstanden bist, konzentrierst deine Aufmerksamkeit darauf und siehst kaum noch die positiven Dinge, die dich am Anfang zu ihm oder ihr hingezogen haben.

- *Zwei Dinge können nicht denselben Raum zur selben Zeit einnehmen:* Sie legen dir damit nahe anzuerkennen, dass du nicht anders sein kannst, als du in jedem beliebigen Augenblick bist, und dass alles, was jemals in deinem Leben passiert ist, nur auf die jeweilige Weise passieren konnte. Da gibt es immer Widersprüche. Das heißt nicht, dass du dein Schicksal nicht beeinflussen könntest – du kannst immer auch Entscheidungen neu treffen und dein Leben weitgehend selbstständig führen – aber es wird dich von einem Leben des Bedauerns und Sichschuldigfühlen befreien.
- *Alles, was du genauso sein lässt, wie es ist, ohne dass du versuchst, es zu verändern oder zu verbessern, wird sich von selbst vollenden:* Was für ein Versprechen! Das braucht zusätzliche Erklärung, gerade wenn wir in diesem Buch auch über Krankheiten reden. Es geht nicht um Heilversprechen. Mehr darum, einen Umgang damit zu finden. Ein simples Beispiel wäre eine Situation in einem Restaurant, in dem du zu zweit für ein heiß ersehntes Dinner einkehrst. Und ihr werdet an einen Tisch geleitet, wo nebenan eine Gruppe lautstark parliert. Ärgerst du dich darüber, wirst du dich nicht lösen können. Fängst du an, dein Essen zu bestellen, dich zu unterhalten, kann es passieren, dass du irgendwann überrascht feststellst, dass die Nachbarn längst verschwunden sind.

Ich habe mich mit dieser letzten Idee schon diverser Ärgernisse entledigt, sprich der Ärger ist einfach verschwunden. Letztlich weil der oder diejenige, über den ich mich geärgert hatte, einfach alte Trigger, Verletzungen aus der Kindheit oder dem Lauf des Lebens, getroffen hatte.

In dem Sinne äußert sich auch die kluge Emily Nagoski zur Idee des Nichtbewertens in ihrem Buch »Come Together«[73]: »Der Schmerz schwingt in der Gegenwart mit, nicht unbedingt, weil er noch nicht geheilt ist, sondern weil unser Gehirn gelernt hat, Situationen zu fürchten, die in der Vergangenheit schädlich waren.« Wie eine Wunde, die längst geheilt ist, aber von der du noch immer gut erinnerst, unter welchen Umständen sie dir zugefügt wurde. Der Kreis zur *Willingness* im sexuellen Kontext schließt sich hier wieder. Manchmal wirst du an eine alte emotionale Verletzung erinnert, die lange her ist. Das Nichtbewerten hilft dir, dich auf einen möglichen zarten Moment einzulassen.

Und hier kommen noch ein paar spielerische Anregungen: *Willingness made easy*!

»Erweiterung der Speisekarte« – neue kreative Wege

ÜBUNG

Eine Einladung

Wie war es, als ihr noch getrennt wohntet und euch erwartungsvoll auf einen gemeinsamen Abend vorbereitet habt? (kleine Anmerkung: Auch da war nicht alles ganz spontan!) Also: Du planst ein Treffen (einen ganzen Tag, einen Abend?) und machst dir ein paar Gedanken, wie es ablaufen könnte. Du bist nicht allein für die gute Laune zuständig, bereitest aber einiges vor, lässt dir etwas einfallen und machst Vorschläge: z. B. Candle-Light-Dinner oder Picknick, Liebesfilm anschauen, Badewanne, Seestern … Viel Spaß!

Wichtig: Die Aktionen verlaufen im Einvernehmen, sag, dass statt Blumen oder Konfekt bitte *Willingness* willkommen wäre![74]

Es folgt ein besonderes, für alle gut verträgliches Menü. Es kann den Appetit wunderbar anregen, auch bei denen, die auf Diät gesetzt wurden. Ich denke da an Männer nach Prostata-OPs, unter Antihormontherapie oder mit anderen Erektionsproblemen. Es geht mir dabei nicht darum, die Erektion wieder herzuzaubern, sondern um das Genießen von Berührung am schlaffen Penis. Auch für Frauen ist das erst mal ungewohnt, aber erotisierbar. Für sie ist die Yonimassage, die ich gleich erklären werde, etwas, bei dem der Druck des sofortigen Erregt-sein-Müssens raus ist. Ein Aspekt, der für Männer mit Erektionsproblemen durchaus sehr nützlich sein kann. Außerdem kann sie für Frauen Lust ohne Penetration, die wegen besonderer Bedingungen vielleicht (gerade) nicht möglich ist, bedeuten.

ÜBUNG

Intimes Berühren:
Yoni-Massage und Lingam-Massage

Die nächsten beiden Vorschläge kommen auf den ersten Blick sehr frivol daher. Sie können lustvoll und erregend sein, jedoch auch still und entspannend. Ich nutze dafür die Sanskrit-Worte für Penis Lingam und für Vulva Yoni, die auch im Tantra geläufig sind.

Vorbedingungen für beide Spiele sind ein warmer Raum, ein Öl und, dass ihr es bequem habt. Einer oder eine liegt entspannt, der oder die andere entsprechend bequem, wie es das Berühren braucht. Bei der Yoni-

Massage kann ein festes Kissen unter dem Becken sinnvoll sein. Habt Zeit, seid in entspannter Stimmung.

Der aktive Part: Beginne mit Berührungen am ganzen Körper, langsam und sanft. Sei präsent und bereit zu geben (wobei du auch immer was bekommst!).

Bist du neugierig, ganz Auge und Ohr? Es gibt landauf, landab sogenannte »Handarbeitskurse«. Typischerweise lernen in diesen kleinen Workshops, getrennt nach Geschlechtern, Männer, die Vulva zu berühren, und Frauen den Penis. Geübt wird an Vulva- oder Penis-Abdrücken aus Silikon oder einfach mit einer Piccolo-Sektflasche. Ich kann das nur empfehlen. Lernen, was Spaß macht! Eine andere wunderbare, schnell umzusetzende und preiswertere Möglichkeit wäre, dir eine Kurzanleitung von Yella Cremer zu bestellen.[75]

Wann immer du in erotischer Hochstimmung bist, genieße dieses Wohlgefühl danach und lass es dich weiter wärmen. Kennst du das auch, dass dich Dinge, die dich sonst schnell aufregen würden, die sprichwörtliche rumliegende Socke, in dieser Stimmung überhaupt nicht tangieren? Bleib einfach in dieser heiteren Laune.

ÜBUNG

Foreplay starts after the last orgasm!

Die Empfehlung von Esther Perel »Das Vorspiel fängt gleich nach dem letzten Orgasmus an!« bedeutet, immer in einer zugewandten Aufmerksamkeit füreinander zu bleiben, und bereichert euer Leben zu zweit. Es lässt euch Momente intensiv erleben, weg von *Per-*

formance, hin zu Sinnlichkeit, Genuss und Präsenz. Wenn du dir das wünschst, dann probiere doch dieses besondere Dessert: das genussvolle Essen eines reifen Pfirsichs (mit Schokolade kannst du es ähnlich zelebrieren, wenn kein Pfirsich zur Hand ist.)

Habt ihr gerade ein bisschen Zeit und einen reifen, saftigen Pfirsich? Dann schau ihn dir an, schnuppere, nimm den Duft bewusst wahr, fühle die samtige Oberfläche und nimm ihn dann. Beiß langsam, absichtsvoll hinein. Spüre die so pfirsich-typische Textur, den Geschmack, den Saft. Lass ihn laufen, tropfen – hab Spaß damit. Falls ihr zu zweit seid: Haltet Augenkontakt, beobachtet euch beim Genießen, bei dem Vergnügen.

Variante: Ihr könnt euch auch gegenseitig füttern – das gilt nicht nur für Pfirsiche!

Apropos lecken und schlecken: Die Zunge und der Mund, die Lippen sind besonders intensiv innerviert und sensibel. Sie waren unsere ersten Freudenspender an der Mutterbrust. Langsam mit der Zunge über die Lippen zu fahren, ist für die meisten eine erotische Geste, auch zum Verführen geeignet. Finger, die bei dem anderen über die Lippen fahren, schön. Es braucht natürlich eine entsprechende Atmosphäre dazu.

Toys und so

Ich bin nicht *Toy-affin*, ich kenne mich auch nicht wirklich aus. Diese Welt hat sich enorm verändert in den letzten Jahren. Vibratoren, schon im 19. Jahrhundert bekannt, da aber eher für medizinische Zwecke am ganzen Körper angewandt und höchstens hinter vorgehaltener Hand für die

Klitoris, wurden erst in den 1960er-Jahren für die Lust entwickelt und vermarktet.

MUTMACHGESCHICHTE

Himmlische Höhepunkte

Ein gutes Beispiel für die Güte von erotischem Spielzeug waren Erika, 82, und ihr Gatte Herrmann, 83. Erika kam in die Beratung, weil sie nicht mehr zum Orgasmus kam und Herrmann quasi darauf bestand, und das Liebesleben blockierte. Er wollte nicht der Einzige sein, der was davon hatte, sprich einen Orgasmus. Erika war das große O gar nicht so wichtig, sie genoss das Kuscheln und vermisste es jetzt sehr. Wir haben geredet, Übungen nach *Sexocorporel* gemacht, ihn miteinbezogen, das Liebesleben kam wieder in Schwung, aber nicht ihr Orgasmus. *Toys* habe ich nicht angesprochen. Ein paar Wochen, nachdem wir uns verabschiedet hatten, kam eine geheimnisvolle Botschaft: »Wir haben eine Idee. Wenn das funktioniert, sage ich Ihnen Bescheid.« Ich war gespannt. Die nächste Nachricht kam wenig später: »Es ist wunderbar, ich komme zum Höhepunkt. Und wissen Sie, wie? Wir haben jetzt einen Vibrator.« Glückwunsch!

Heute surrt und brummt und saugt es auf vielfältige Art und Weise, mit bizarren Formen, und es ist so viel dazugekommen. Der letzte Schrei (was ich so mitkriege): *Sextoys* mit Fernbedienung und App. Aber da ich in meiner so langen Ehe mit unseren Naturprodukten und dem, was man damit machen kann, sehr zufrieden war, habe ich mich darum nicht gekümmert. Aus beruflichem Interesse habe ich mir vor ein paar Jahren einen Vibrator besorgt. Aber was soll ich sagen, der liegt in der Schublade. Auch in der *Sexocorporel*-Ausbildung war man zurückhaltend: Macht schnelle, aber flache Befriedigung, Frauen würden sich eher davon abhängig machen. Beckenschaukel, tiefes Atmen, gute intime Verbindung versprechen deutlich höheren Genuss. Ich könnte auch meinen, ein gegenüber Sexspielzeug skeptischer Artikel auf Zeit online von Katja Lewina vor ein paar Tagen würde meine Zurückhaltung unterstützen. Aber die protestierenden Leserkommentare belehrten mich eines Besseren. Und natürlich habe ich Berührung in der Beratung mit der Welt der Fetische, mit Bondage oder auch Pornokonsum und sehe, wie diese Dinge manche erfreuen und erregen. Ich sehe aber auch, dass sie zu Konflikten führen können. Auf jeden Fall ist die Verwendung von *Toys* selten die Lösung, wenn die Sexualität völlig brachliegt. Da gilt es weitblickend nach Wegen aus der Einöde zu schauen. Aber als wirkliches Spielzeug, als Anreger aller Sinne kann ein *Toy* sicher für viele den Spaß erhöhen oder auch darniederliegende Funktionen unterstützen, wie z. B. der Penisring bei Erektionsstörungen oder der Vibrator für den Orgasmus.

In dem lesenswerten Buch »Super Sex beginnt mit 50« von Tracey Cox[76], die insgesamt sehr viel euphorischer als ich Vibratoren für so ungefähr alle Lebenslagen empfiehlt, fand ich einen Hinweis, den auch ich sehr nützlich finde: »Wenn Sie sich früher mit ihren Fingern selbst befriedigt haben, ist das vielleicht nicht mehr möglich, weil die Handgelenke nicht kräftig oder die Finger arthritisch sind. Die modernen Vibratoren lösen dieses Problem mit Knopfdruck.«

Meine Empfehlung für Anfänger: Verabredet euch für einen Besuch im Sex-Shop, macht einen Ausflug nach Hamburg, besucht die supergroße »Boutique Bizarre«[77] auf der Reeperbahn oder »Fuck you«[78], etwas alternativer, und lasst euch animieren. Abends lohnt sich ein Besuch im »Bunny Burlesque«, einer künstlerisch wertvollen Show, wo Tänzerinnen stilvoll ihre Hüllen fallen lassen, emanzipiert und selbstbewusst. Niedrigschwellig und locker bezahlbar. Oder blättert im Internet in Seiten wie Amorelie, Orion, Eis …

Erfolgsgeschichten – spielerische Anleitungen und kleine Abenteuer für den Alltag

MUTMACHGESCHICHTE

Hüftprobleme? Ach, Quatsch – je länger, je lieber!

Meine Freundin Lilli, 78, hat vor einem Jahr ihren neuen Freund Richard, 70, auf einem Geburtstagsfest kennengelernt. »Wir gingen ab, wie Nachbars Lumpi«, war ihr Kommentar. Sie wohnen eine Tagesreise auseinander, aber das hindert sie nicht, so oft wie möglich mehrere Tage hier oder da zusammen zu verbringen. »Bisschen Probleme haben wir schon beim Sex«, sagt sie. Erektion ist noch super, aber sein dicker Bauch und ihre immer heftiger schmerzende und bewegungseingeschränkte Hüfte erschweren das Zueinanderkommen. »Wir kriegen das aber hin. Richard hält meine Beine hoch, kommt mehr von hinten!« Sie nähern sich mit den schlichten Worten: »Woll'n wir uns mal nackig machen?« Und das wollen sie noch ziemlich oft!

Mein Rat: Viele Kissen können helfen, deine Position zu stabilisieren. Außerdem machst du dir damit ein gemütliches »Lotterbett«. Du darfst auch ein Schmerzmittel nehmen, wenn du weißt, dass dir dann Bewegung leichter fällt! Ja, nur für so was Profanes wie Sex! Die Alternative bei Lilli ist eine neue Hüfte. »Kommt!« sagt sie.

Die Paare, die zusammen alt werden – in Liebe und mit lebendiger, verspielter Sexualität – trifft der Abschied durch den Tod besonders hart. Besonders schön, wenn beide sich Berührung und Zärtlichkeit lange erhalten.

MUTMACHGESCHICHTE

Auch eine Liebesgeschichte

Albert aus meinem Bekanntenkreis ist Ende 70. Bei einem zufälligen Treffen setzten wir uns ins Café und kamen ins Gespräch. Auch über mein Buchprojekt, und das ließ ihn sich mir anvertrauen. Sein Leben lang hatte er mit seiner Frau verbracht. Sie hatten sich schon in der Schule kennengelernt, zusammen studiert, Kinder bekommen, gearbeitet, waren gereist. »Ein erfülltes Leben«, sagte er. Bis sie krank wurde, Krebs. Und irgendwann nur noch lag, bis sie zu Hause starb. »Wir hatten immer schönen Sex, ich glaube, das kann ich auch für sie sagen. Auch als sie krank war, noch lange. Bis zum Schluss haben wir uns zärtlich berührt. Ich vermisse sie sehr, bin einsam - trotz aller, die sich um mich kümmern und die ich auch mag.«

Das Gespräch hat mich sehr berührt und mir gezeigt, wie wichtig es ist, sich den erotischen Raum selbst offen zu halten und auch dafür zu sorgen, dass die Bedingungen dafür erhalten bleiben.

MUTMACHGESCHICHTE

Prostata und Parkinson

Christoph, 74, und Laura, 65, sind ein besonderes Paar. Sie haben sich vor 15 Jahren über die Arbeit kennengelernt und haben sich langsam verliebt, so vor acht Jahren. Sie wohnen nicht zusammen. Laura hat am Anfang gesagt: »Ich habe damit abgeschlossen!« Ihr Grund dafür: übergriffige Erfahrungen in der Jugend und in ihrer Ehe. Das fand Christoph nicht so toll, und er konnte sie von Mal zu Mal mehr zu zärtlichen Handlungen verführen. Geleckt zu werden, fand sie sehr erregend. Dann musste er sich wegen Pinkelproblemen einer Prostata-OP unterziehen und erkrankte zusätzlich an Parkinson. »Ich bin ganz schön zitterig. Die Erektion hat sich wieder erholt, den Spaß mache ich mir allein. Wir beide liegen oft einfach nur nackt zusammen und genießen unsere Haut, die Wärme, die Nähe.«

Das tut ihnen gut und macht ihre Beziehung besonders, ist langsam gewachsen und hebt diese Zweisamkeit deutlich ab von anderen Freundschaften. »Die haben was zusammen«, wurde es früher beschrieben – und das ist sehr gut so.

Bei Tim und Jana in der nächsten Mutmachgeschichte war die vertraute lange Ehe auf einmal nachhaltig gestört.

MUTMACHGESCHICHTE

Störfaktor Wechseljahre

In der Beratung habe ich Tim, 55, und Jana, 55, kennengelernt. Das Übliche, könnte ich sagen. Nicht ganz. »Sexuelle Kollusion«, wie Prof. Ulrich Clement das nennt, aber erst, seit Jana in die Wechseljahre gekommen war. Sie ist eine der 30 % Frauen, die es besonders hart erwischt hatte. Trockene Vagina, was schnell zu Schmerzen beim Sex führte. Schlaflosigkeit, Brainfog, Erschöpfung, depressive Verstimmung. Davor, sagen beide, hatten sie ein Liebesleben, das beiden gefiel. Sex mehrmals die Woche, auch in stressigen Situationen im Arbeitsleben und Stress mit einem der Söhne. Doch dann hatte Jana überhaupt keine Lust mehr auf seine Annäherungen, ihr fehlte sein Verständnis für ihre desolate Situation. Er fühlte sich zurückgewiesen und verletzt. Die Verstimmung blieb auch, nachdem fast alle Beschwerden bis auf die Schmerzen durch Hormonersatztherapie behoben worden waren. Ich riet Jana zu einer anderen Creme, um die Verengung der Vagina zu behandeln, das half und war schon die halbe Miete auf dem Weg zur Versöhnung. Das Klären der »Drängeldynamik«, das Verstehen seiner Situation und beider Verletzungen durch das »Laufen in den Schuhen des anderen« ließ sie nach fünf Treffen in größeren Abständen sagen: »Ist wieder gut und neu zugleich!«

Ganz so einfach – ein bisschen Creme, ein bisschen Aufklärung – ist es nicht bei allen Paaren. Aber wenn es dann wieder eine Annäherung auf allen Ebenen gegeben hat, tut das auch dem Immunsystem gut. Das ist in der folgenden Geschichte besonders wichtig. Dabei zählt nicht unbedingt nur genitale Sexualität, sondern vor allem gute Laune, Kuscheln, Nähe und Zärtlichkeit. Sexualität mutiert dann zu einer unerwarteten Ressource, reduziert Stress und Angst, verbessert die Schlafqualität und natürlich die Beziehung.

Ein erotisches Leben nach Brustkrebs ist nicht nur möglich, sondern empfehlenswert!

Ähnlich wie Tim und Jana kamen Stefan, 63, und Conny, 57, wegen Lustdiskrepanz in die Beratung. Conny hatte gerade erst ihre Brustkrebsbehandlung abgeschlossen. Gott sei Dank war es ein kleiner Tumor gewesen, früh erkannt, und sie musste sich nur einer brusterhaltenden Operation und Bestrahlung der Brust unterziehen. Um das Risiko eines Rezidivs zu minimieren, sollte sie mindestens für fünf Jahre eines der typischen östrogensenkenden Medikamente einnehmen, die leider auch Nebenwirkungen wie Hitzewallungen, Schlafstörungen und Gelenkbeschwerden mit sich brachten. Noch dazu kam sie von jetzt auf gleich in die Wechseljahre. Sie musste die Hormonersatztherapie, die sie aufgrund entsprechender Beschwerden gestartet hatte, wegen der Krebserkrankung absetzen. Man kann sich vorstellen, dass es ihr nicht gut ging. Bedrohung durch Krebs, Belastung durch OP und Therapie, schlaflos, schwitzend, völlig erschöpft ging sie durchs Leben. Stefan war bei ihr, unterstützte sie, wo er konnte, vermisste aber ihr lockeres, flockiges Liebesleben von davor. Außerdem war er gerade in seinen Vorruhestand getreten und wollte sein Leben genießen. Und gern auch Sex. Sie wehrte ab. Als sie es versuchten – »ihm zu Liebe«, laut Conny – tat es weh. Der Östrogenmangel hatte schon zugeschlagen: straffere, trockene Vulva- und Vaginalhaut. Die sonst übliche Estriol-Creme sollte sie nach Brustkrebs nicht nehmen.

Verzweiflung schlich sich an. Noch mehr Verletzung auf seiner Seite, als sie sehr früh ihrer Arbeit in verantwortungsvoller Position nachging und sogar zu müde und nicht ansprechbar für Kuscheln und Schmusen war. Auch hier tat Reden gut. Es gab eindeutig eine gute Basis voll Liebe und Wertschätzung. Erwartungen von beiden Seiten wurden offenbart. Das führte zu nützlichen Erkenntnissen, insbesondere auf die Fragen im Zielfragebogen: »Was will ich nicht mehr tun?, »Was möchte ich anders machen, um eine liebevollere unterstützende Beziehung aufzubauen?,« und zur Veränderung im Umgang miteinander. Und auch hier war mal wieder mein Vorteil, Frauenärztin zu sein, nützlich. Es gibt mittlerweile Cremes zur Behandlung der Genitalatrophie, die man mit hoher Sicherheit auch nach Brustkrebs nutzen kann. Sie müssen nur speziell rezeptiert und hergestellt werden. Die habe ich vorgeschlagen, verschrieben und Conny hat sie genutzt. Bis sich der Erfolg einstellte, haben die beiden sich mit *Sensate Focus* wieder körperlich angenähert und Genuss gespendet. Wir konnten uns verabschieden, alle mit strahlenden Gesichtern!

Flirtfieber und Herzklopfen: Neue Liebe im besten Alter

Du suchst eine neue Liebe, weil deine alte sich von dir getrennt hat, du Witwer oder Witwe geworden bist oder ihr eure Beziehung öffnen wollt? Ganz frei bist du noch nicht von emotionalen Altlasten, du hast Erfahrungen gemacht, schöne und schmerzhafte, und hast jetzt bestimmte Vorstellungen, wie ein neuer Partner, eine Partnerin sein und aussehen sollte. Auch die Glaubenshaltungen »Frauen über 50 finden sowieso keinen« und »Männer wollen ja immer eine Jüngere« machen es nicht leicht. Es will also nicht so richtig klappen, oder du traust den neuen Wegen nicht, magst dich vielleicht nicht outen.

Wie einfach war es, neue Beziehungen zu knüpfen, uns auf One-Night-Stands einzulassen, als wir jung waren. Und jetzt nicht mehr? Oder reden wir uns das nur ein? Als ich Mitte vierzig war, teilte mir eine Anfang 50-jährige Freundin mit: »Du wirst sehen, ab 50 schaut sich keiner mehr nach dir um, keiner schaut dir im Restaurant nach, keiner hält dir die Tür auf!« Wirklich? Sie hat sich selbst widersprochen, denn sie lernte später einen Mann kennen, der zwölf Jahre jünger war als sie. Sie heirateten ein paar Jahre später – sie erst noch mit Bedenken, ob das wirklich gut geht. Nun ist sie 80, er 68, sie halten sich zusammen frisch und glücklich. Grade sind sie in Indien zur Ayurvedakur, die Fotos zeigen ein fröhliches Paar.

In der Tat kann es mit über 50 herausfordernder sein. Die Zielgruppe ist kleiner, etliche leben in festen, langjährigen Beziehungen, es gibt nicht mehr so viele Singles. Die »natürlichen« Gelegenheiten scheinen rarer. Keine WGs, wo Leute ein- und ausgehen, kein Mit-Freunden-in-die-Disco-Gehen, in Seminaren unterwegs sein, kaum Mannschaftssport. Dafür alle im Fitnessstudio an Geräten mit Knopf im Ohr. Dazu kommt – besonders bei Frauen – die Vorstellung, nicht mehr interessant zu sein oder selbst nicht kompromissbereit.

»Einen neue Liebe zu finden, ist keine Frage des Alters«, sagt Eric Hegmann, der auch Mitglied im Expertenrat von »Parship« ist, in einem Podcast[79], »es hat eher mit den persönlichen Erfahrungen zu tun, wie ich die Partnersuche erfolgreich gestalten kann … Mit zunehmendem Alter sind das natürlich auch mehr Verletzungen und auch negative Erfahrungen gewesen. Es besteht immer die Hoffnung herauszufinden, wie ich lernen kann, mit diesen Verletzungen und Zurückweisungen umzugehen, etwas Besseres daraus zu machen. Das birgt ja auch die Chance, dass danach etwas Besseres kommt.«

Wie also findest du die neue Liebe?

Dating 50+: So findest du deinen Weg zurück ins Abenteuer der Liebe

Das Thema ist immer noch schambehaftet, ich glaube besonders in unserer Generation. Ich kenne glückliche Paare, die eine erfundene Kennlernstory erzählen, um zu verbergen, dass sie sich »nur« über Parship kennengelernt haben. Andere möchten gar nicht zugeben, dass sie gern wieder einen Lieblingsmenschen an ihrer Seite hätten. Aber allein deine neue Offenheit für das Thema, deine Ausstrahlung, führt überdurchschnittlich häufig dazu, dass du auf einmal »ganz normal« in Versuchung geführt wirst.

MUTMACHGESCHICHTE

Sozusagen Slow-Dating

Lilli, meine Freundin, die ich weiter oben bereits erwähnt habe, damals 65, hatte Lust auf einen neuen Partner. Sie buchte eine Single-Skireise und eroberte den Skilehrer, 69, der auch Single war und diesen Posten ein bisschen zur Tarnung gegenüber seinen Kindern angenommen hatte. Seine Frau war zwei Jahre zuvor an Brustkrebs gestorben, und er hatte Hemmungen, sich den Bedürfnissen nach neuer Bindung und Befriedigung seiner Lust zu nähern. Für die beiden war es ein Glückstreffer. Die Beziehung hat gehalten, bis er sich für immer verabschiedet hat, mit über 80.

Bist du auf Abenteuer aus? Fehlt dir vor allem der Sex in deinem Leben? Bist du sonst gut aufgehoben und brauchst gerade keinen Mann an deiner Seite – ganz im Gegenteil? Da hat sich in den letzten Jahren eine große Spielwiese in der Stadt und auf dem Land entwickelt.

MUTMACHGESCHICHTE

Ich will Spaß!

Tanja, 54, war sehr zufrieden mit ihrem Job. Regelmäßig ging sie tanzen. Von ihrem Mann lebte sie bereits seit einigen Jahren getrennt. Eine Entscheidung, auch beeinflusst von einigen für sie harten sexlosen Jahren, weil er keine Lust mehr hatte und daran auch nichts ändern wollte. Sie schätzten sich immer noch, trafen sich und verbrachten auch mal ein Wochenende zusammen, aber ohne Sex. Tanja fehlte etwas. Sie suchte und fand. Sie traute sich und buchte ein Hotel, etwas weiter weg, in dem eine Sexparty stattfand. Sie fuhr hin, machte sich schön, fühlte sich willkommen geheißen, genoss das exquisite Büffet und den Schampus, kam ins Gespräch mit anderen Gästen, wanderte durch die Räume, voyeuristisch, traf jemanden, den sie attraktiv fand und der sie anzog, und ließ sich auf ein erotisches Spiel ein.

»Mach ich wieder, hat gepasst, genau richtig für mich«, sagte sie, »kann man sich nur nicht jedes Wochenende leisten.«

Wo und wie du Menschen kennenlernen kannst

Offline

Meine verwitwete Freundin offenbarte, dass sie sich doch langsam wieder einen Mann an ihrer Seite vorstellen könnte. »Aber wie soll ich den denn kennenlernen? – Daten? Oh Gott, nein!« Natürlich funktionieren auch die bekannten und bewährten Wege noch. Du hast Arbeitskollegen, du bist öfter im gleichen Café, sitzt in der Bücherei rum, machst Kurse, sei es beim Sport, in der Volkshochschule, du gehst auf Reisen, wenn du willst auch gezielt für Singles. Wandern kannst du auch in entsprechenden Gruppen im Flachland. Und es ist nie zu spät, was ganz Neues anzufangen. Kochen? Tanzen? Singen? Es muss nicht alles gleich Sinn machen und vernünftig sein. Ich selbst habe mit 60 einen Kletterschnupperkurs gemacht – nicht wegen der Männer, die da in der Tat reichlich sind –, sondern aus Spaß. Und ich klettere immer noch mit Begeisterung. Dort überall triffst du Leute, guck sie dir an, zeige dein Interesse, mehr von jemandem erfahren zu wollen. Natürlich auch als Frau – die alten Tanzstundenregeln gelten schon lange nicht mehr. Ich will dich nicht zum *relationship splitting* anstiften – aber nicht alle, die seit Jahren in festen Beziehungen leben, sind dort glücklich.

Einen Tipp habe ich von Eric Hegmann: Wenn du nicht die passende Gruppe findest, gründe selbst eine. Das ist möglich, z. B. über *Nebenan.de* oder *Gemeinsam erleben.com*. Gib mal »Freizeitaktivitäten in meiner Nähe« ein, du wirst dich wundern über die Auswahl der Möglichkeiten.

Reisebekanntschaften haben auch ihren Charme. Unpraktisch, wenn die neue Liebe vor Ort bleibt, toll wenn sich in der entspannten Reisesituation eine Beziehung entwickelt und schon ein bisschen wachsen kann. Ob du nun einfach allein reist oder schon im Angebot von Single-Reisen buchst, bleibt dir überlassen. Bei Single-Reisen kannst du schon gleich deine Zielgruppe orten und quasi die Karten auf den Tisch legen.

Auch ehrenamtliche Tätigkeiten, Engagement in Parteien und Projekten oder Singen im Chor bringen Kontakte und meist Bestätigung. Und noch etwas: Oute dich bei Freunden und Bekannten. Erst recht, wenn du deinen Partner durch den Tod verloren hast. Keiner kann ahnen, wie bereit du wieder für eine neue Beziehung bist. Erlaube es dir, wenn das Bedürfnis nach neuer Bindung, nach Zärtlichkeit erstarkt. Ich kenne nicht wenige, deren Beziehung über ein bisschen Verkuppeln oder Einladungen zu Feiern entstanden ist. Allein, dass du bereit bist für was Neues und das auch ausdrückst in Haltung und Selbstbewusstsein, macht dich attraktiv und sichtbar. Mach dich selbst frei von starren Erwartungen. Auch wenn dir deine »Werte« wichtig sind, sei in manchen Dingen kompromissbereit, insbesondere beim Aussehen. »Dicker Bierbauch geht gar nicht!« – »Doch«, sagt Lilli, »kommt drauf an, wer dranhängt. Und irgendwie ist es auch kuschelig, hab ich gemerkt!«

Immer noch gibt es »Liebe auf den ersten Blick«. Aber

Eile mit Weile beim Kennenlernen, wirklich neugierig sein, kann dir auch neue Lebensfreude zuspielen.

Online

Diverse Zeitungen haben weiterhin ihre Kennlernanzeigen. »Sie sucht ihn«, »Er sucht sie«, »Sie sucht sie«, »Er sucht ihn«. Das ist für manche der Suchenden 50+ der niedrigschwellige Eintritt in diese Szene. Gesucht wird in Zeitungen, die die »eigene Blase« abbilden, beruflich, intellektuell oder aktivitätenbezogen. Seit vielen Jahren nun geht der Run zum Onlinedating. Wer kennt nicht die Reklametafeln von *Parship*? Viele Jahre mit dem Motto »Finde, wer zu dir passt« und jetzt »Dating, das passt«. *Elitepartner* ist eine andere, als seriös eingestufte bekannte Partnerschaftsbörse. *SilberSingle*, seriös und zielgerichtet, versorgt Datende ab 50. Die Kosten liegen bei den Portalen bei 40–80 Euro. Sie bieten im Allgemeinen bessere Profile, mehr Sicherheit und weniger Fake-Profile. *Tinder*, verschrien als Börse für Bettpartner, hat durchaus auch das Format, dort jemanden für eine feste Beziehung zu finden. Immer mehr 50+-Nutzer sind mitten unter dem eher jüngeren Publikum. Die Basisversion ist kostenlos. *Gleichklang.de* wirbt damit, die alternative Partnervermittlung für sozial und ökologisch denkende Menschen zu sein. *Lesarion.com* ist die größte Dating-Community für Lesben und queere Frauen. Auch *Parship* hat eine eigene Seite für die *Gay*- und *Lesbian-Community*. Als Suchmaschinen für *Casual Dating*, also Sex, gelten *C-Date.de*, *Gelegenheitssex.com*, *ErotikPur.de*, um ein paar zu nennen. Geschmackssache. Sie bieten Spaß ohne Verpflichtung, diskrete und anonyme Abenteuer ohne Konsequenzen.

Egal wie, es gibt einiges zu beachten, einmal um erfolgreich zu sein, andererseits um nicht über den Tisch gezogen zu werden. Du setzt dich gewissermaßen in ein Schaufenster und solltest dafür ein authentisches Profil erstellen mit klarer, freundlicher, vielleicht auch humorvoller Beschreibung, wer du bist, und mit einem aktuellen Foto. Gib keine persönlichen Daten preis, texte nicht zu lang, sondern triff dich zügig, mindestens per Zoom. Für ein persönliches Treffen solltest du einen öffentlichen Ort vorschlagen.

Achtung bei unklaren Angaben, schnellen und übertriebenen Liebesbekundungen, Bitten um Geld und wiederholtem Hinauszögern von persönlichen Treffen. Nicht alle glücklichen Paare um dich herum outen sich, wenn sie sich über eine Dating-App kennengelernt haben. Komischerweise hat es immer noch etwas Minderbewertetes gegenüber einem sich Kennenlernen in »freier Natur«. Ich kenne mehr als ein Dutzend, die jetzt schon lange zusammen glücklich sind. Dass man »matcht« von vornherein – so wird man sich ja auf den Plattformen grundsätzlich zugeteilt – scheint Vorteile zu haben!

Wenn Schmetterlinge plötzlich auf Finanzfragen treffen: praktische Tipps für neue Partnerschaften

Dieses asexuelle Thema hat seine Berechtigung in diesem Buch. Bei neuen Partnerschaften 50+ sind Finanzthemen oft sehr sensibel, nicht nur zwischen den frisch Verliebten, sondern auch im Hinblick auf die nahen Anverwandten, sprich die Kinder.

Spätestens, wenn Zusammenziehen oder größere Anschaffungen anstehen, sollte offen über Einkommen, Renten, Schulden, Vermögen, Altersvorsorge und über bestehende Verpflichtungen, z. B. Unterhaltszahlungen, geredet werden. Transparenz ist wichtig. Bewährt hat sich, wenn beide – zumindest am Anfang – ihr eigenes Konto behalten und eine Kasse für gemeinsame Ausgaben etablieren. Dazu gehört auch, über die »gerechte« Kostenverteilung zu reden:

halbe/halbe oder entsprechend der objektiven Möglichkeiten jedes Einzelnen? Frühzeitig gilt es, über Testament und Erbfragen zu reden.

Immer wieder sehe ich Konflikte in Patchworkfamilien, die schon in jungen Jahren gegründet wurden, wenn es bei unterschiedlichen Vermögensverhältnissen um das Erbe geht. Dieses lästige Thema, das man noch so weit weg wähnt, bitte angehen, am besten mit Beratung von Experten. Genauso solltet ihr nicht vergessen, eine Vorsorgevollmacht und eine Patientenverfügung zu erstellen. Besser man hat solche Dinge und braucht sie dann nicht als umgekehrt.

Heiraten wir? Als I-Tüpfelchen auf dem späten Glück? Auch das gilt es, individuell zu betrachten. Die einen würden dadurch Witwen- oder Witwerrente verlieren. Für Frauen mit sehr geringer Altersvorsorge dagegen könnte es eine gute Absicherung sein, falls der Partner ihr im Falle seines Ablebens seine gute Rente zukommen ließe. Klarheit und schriftliche Absprachen vermeiden Missverständnisse und geben jedem das Gefühl von Eigenständigkeit und Freiheit.

MUTMACHGESCHICHTE

»Ich dachte, ich wäre zu alt fürs Verlieben – und dann kam sie!«

Jochen, Ende 70, Witwer seit drei Jahren, fühlte sich einsam. »Sonst fehlt es mir an nichts. Die Kinder sind reizend, die Enkel kommen vorbei, Freunde laden mich rund um die Uhr ein. Aber im Bett liege ich allein, keiner kuschelt mit mir. Wenn ich nach Hause komme, fantasiere ich immer noch, Erika wäre da und nähme mich gleich in den Arm.« Jemand gab ihm den Tipp: »Buch mal eine Kreuzfahrt«. Eine normale Kreuzfahrt konnte er sich nicht vorstellen, aber eine auf dem Nil, wo er neben Gesellschaft, Wärme und Abwechslung auch noch seinen Wissensdurst befriedigen konnte, sehr wohl. Gesagt, getan. Und – *surprise, surprise* – er lernte dort eine Frau kennen und lieben. »Zehn Jahre jünger – dass ich das noch mal erleben durfte«, spaßte Jochen. Kleiner Wermutstropfen: Sie mussten reisen, hatten aber Zeit. Nach einem Jahr Fernbeziehung diskutierten sie das Zusammenziehen. Das Wer und Wohin brauchte noch eine Weile.

Vielfalt und Liebe: Wohin gehöre ich?

LGBTQ+ ? Was soll denn das Thema in einem Buch, fragst du dich vielleicht, wo es um die sich verändernde Sexualität von Menschen um die 50 und älter geht. »Das betrifft doch eher die Jungen.« Ja und nein. Obwohl sich die meisten Menschen schon in jungen Jahren ihrer sexuellen Orientierung und geschlechtlichen Identität bewusst werden, gibt es nicht wenige Personen, die erst in höherem Alter ihren Weg finden und sich *offenbaren*. Vielleicht gehörst grade du dazu? Ansonsten könnte dieses kleine Kapitel vielleicht deinen Blick auf dieses Thema erweitern – so wie es mir in den letzten Jahren erging.

Für lesbische Frauen hat sich der schöne Ausdruck »Late Bloomer« – spät Erblühende – etabliert. Es ist nie zu spät, sich seiner sexuellen Orientierung bewusst zu werden – trotz »heteronormativer Lebensentwürfe«, heißt u. a.: heterosexueller Ehe und eigenen Kindern.

Personen, die sich früher oder später als LGBTQ+ definieren, tun das oft gegen gefühlten gesellschaftlichen Druck und sogar internalisierter Homophobie! Vorurteile und Anmache tauchen für sie überall auf. Aber mehr Sichtbarkeit und Akzeptanz in Medien und Gesellschaft, kreative kulturelle Räume, Theater, Literatur, Festivals wie die Paraden des »Christopher Street Days« und Filmwochen stärken die Identifikation. Bekannte einflussreiche Menschen aus Politik, Sport, Fernsehen haben sich mutig geoutet – und erhielten viel Anerkennung. Nichtsdestotrotz haben insbesondere Nonbinäre und Trans- Personen oft lange ihre Identität unterdrückt, mussten dann medizinische und bürokratische Hürden überwinden. Manche starten erst spät durch in ihr neues Leben, lösen sich aus heterosexueller Beziehung und beginnen ein Leben im anderen Geschlecht. Ein »*Coming-out*« kann es in jedem Alter geben.

MUTMACHGESCHICHTE

Du fühlst dich falsch? Hier gibt es Rat!

In meine Beratung fand eine Frau, Heidi, 56. Ich hatte sie als Frauenärztin in einer Schwangerschaft betreut und wusste, dass sie verheiratet war. Sie begann mit einem tiefen Seufzer. »Elke, ich muss mal mit jemandem reden. Ich bin völlig durcheinander.« – »Was ist los?«, fragte ich. – »Eigentlich habe ich es schon als Kind gemerkt, ich wollte immer lieber mit Jungs spielen, Puppen waren nicht mein Ding. Kleider hab ich gar nicht gern angezogen, irgendwie stimmte das Bild im Spiegel nicht. Ich habe mich angepasst, den Erwartungen gefügt. Aber das Gefühl, im falschen Film zu sein, ging nicht weg, und jetzt nach den Wechseljahren ist es noch stärker und sagt: Trau dich! Schrei endlich raus: ›Ich bin nicht die, für die ihr mich haltet.‹ Von Bernd hab ich mich getrennt, Laura studiert, ich komme sonst gut zurecht. Wer hilft mir weiter?«

Würde ich lesbische »Late Bloomer« mit Fragen zur Sexualität in vielen Dingen sehr ähnlich beraten wie heteronormative Frauen, habe ich Heidi zugehört und dann Beratungsstellen für Menschen genannt, die sich als »Trans« outen wollen oder ihre Transition mit psychologischer Beratung bei Therapeuten oder Therapeutinnen mit Erfahrung im Bereich »Geschlechtsdysphorie« beginnen möchten. Ich selbst habe diese Erfahrung nicht, aber ich wusste Rat. Es gibt beratende Personen, nicht selten mit eigener Erfahrung in dieser Angelegenheit, Beratungsstellen und Selbsthilfegruppen für alle Facetten des LGBTQ+, oft auch spezifisch für Personen, die erst spät im Leben ihr Coming-out haben. Nicht zuletzt auch in den Sozialen Medien. Bei Facebook kannst Du zum Beispiel als lesbische »Late Bloomer« eine »Support Group«[80] finden. In größeren Städten gibt es in Deutschland, Österreich und der Schweiz zahlreiche LGBTQIA+-Beratungsstellen. Sie wissen auch Rat zu Hormonbehandlungen, Namens– und Personenstandsänderungen und den Umgang mit der Familie hinsichtlich der neuen Lebenssituation. Gott sei Dank hat sich hier in Europa vieles geändert, ist offener geworden, auch was die Gesetze, die Bürokratie betrifft. Gleichgeschlechtliche Ehen sind in Deutschland seit 25 Jahren möglich, viele Länder haben nachgezogen. Antidiskriminierungsgesetze wurden verabschiedet. Die Transition von einem Geschlecht in das andere oder einfach »divers« zu sein, sich nicht eindeutig einem Geschlecht zuordnen zu müssen, ist viel hürdenärmer geworden.

Seit 2025 gibt es das neue Selbstbestimmungsgesetz, das vieles vereinfacht, aber im medizinischen Bereich gibt es weiterhin bestimmte Voraussetzungen vor der Durchführung von Hormontherapie und OP. Vor einer OP brauchst du ein psychotherapeutisches Gutachten, dass eine »Geschlechtsdysphorie« vorliegt. Die soziale Transition bleibt dir selbst überlassen. Den Personenstand – männlich, weiblich, divers – kannst du durch einfache Erklärung beim

Standesamt verändern, ab 14 noch mit Zustimmung der Eltern. Körperliche Eingriffe müssen dafür nicht stattgefunden haben. Ist das nicht vielversprechend? »Selig werden nach seiner Façon« – hier im er-sie-divers-erweiterten erotischen Sinne!

»Wie soll das gehen?« – Intimität in Betreuungsformen

Haben wir nicht alle den Traum, möglichst gesund und munter alt zu werden, den Alltag selbstständig zu wuppen, noch richtig Freude am Leben zu haben und irgendwann ganz ruhig in unserem Bett für immer einzuschlafen? Ein frommer Wunsch, der selten genug in Erfüllung geht. Sterben auch nach Schätzungen des Robert Koch-Instituts[81] 20–25 % der Menschen zu Hause, haben viele von Ihnen vorher eine Form von Unterstützung, Betreuung oder sogar Pflege gebraucht – ganz zu schweigen von den 50 %, die schon vorher das eigene mit einem Krankenhausbett vertauschen mussten oder im Altersheim sterben. Die meisten älteren Menschen werden immer noch zu Hause betreut – durch Familie und ambulante Dienste. Entscheiden sich nicht wenige Ältere bewusst und vorsorgend für ein mehr und weniger begleitetes Wohnen in einer Seniorenresidenz, erfolgt für andere der Umzug ins Heim, weil die Unterstützung zu Hause nicht mehr leistbar ist. Je älter ein Mensch, desto häufiger trifft es ihn. Die Zahlen steigen – nicht zuletzt, weil unsere Lebenserwartung deutlich zugenommen hat. Bei Männern liegt sie in unseren Breiten bei 78, bei Frauen bei 83. Und hier sind wir wieder beim Thema: Die sexuelle Aktivität sinkt zwar mit der Dauer der Beziehung, nicht per se mit dem Alter. Dazu kommt: jede neue Beziehung – auch im Altersheim – facht die Sexualität wieder an. Sexuelles Verlangen, Fantasien, der Wunsch nach Zärtlichkeit und nach Geschlechtsverkehr bleibt bis ins hohe Alter bestehen. Aber: Zwischen 70 und 79 treffen auf drei Frauen noch zwei Männer, nach 80 ist das Verhältnis nur noch ein Mann auf zwei Frauen. Die Folge davon ist, dass Frauen seltener als Männern Möglichkeiten offen stehen, ihre Bedürfnisse nach Zärtlichkeit und Intimität zu befriedigen. Das Vorhandensein des Partners würde ich nicht gleichsetzen mit befriedigender Sexualität, aber wenn man schon mal gar nicht die Wahl hat, ist das auch nicht befriedigend.

Zwischen Privatsphäre und »gepflegtem« Alltag

Bist du eine alleinstehende Frau und klagst über Mangel an Zärtlichkeit, sehnst dich nach mehr Sinnlichkeit? Viele nutzen den Sex mit sich selbst. Oft in jungen Jahren nicht gelernt oder während einer Zweierbeziehung abgelegt, lässt sich diese Form von selbstbestimmter Zärtlichkeit jederzeit beleben. Erotische Literatur, Hörbücher, eigene Fantasien helfen dabei, ein Vibrator ist das I-Tüpfelchen. Solo-Sex ist keine Ersatzhandlung, sondern eine eigenständige Form von Sexualität mit viel Genuss und Highlights.

»Eine andere Lösung, die Sehnsucht nach Nähe und Sexualität zu befriedigen, ist der zärtliche körperliche Kontakt zu einer anderen Frau«, schlägt die Psychotherapeutin und Sexologin Christa Gubler[82] in dem schönen Aufsatz mit dem Titel »Zärtlichkeit und Sexualität haben kein Verfallsdatum« vor[83]. »Zunächst vielleicht ein befremdlicher Gedanke – aber probieren Sie es doch aus mit einer gleichgesinnten, geeigneten Partnerin!«

Laut Studien ist die sexuelle Aktivität von Frauen aber insgesamt immer geringer als bei Männern, auch was den Solo-Sex betrifft. Gründe für das anscheinend unterschiedliche Interesse von Männern und Frauen gibt es viele: Durch den *double standard of aging* in unserer Gesellschaft werben Männer wie selbstverständlich um jüngere Frauen, Frauen tun sich damit schwer, wollen auch manchmal lieber allein sein. Dazu glauben alternde Menschen – Frauen mehr als Männer – durch Sozialisation und die »Normalitäts-Vorstellungen« der Gesellschaft geprägt, sie müssten der Lust abschwören. »Im Alter gibt man weder das Essen noch das Trinken noch das Schlafen auf. Warum sollte man also Sex aufgeben?«, fragt Christa Gubler an anderer Stelle. Recht hat sie!

Allüberall herrscht immer noch Verlegenheit, wenn es um Sexualität im Seniorenalter geht – erst recht bei gleichgeschlechtlichen und queeren Kontakten. Alters- und Pflegeheime sind häufig nicht auf die Bedürfnisse von Zärtlichkeit und Sexualität eingerichtet und bieten wenig Privatsphäre. Auch für das familiäre Umfeld ist das Thema Sex der älteren Angehörigen, meist der Eltern, heikel und schambesetzt. Die Gespräche über gelebte Sexualität gibt es normalerweise nicht, wie dann im öffentlichen Raum bei der Anmeldung im Heim? Und die oben vorgeschlagenen erotischen Aktivitäten, wie soll das laufen, wenn keine Möglichkeit zu Rückzug, zum Abschließen der Tür, zum Flirten besteht? Vibrator oder Gleitgel versteckt werden müssen, was sich per se schon schwierig gestaltet. Wo sexuelle Betätigung als unappetitlich und unangemessen gilt, das Pflegepersonal befremdet und abwertend reagiert. Was für die einen anregend und belebend ist, scheint für Institutionen unordentlich und unberechenbar.

Wie auch in anderen Situationen, in denen du etwas erreichen wolltest, was nicht gleich offensichtlich ist, bleibt dir nichts anderes übrig, als so klar und deutlich, wie es dir eben möglich ist, deine Wünsche zu kommunizieren, ob du nun allein oder als Paar einziehst. Man kann es dir nicht von der Stirn ablesen. Das Pflegepersonal ist nicht allwissend und manchmal selbst unsicher bei diesem Thema. Unter anderem schreibe ich dieses Buch, damit du alte Mythen erkennst, in dem Wissen, dass Sexualität von der Geburt bis zur Bahre ein Lebenselixier ist. Dass du ein verbrieftes Recht auf eine freie Entfaltung deiner Persönlichkeit hast. Und wenn du dir das wünscht, gehört auch dein Liebesleben dazu, und du musst einfach die Scheu überwinden, darüber zu sprechen. Vielleicht bist du mit der neuen Situation, dem Umzug, der Eingewöhnung beschäftigt und kannst es nicht gleich so formulieren. Aber typischerweise gibt es Vorbesprechungen und Verträge, in denen die Rechte geregelt sind: Besuchszeiten und Gäste, Privatsphäre. Bring deine Vorstellungen ein: abschließbare Zimmertüren, ungestörter Besuch, Möglichkeiten für Intimität bis hin zur Nutzung von Sexualassistenz. Wähle dein Heim auch nach diesen Kriterien!

Grundsätzlich bewegt sich einiges zum Thema lustvolles Altern in Heimen. Vieles ändert sich langsam, durch gesellschaftlichen Wandel, Forschung und den Mut Betroffener. Ich könnte mir vorstellen, dass die Aktivitäten in queeren Selbsthilfegruppen maßgeblich dazu beigetragen haben, ein diskriminierungsfreies, unterstützendes Umfeld und kompetente Betreuung für den Weg raus aus der erzwungenen sexuellen Enthaltsamkeit hin zu gelebter Sexualität zu schaffen. Die queere Community hat erkannt, dass es ihr Engagement braucht, um einen Wandel einzuleiten. Einrichtungen wie »Solis – Pflege mit Vielfalt« in Berlin und »Regenbogenpflege« in Frankfurt stehen für Qualifizierungsprogramme für stationäre Pflegeeinrichtungen, ambulante Pflegedienste und Hospize zum »Lebensort Vielfalt«. Hier können ältere queere Menschen ihren Lebensabend authentisch und in Würde ohne Verleugnung ihrer Identität verbringen. Dieser Wandel – bisher relativ weit gediehen in den Großstädten – muss sich natürlich flächendeckend fortsetzen, die klassischen Seniorenwohnstätten mitinbegriffen.

Wie Einrichtungen unterstützen können, statt zu blockieren

»Man kann Filmabende organisieren, in denen es um Liebesbeziehungen oder Sexualität im Alter geht, und da, wo es gewünscht wird, miteinander ins Gespräch kommen«, empfiehlt Dipl. Psychologin und Familientherapeutin Renate Semper zum Thema »Sexualität im Alter« im Pflegemagazin »Collegial«[84] schon 2010. Sie kümmert sich um Fortbildungen der Altenpflegekräfte in Pflegeheimen. Es hätte sich gezeigt, so Renate Semper weiter, dass in dem Moment, in dem im Team aufgrund einer Fortbildung das Thema professionell besprochen wird, die Fachkräfte offener dafür werden, was die Beteiligten selbst an Wünschen und Bedürfnissen formulieren. Dadurch wachsen die Beziehungen, die Arbeitsqualität und Arbeitsfreude ebenfalls, die Heimbewohner und Heimbewohnerinnen fühlen sich wertgeschätzt, gesehen und sind zufriedener.

Vorbildlich finde ich das Konzept »Sexualität leben« in den Senioreneinrichtungen der Marienhaus Stiftung. Die Marienhaus Stiftung ist ein kirchliches Gesundheitsunternehmen und von daher bestimmten Grundsätzen verpflichtet. Ihr Leitwort ist »Tu erst das Notwendige, dann das Mögliche, und plötzlich schaffst du das Unmögliche« von Franz von Assisi. In der Broschüre[85] wird die Seite der Heimbewohner und der Pflegekräfte sehr differenziert betrachtet. Die Anliegen beider Seiten werden hinsichtlich ihrer Bedürfnisse, Einschränkungen, Werte und Glaubenshaltungen berücksichtigt. »Aus allen bisherigen Studien zum Thema ›Sexuelle Bedürfnisse in Pflegeheimen‹ geht hervor, dass ein souveräner Umgang damit nur möglich ist, wenn sich vor allem das Personal mit dem Thema Sexualität und auch mit der eigenen Sexualität auseinandersetzt und so besser und klarer mit den Alltagssituationen umgehen lernt«, so ein Zitat aus der Broschüre. Allein diese Möglichkeiten für ihre Angestellten bereitzustellen, ist gleichermaßen Herausforderung und Aufgabe für diese Institutionen.

In der Broschüre wird konstatiert, dass der Wunsch nach Zärtlichkeit und Intimität auch im Seniorenheim noch erhalten bleibt, dass aber typischerweise die sexuellen Aktivitäten nach der Übersiedlung in ein Seniorenheim nachweisbar nachlassen, nicht zuletzt auch wegen der institutionellen Restriktionen wie Mehrbettzimmer, Heimordnung und einer fehlenden Privatsphäre. Ich würde hinzufügen: Fehlen von qualifiziertem Pflegepersonal. Und natürlich haben sich bisher noch nicht alle Pflegeheime so einem Konzept verschrieben. Im Konzept »Sexualität leben« finden sich anspruchsvolle Leitgedanken zum Umgang mit Sexualität in den Seniorenheimen der Marienhausstiftung, einschließlich des Satzes: »Wir bewerten Beziehungen nicht, egal ob sie heterosexuell oder homosexuell sind.« Bewohner und Mitarbeiter gleichermaßen bedacht. Daraus folgen die Ansprüche an die Einrichtungen: *Intimsphäre wahren; Freiräume ermöglichen; Schutz, wenn Grenzen überschritten werden; Mitarbeiter auf die Thematik vorbereiten und begleiten.* Diese einzelnen Punkte werden durch zahlreiche detaillierte Anforderungen untermauert. Wenn das alles und bis in die tiefste Provinz so implementiert, umgesetzt und gewürdigt wird, bleibt mir fast nichts mehr zu wünschen übrig.

MUTMACHGESCHICHTE

»Ich bin über 80, Liebe kennt kein Alter!

Hans, 84, ein alter Freund im doppelten Sinne, war bereits zwei Jahre lang Witwer, kam noch gut zurecht, mietete sich aber in einer Seniorenresidenz ein eigenes Apartment, um mangels Familie auf Nummer sicher zu gehen. »Alles toll, Blick auf die Elbe, wenn ich nicht mehr kann, werde ich auch versorgt. Aber ich kann noch«, sagte er mir als Sexualfrau mit Augenzwinkern bei einem Besuch. »Aber hier? Da find ich doch niemand!« Beim nächsten Besuch, sechs Wochen später, stellte er mir im residenzeigenen Café Regina vor, die ein klein bisschen jünger zu sein schien. Sie strahlten beide, hielten sich an den Händen, saßen ganz dicht. Sie hatten sich beim Spieleabend kennengelernt, Blicke getauscht. Im Aufzug getroffen. Sich zum Spaziergang verabredet. Sie habe ihn gefragt, erzählt er mir später. Beim Abschied wieder ein Augenzwinkern. »Dass ich das noch mal erleben darf!«, sagte er verschmitzt auf Hessisch. Und leise: »Sag mal, kannst du mir bisschen Viagra oder so aufschreiben? Du kennst dich da doch aus.«

Nicht für alle ist das mit der Privatsphäre so einfach wie in einer komfortablen Seniorenresidenz. Aber auch in anderen Stätten betreuten Wohnens wird viel mehr Wert auf ungestörtes Allein- und Zuzweitsein gelegt. Beachtenswert ist auch die Seite der Pflegenden. Menschen, die im Altersheim arbeiten, berichten immer wieder über spezielle Blüten der Sexualität, die auch Unruhe verursachen. Dank Konzepten und Fortbildung wissen sie mit den erfreulichen und störenden Ereignissen immer lockerer bzw. professioneller umzugehen. Zum Beispiel mit einem alten dementen Mann, der anfing, überall seine Hose aufzumachen und zu masturbieren. Probable Lösung war, den Hosenschlitz zuzunähen, ein Loch in die Hosentasche zu machen, einen Platz am Rande des Speisesaales zu finden. Keine ruhigstellenden Medikamente. Hat zur Zufriedenheit aller funktioniert. Späte Liebe, befriedigender Solo-Sex, einfach gemächlich und zufrieden alt werden und mit Zipperlein zurechtkommen. Lethargie, Demenz und überschießende Triebe können dicht beieinanderliegen. Schau in allen Lebensbereichen nach deinen Wünschen und Bedürfnissen und lebe, wonach dir der Sinn steht!

Liebe braucht Sicherheit: Gesundheit auf dem Radar

Als ich sexuell flügge wurde, gab es grade schon die Pille, wie praktisch. Das geringe Risiko für sexuell übertragbare Infektionen, wie Trichomonaden oder Tripper ließ sich bewältigen. Als Aids kam, war ich schon in festen Händen und das blieb auch so. Wer mehr personelle Abwechslung in sein Liebesleben einbettet, hat ein paar Dinge zu beachten, leider.

Kondome mit 60? – Schutz ist keine Frage des Alters

Dieser Blickwinkel wird manche überraschen, die Kondome vor allem in Zusammenhang mit Schwangerschaftsverhütung gesehen haben. »Was das auch noch?«, werden die fragen, die lange in fester heterosexueller Beziehung gelebt haben, treu waren. Ja, denn es gibt noch andere gute Gründe für Kondome: die sexuell übertragbaren Infektionen, allen voran HIV, Chlamydien, Hepatitis und HPV (Feigwarzen und Cervixcarcinom-Verursacher), danach immer noch oder sogar wieder mehr: Syphilis und Gonorrhoe, besser bekannt als Tripper. Die Zahl sexuell übertragener Krankheiten (STD) hat bei Menschen über 50 sogar zugenommen, aus dem Irrglauben, sie bräuchten keine Kondome mehr. Also: Bei sich frisch anbahnenden Beziehungen immer welche in der Tasche haben. Das schafft in neuen

Partnerschaften nicht nur Sicherheit, sondern auch Vertrauen. Wenn sich die neue Liebe etabliert hat, könnt ihr durch einen Bluttest eine HIV-Infektion und durch eine Urinuntersuchung Chlamydien ausschließen. Beide Infektionen verlaufen lange unbemerkt, im Gegensatz zu Tripper, können aber langfristig schwere gesundheitliche Schäden verursachen. Sind alle Untersuchungen unauffällig, werden die Kondome – Gott sei Dank – überflüssig.

Noch ein Wort zu »PrEP«. PrEP nennt sich die Präexpositionsprophylaxe, ein Medikament (Truvada oder Generika), das bei regelmäßiger täglicher Einnahme oder *on-demand,* vor und nach dem Sex, eine HIV-Infektion verhindert. Sie wird Männern, die mit Männern Sex haben, angeboten. Auch heterosexuelle Personen mit häufig wechselnden Partnern oder Partnerinnen von HIV-positiven Partnern nutzen PrEP.

Das Medikament schützt sehr sicher vor HIV, deshalb verzichten manche auf Kondome, bleiben dann aber ungeschützt gegenüber den anderen STDs. Kondome bleiben bei wechselnden Sex-Partnern auch hier sinnvoll.

Vorsorge macht Sinn

»Mens sana in corpore sano«, sagte schon der römische Dichter Juvenal. Einen klaren Geist in einem fitten, gesunden Körper – das wollen wir uns so lange wie möglich erhalten.

Nicht wenige kümmern sich mit ausgeglichener Ernährung, Sport, überschaubarem Arbeitstag, Freunden und sozialen Aktivitäten aktiv darum, statt zu viel auf Social Media unterwegs zu sein. Sie ziehen einen Spaziergang dem Fernseher vor und genießen Auszeiten und Ferien. Was machst du?

Ein weiterer Schritt, sich gegen Erkrankungen zu wehren, sind Vorsorgeuntersuchungen, Impfungen und ein paar ausgewählte Nahrungsergänzungsmittel. Viele Erkrankungen sind im Frühstadium gut zu behandeln oder werden durch Vorsorge sogar ganz vermieden.

Früherkennungsuntersuchungen

Was hier in Deutschland empfohlen und von den Kassen bezahlt wird:

- *Check-up 35:* Allgemeiner Gesundheitscheck zur Früherkennung von Herz-Kreislauferkrankungen, Diabetes und Nierenerkrankungen
- *Darmkrebsfrüherkennung:* ab 50 alle 10 Jahre; alternativ Stuhltest auf verborgenes Blut, jährlich
- *Brustkrebs-Früherkennung (Frauen):* Mammographie-Screening alle 2 Jahre zwischen 50 und 69, nach 70 auf Wunsch der Frau, zusätzlich jährliche Tastuntersuchung beim Frauenarzt/bei der Frauenärztin
- *Gebärmutterhalskrebs-Früherkennung*: ab 35, Kombination von Pap-Abstrich und HPV-Test alle 3 Jahre, auch mit 50+ weiterhin wichtig!
- *Sonographie der Brust:* Empfehlung (aber Selbstzahlerleistung), für alle Frauen, insbesondere für die, die Hormonersatztherapie nehmen
- *Hautkrebsscreening:* ab 35, alle 2 Jahre
- *Prostatakrebs-Früherkennung:* ab 45 jährlich als Tastuntersuchung der Prostata, ggf erweitert durch PSA-Bluttest

Keine Kassenleistung, aber meines Erachtens unbedingt empfehlenswert:

- *Knochendichtemessung:* ab 50 für Frauen, ab 70 auch für Männer, zur Früherkennung einer Osteoporose, Kontrollempfehlungen je nach Befund
- *Augenuntersuchung (Grüner Star/Glaukom):* ab 40, alle 2 Jahre

Impfungen

Es gibt Impfungen, die wir schon als Kinder erhalten, die regelmäßig aufgefrischt werden müssen. Andere werden Älteren empfohlen, weil das Immunsystem mit dem Älterwerden schwächer wird und Unterstützung braucht. Für Reisen in besondere Länder gelten manchmal spezielle Empfehlungen für Reisende jeden Alters. Das bekommst du über das Robert-Koch-Institut raus.

- *Tetanus/Diphterie/Keuchhusten*: alle 10 Jahre auffrischen
- *Grippeimpfung*: jährlich empfohlen
- *Pneumokokken-Impfung:* ab 60
- *Gürtelrose-Impfung:* ab 60

Lebensstil

Lebensstiländerungen haben den größten Einfluss auf gesundes Altern, auf Wohlbefinden und Lebensqualität. An dieser Erkenntnis kommen wir nicht vorbei. Und es ist nie zu spät, wir sind nie zu alt, doch noch an diesen Schrauben zu drehen. Schrittweise, als etwas, das uns langfristig guttut. Es geht auch nicht nur darum, möglichst gesund zu sein, sondern um Spaß und Teilhabe am Leben.

»*Motivation is what gets you started. Habit is what keeps you going*«, meint Jim Ryun[86], ein ehemaliger US-amerikanischer Mittelstreckenläufer und Politiker. Diese Haltung hat ihn sicher zu seinen sportlichen Erfolgen geführt. Das kann auch für eine Belebung deiner Sexualität wie für quasi alle Lebensbereiche gelten. Ernährung steht dabei ganz oben. Neues in diesem Bereich kannst du für dich allein entdecken – und natürlich deinen Lieblingsmenschen damit anstecken. Vergiss Diäten, eigne dir lieber mehr Wissen an, sodass du das, was dir sowieso schon schmeckt, mit Gewinn für deinen Körper zusammenstellen kannst. Oft passieren nebenbei kleine Wunder.

Es gibt übrigens ein paar Nahrungsergänzungsmittel, die ich für wichtig halte. Dazu gehören Omega-3-Fettsäuren, Vitamin D, Selen, Calcium und Magnesium. Einiges lässt sich auch durch entsprechende Nahrung gut abdecken. Omega-3 durch Seefisch, Calcium durch Käse. Aber wer isst das so regelmäßig wie nötig? Selenarmut des Gemüses aufgrund der Selenarmut der Böden ist lange bekannt. Und wer ist schon lange genug in der Sonne für eine ausreichende Vitamin-D-Aufnahme, vor allem, da wir uns doch gut mit Sun-Blockern eincremen sollen? Um auf Nummer sicher zu gehen, nehme ich entsprechende Produkte und empfehle dir, dich mit Ernährungsbüchern, guten TV-Sendungen und Podcasts schlauzumachen.

Ausblick

»*Creating a new life means creating new habits*«, ist ein häufiger Spruch in Coachings. Dabei kommt es mir auf das Wort »kreieren« an. Jeder kann sich von alten Gewohnheiten lösen und Neues in sein Leben lassen, insbesondere im erotischen Bereich. Wenn du dir diese Erkenntnis nach der Lektüre von »Liebe, Sex und Zärtlichkeit« zu Herzen nimmst, habe ich mein Ziel erreicht.

Willst du etwas verändern? Hast du Lust darauf bekommen, nicht mehr an der Tür des Fitnessstudios zu stehen, sondern an die Geräte zu gehen? Deinen Garten neu zu bepflanzen, zu düngen und regelmäßig zu gießen? Oder zu schauen, wie du eine durch Unbill des Lebens verordnete »Diät« mit unbekannten Gewürzen anreichern kannst? Wofür würde es sich lohnen, neue Gewohnheiten, neue Rituale zu kreieren? Siehst du schon das Licht am Ende des Tunnels, in dem du jetzt vielleicht steckst – erst seit Kurzem oder schon länger?

Ich würde sagen, es lohnt sich allein für die Freude am Leben, ganz für dich und in deiner Beziehung. Sexualität öffnet Raum – sowohl für Lebendigkeit, Genuss, Nähe, Spiel, Vertrauen und Spaß als auch für Lust, Glücksgefühle, verbale und nonverbale Kommunikation und das Erfüllen von Wünschen und Bedürfnissen – im Geben und Nehmen. Und nicht zuletzt kann regelmäßiger Sex das Immunsystem stärken, die Gesundheit fördern, Stress abbauen, Schlaf verbessern und ganz viele Endorphine freisetzen. Und da war doch noch was? Unbedingt! Nicht zu vergessen: die Liebe. Auch die kann sich am Sex wunderbar wärmen!

Lust drauf?

Anhang

Dein Survival-Guide: Inspiration, Kontakte und Hilfen

Auf den nächsten Seiten findest du noch allerlei Interessantes, das dir beim Vertiefen der angesprochenen Themen helfen kann. Neben Büchern gibt es auch Podcasts, Hörbücher, Videos und Webseiten, die dir weitere Informationen liefern. Außerdem habe ich für dich Adressen von Anlaufstellen herausgesucht, die dich interessieren könnten. Viel Spaß noch beim Schmökern und Ausprobieren!

Liebesleben – Hilfreiches – Webseite

https://www.lilli.ch/aktiv_bewegung_uebungen_frau

Bücher – teilweise auch als Hörbücher, sogar bei Spotify

Mehr über Wechseljahre und Sexualität

Sheila de Liz: Woman on Fire. Alles über die fabelhaften Wechseljahre, Rowohlt 2020.

Schaudig, Katrin, Schwenkhagen, Anneliese: Kompass Wechseljahre: Von Hitzewallungen bis Gewichtszunahme: Hormontherapie – ja oder nein?, TRIAS 2014.

Anke Sinningen: Wechseljahre – Das Upgrade, Herder, 2024,

Für Frauen (aber auch für Männer interessant!)

Emily Nagoski: Komm, wie du willst: Das neue Frauen-Sex-Buch, Knaur, 2015.

Julia Sparmann: Befreite Lust - Ein Übungsbuch für Frauen, Hirzl, 2025
Dania Schiftan: Coming soon – Orgasmus ist Übungssache, Piper, 2018.
Renate Daimler: Verschwiegene Lust – Frauen über 60 erzählen von Liebe und Sexualität, Piper, 2002.
Dr. Maya Fehling, Carolin Krüger: Quasi ein Buch: Blog über Weiblichkeit und Sexualität, Being female, https://www.beingfemale.de/storyblog.

Für Männer (aber auch für Frauen sehr interessant!)

Michael Sztenc: Klappt's? – Vom Leistungssex zum Liebesspiel – ein Übungsbuch für Männer, Hirzel, 2019.

Mehr über Beziehung und Sexualität

Jana Welch: Sex that connects – das erotische Playbook für Paare, Goldmann 2024.
Dania Schiftan: Keep it coming – Guter Sex ist Übungssache, Piper, 2021.
Dr. Angelika Eck: Schlafzimmerblick – Liebe, Sex und Partnerschaft – ehrliche Antworten auf heikle Fragen, ZEIT-online-Kolumne, als Buch bei HarperCollins.de, 2021.
Eric Hegmann: Erzähl mir mehr! – Das Entwicklungs-Fragebuch für Paare, 2024 über Amazon.
Emily Nagoski; Kommt zusammen! Die Kunst (und Wissenschaft!) sexuell erfüllter Beziehungen, Knaur, 2024.
Ann-Marlene Henning und Anika von Keiser: Make More Love – Ein Aufklärungsbuch für Erwachsene, Rogner und Bernhard, 2014.
Melanie Büttner: Ist das normal? Sprechen wir über Sex, wie du ihn willst, Beltz, 2020.
Esther Perel: Wild Life – Die Rückkehr der Erotik in die Liebe, Piper, 2008.
Esther Perel: Was Liebe braucht – Das Geheimnis des Begehrens in festen Beziehungen, Harper Collins, 2020 (auch auf Spotify).

Tracey Cox: Super Sex beginnt mit 50, DK-Verlag, 2021.
Ulrich Clement: Guter Sex trotz Liebe – Wege aus der verkehrsberuhigten Zone, Ullstein 2016.

Literatur, die das Thema Sexualität im Alter berührt. Eine kleine Auswahl.

Wencke Mühleisen: Alles, wovor ich Angst habe, ist schon passiert, Nagel und Kimche, Zürich/Hamburg 2025.

Elke Heidenreich und Bernd Schroeder: Alte Liebe, Hanser Verlag, 2009.

Elke Heidenreich: Altern, Hanser Verlag, 2024.

Ursula März: Tante Martl, Piper,2020.

»Lesen oder Lassen«: Eine große Auswahl bei https://palais-fluxx.de/category/kulturetage/lesen-oder-lassen/

LGBTQ+

Linda Becker, Julian Wenze: Was ist eigentlich dieses LGBTIQ*? Dein Begleiter in die Welt von Gender und Diversität, herausgegeben von migo, Juli 2021.
Kai Scheunemann: ExpertInnen des Geschlechts? Zum Wissen über Inter*- und Trans*-Themen, Queer Studies BD.16.
Jennie Kermode: Growing older as a Trans and/or Non-Binary Person: A Support Guide, goodreads.com (in englischer Sprache).
Alexander Hahne, Jana Haskamp (Hg.): Sexual- und Paarberatung mit trans und nicht-binären Menschen, psychosozial-Verlag.de.
Theo Lorenz: The Trans Self-Care Workbook: A Coloring Book and Journal for Trans and Non-Binary People, goodreads.com (in englischer Sprache).
Alexander Hahne: Transition – Sexuelle Bildung zu trans und nicht-binären Lebenswelten, Edition assemblage.

Podcasts

»Ist das normal?«, ZEIT ONLINE, Dr. Melanie Büttner, Sven Stockrahm

»Ach, komm! – der Podcast für Körper, Seele, Herz und ... Sex«, Ann-Marlene Henning

»Die Paartherapie«, Eric Hegmann, NDR, auch als Serie im Fernsehen

»Hormongesteuert –Der Wechseljahre-Podcast« mit Dr. Katrin Schaudig

»Meno an mich – Frauen mitten im Leben« von Julia Schmidt-Jortzig und Diana Helfrich

»50 über 50« mit Stephanie Hielscher

»Frauenstimmen« mit Ildikó von Kürthy

»Gyncast. Der Gynäkologie-Podcast« mit Prof. Dr. Mandy Mangler

»Menomio – Der Podcast für glückliche Wechseljahre« von Daniela Ullrich

»The Sex Gap – Der Podcast zu geschlechtergerechter Medizin« von Kari Kungel

»Being Here«, Ariel & Shya Kane, in englischer Sprache

Selbsthilfe über die App »Wingwave« Gesundheit und Fitness

Adressen, Beratungsstellen und Anlaufpunkte: Wo du Antworten findest

In Deutschland bieten mehrere Universitätskliniken sexualtherapeutische Anlaufstellen und Abteilungen mit ambulanten Beratungsangeboten an. Bitte bei den entsprechenden Kliniken nachfragen.

Viele Informationen zu unterschiedlichen Themen und Hinweise auf Pro-Familia-Beratungsstellen findest du auf der folgenden Webseite: https://www.profamilia.de

Das *weisse-kreuz.de* bietet Bildung und Beratung rund

um Paarbeziehungen und Sexualität. Ca. 200 Beratungsstellen in ganz Deutschland werden vernetzt und unterstützt und lassen sich über eine »Beratersuche« finden.

Für geschlechtliche und sexuelle Vielfalt. Gegen Diskriminierung

Die Webseite *Liebesleben.de* ist eine Initiative zur Förderung sexueller Gesundheit des »Bundesinstituts für Öffentliche Gesundheit«. »Liebesleben. Es ist deins. Schütze es. Dabei möchten wir dich unterstützen. Mit gesicherten Informationen und praktischen Ratschlägen zu all deinen Fragen rund um sexuelle Gesundheit, um sexuelle Orientierungen und Geschlechtsidentitäten, um Sex und sexuell übertragbare Infektionen (STI).«[87]

https://www.queer.de
https://queer-im-alter.de
https://www.rubicon-koeln.de: Eine Plattform für lesbische, schwule und queere Personen mit den Schwerpunkten Beratung, Vernetzung, Fortbildung und Gesundheitsförderung.

Auch YouTube und Instagram sind voller guter Posts und Videos. Und der Algorithmus bringt dir dann immer noch welche dazu …

An und für sich bin ich dafür, dass man sich in die Augen schaut und selbst Dinge entdeckt, anstatt auf seinem Smartphone herumzuwischen, aber gern weise ich – in Ergänzung zum Buch – auf meine kurzen Reels zu Sexualität und Erotik bei Instagram hin: @elke.franzki

Verfügbare Webseiten (von im Buch zitierten Menschen)

https://www.eric-hegmann.de/liebes-wissensdatenbank/videothek/ (Eric Hegmann)

https://www.lovebase.com/yella-cremer/ (Yella Cremer)

https://ondra.li/wheel-of-consent/ (Ondra Veltrusky)

https://alexanderhahne.com (Alexander Hahne)

https://www.paartherapie-sb.de (Michael Sztenc)

https://www.transformationmadeeasy.com (Ariel und Shya Kane)

https://www.couplesinstitute.com (Dr. Ellyn Bader und Dr. Peter Pearson)

https://www.beingfemale.de/storyblog/zutaten-fuer-guten-sex (Being Female, Dr. Maya Fehling, Carolin Krüger)

https://wexxeljahre.de (Health Empowerment für Frauen, Anke Sinningen)

https://wingwave.com (Das beflügelnde Kurzzeitcoaching für alle)

https://www.melanie-buettner.de

https://www.angelikaeck.de

https://doch-noch.de (Ann-Marlene Henning)

Danke!

Als ich 2018 nach gut 30 Jahren Gynäkologinnenleben meine kleine feine Praxis »Mit Lust und Liebe« – eröffnete, war ich quasi missionarisch unterwegs mit der Idee, Menschen der Altersgruppe 50+ mit meinem Wissen zu einem genussreichen Liebesleben bis ins hohe Alter zu ermutigen. Ein Buch zu schreiben hatte ich überhaupt nicht auf dem Schirm. Bis mich im Sommer 2024 eine Mail von Maria Schlager vom Goldegg Verlag aus dem Konzept brachte: Hätte ich nicht Lust ein Buch zu schreiben: Arbeitstitel »Sexualität im Alter«? Nichts lag mir ferner – zunächst. Diverse Seelen in der Brust meldeten sich: »Du bist doch verrückt, schreiben kannst du doch gar nicht!« bis zu »Klar hast du was zu sagen – und hier kriegst du die Möglichkeit!« Ihr seht, welche gewonnen hat, unterstützt vom »Mach das! Wenn nicht du, wer dann?« meines Mannes Dieter, der mich auch sonst tatkräftig unterstützt hat, allein schon durch Verzicht auf manch gemeinsame Unternehmung. Danke, liebster Dieter! Auch meinen Töchtern Hannah und Klara großen Dank für ideelle Unterstützung! Sie haben mich nicht nur schon als Jugendliche öffentlich solistisch singen lassen und sich daran gefreut, sondern nun auch mein spätes »Coming-out«- als Sexualtherapeutin gutgeheißen und mich mit diversen Themen gefordert.

Dank gilt den Menschen, die mit mir über ihr Sexleben geredet haben – innerhalb und außerhalb der Praxis – und deren Geschichten und Beispiele in diesem Buch Eingang gefunden haben.

Viele Menschen haben mich ermutigt, haben direkt oder indirekt Entstehen und Inhalt des Buches beeinflusst. Ariel und Shya Kane stärken seit vielen Jahren ganz grundsätzlich mit ihren Workshops meine »Sag ja zum Leben«- Einstellung. Sie machten mir auf ihre Art Mut zum Schreiben.

Cora Besser-Siegmund stärkte mir konkret bei der Entscheidungsfindung und im Schreibverlauf den Rücken.

Mein Wissen verdanke ich dem Leben, vielen tollen Büchern, verschiedenen therapeutischen Ausbildungen, Workshops und Onlineformaten, Inter- und Supervisionen durch Psycho-, Paar- und SexualtherapeutInnen, nicht zuletzt auch informativen Videos auf Social Media. Ich erwähne die entsprechenden Lehrer und Lehrerinnen hier in der Reihenfolge, wie sie in meinem Leben auftauchten. Einige kenne ich nicht persönlich, sie haben mich einfach auf die eine oder andere Weise beflügelt: Ulrich Clement, Angelika Eck, Ann-Marlene Henning, Esther Perel, Peggy Kleinplatz, David Schnarch, Peter Gehrig, Karoline Bischof, Stephan Fuchs, Michael Sztenc, Sue Johnson, Berit Brockhausen, Melanie Büttner, Pete Pearson, Ellyn Bader, Martha Kauppi.

Die folgenden großartigen Menschen, zumeist vielfältig unterwegs in Sexual- und Paartherapie, haben mich direkt mit ihrem Wissen inspiriert und zusätzlich konkret beraten: Eric Hegmann, Ondra Veltrusky, Yella Cremer, Kathy Mussäus, Hanna Krohn, Birgit Busche, Jana Welch, Ralph Raben, Christine Biermann-Raben und Dorothea Heintze. Ich danke euch sehr, auch fürs Aufmuntern im Schreibprozess.

Angeregt hat mich immer wieder der Austausch mit den verschiedenen Palais-Fluxx-Stammtisch-Frauen. Danke sehr! Das gilt insbesondere für Silke Burmester und Anke Sinnigen, insbesondere, weil sie meinen das Buch vorbereitenden Fragebogen zu sexuellen Gepflogenheiten der angesteuerten Altersgruppe über ihren Newsletter Interessierten zugänglich machten.

Sehr gefreut hat mich das freimütige Angebot von Anne Woywod, in ihrem schönen Landhaus in aller Seelenruhe zu schreiben. Die Woche dort hat's dann gebracht. Herzlichen Dank, Anne!

Dank auch an alle im Familien- und Freundeskreis, die sich über meinen Elan freuten und für meine mehr oder minder Abwesenheit in den Monaten des Schreibens volles Verständnis hatten.

Last not least großen Dank an den Goldegg-Verlag, das Wagnis mit einer Newcomerin einzugehen. Verena Minoggio- Weixlbaumer und Elmar Weixlbaumer, ihr habt mich in Fahrt gebracht. Ich habe viel von euch gelernt. Lektorin Ulrike Moshammer, ich danke Ihnen sehr für den präzisen und ermunternden Blick aufs Buch. Mit Ihren Vorschlägen, die ich gern eingewoben habe, hat es an Kontur gewonnen.

Dankbar, verbunden und zufrieden!

Quellen- und Literaturverzeichnis

Hägg, Elin: Sex. Mit nackten Tatsachen durch unsere Kulturgeschichte. Klett Kinderbuch, 2024.

De Liz, Sheila: Woman on fire: Alles über die fabelhaften Wechseljahre. Rowohlt, 2020.

Schaudig, Katrin, Schwenkhagen, Anneliese: Kompass Wechseljahre – Von Hitzewallungen bis Gewichtszunahme: Hormontherapie – ja oder nein?. Trias, 2014.

https://www.ago-online.de/fileadmin/ago-online/downloads/_leitlinien/kommission_mamma/2024/Einzeldateien/AGO_2024D_24_Gynaekologische_Probleme_bei_MaCa-Pat.pdf.

https://youtu.be/OgAIYoor-hA?si=YS4emon-OkcQ6y_m.

https://youtu.be/saoRUmGTCYY?si=t6IiP87DyXRUOprd.

Nagoski, Emily: Come together – The Science (and Art) of Creating Lasting Sexual Connections. Vermilion, Penguin Random House, 2024.

Nagoski, Emily: Komm, wie du willst. Das neue Frauen-Sex-Buch. Knaur, 2022.

Perel, Esther: Mating in captivity – Reconciling the erotic and the domestic. Hodder & Stoughton, 2007.

Sztenc, Michael: Klappt's? Vom Leistungssex zum Liebesspiel – ein Übungsbuch für Männer. Hirzel, 2019.

Fulbright, Y. K. (o. J.): Sexual Effects of Parkinson's. American Parkinson Disease Association. https://www.apdaparkinson.org/what-is-parkinsons/symptoms/sexual-effects/.

Welch, Jana: Sex that connects, Das erotische Playbook für Paare mit 30 Abenteuern. Goldmann, 2024.

Cox,Tracey: Super Sex beginnt mit 50, So bleiben Liebe und Lust lebendig. DK, 2020.

Cremer, Yella: Kurzanleitung Slow-Sex, Der Liebe lauschen. www.lovebase.com.

Gray, John: Männer sind anders, Frauen auch. Goldmann, 1993.

Eck, Angelika: Der erotische Raum: Fragen der weiblichen Sexualität in der Therapie. Carl Auer, 2022.

Endnoten

1 H. Richter-Appelt, H., A. Hill: Körperliche Nähe und Sexualität im Alter. KOSIMA, 2008, Zeitschrift für Gerontologie und Geriatrie, 41(5), S. 334–340.

2 Elin Häng: Sex – Mit nackten Tatsachen durch unsere Kulturgeschichte, Klett Kinderbuch, 2024.

3 Dr. Emily Nagoski: Come Together. Vermilion, Penguin.co.uk.

4 https://youtu.be/OgAIYoor-hA?si=YS4emon-OkcQ6y_m.

5 https://youtu.be/saoRUmGTCYY?si=t6IiP87DyXRUOprd.

6 https://www.emma-klinik.de/content/themes/emma/dist/img/Krieger_Dr_Buch_2_Auflage.pdf.

7 Meine »Hausapotheke«, die Präparate durch ganz Deutschland verschickt: Einhorn Apotheke, www.einhorn-hh.de in Große Bergstraße 211,22767Hamburg.

8 https://www.estherperel.com/?categories=Eroticism.
9 https://open.spotify.com/intl-de/track/0VKDBT5BhNAmj6 5eWqJ4Lg?si=fa7c1bb1a8804360.
10 www.aktion-mensch.de.
11 https://www.klinikum.uni-heidelberg.de/zentrum-fuer-orthopaedie-unfallchirurgie-und-paraplegiologie/klinik-fuer-paraplegiologie-querschnittzentrum/behandlungsspektrum/therapiekonzept/ratgeber-psychologischer-dienst/sexualitaet#:~:text=quasi%2520automatisch%2520alle%2520jene%2520Menschen%252C,leiden%252C%2520da%C3%9F%2520sie%2520vor%2520lauter
12 https://www.balgrist.ch/fileadmin/user_upload/Fachbereiche/Paraplegie/Balgrist_Paraplegie_Querschnittlaehmung-im-Alltag.pdf#:~:text=Sexualit%C3%A4t%2520bei%2520Querschnittl%C3%A4hmung%2520%E2%80%93%2520Antworten,2
13 Profamilia.de.
14 https://www.senia.at.
15 https://www.alphanova.at/alltag-freizeit/fachstelle-haut nah.
16 https://www.ninlil.at/.
17 https://www.valida.ch/inklusion/lernen/kompetenz zentrum/.
18 https://insebe.ch.
19 www.enableme.de.
20 https://www.hospiz.at/?s=sexualität.
21 https://wexxeljahre.de.
22 Frankenbach, J., Weber, M., Loschelder, D. D., Kilger, H., & Friese, M. (2022). Sex drive: Theoretical conceptualization and meta-analytic review of gender differences. Psychological Bulletin, 148(9–10), S. 621–661. https://doi.org/10.1037/bul0000366.

23 Peggy J. Kleinplatz1,2, A. Dana Ménard2, Marie-Pierre Paquet2, Nicolas Paradis3, Meghan Campbell4, Dino Zuccarino2, and Lisa Mehak: The components of optimal sexuality: A portrait of «great sex”. The Canadian Journal of Human Sexuality, Vol. 18 (1-2) 2009.
24 https://www.beingfemale.de/storyblog/zutaten-fuer-guten-sex.
25 Ideales Sexuelles Szenario, Prof Ulrich Clement, Systematische Sexualtherapie, Zeitschrift für Sexualforschung 14, 2001, S. 95–112.
26 www.transformationmadeeasy.com.
27 Ariel und Shya Kane: Das Geheimnis wundervoller Beziehungen, Verlag Windpferd.
28 Yella Cremer, Samuel Cremer: Liebe würde Slow Sex machen, Lovebase, 6.Aufl., 2024.
29 Yella Cremer: Slow Sex – der Liebe lauschen – Kurzanleitung. https://shop.lovebase. Com.
30 Harry Reis: Men and Women are from Earth
31 Angelika Eck: Ich sollte wollen. Psychologie Heute Compact, Heft 16, 2016.
32 Michael Sztenc: »Klappt`s – Vom Leistungssex zum Liebesspiel- ein Übungsbuch für Männer, Hirzel, 2019, S.113.
33 Zitat von Angelika Eck, »Podcast Ist das normal?«, Zeit online, 4. Juli 2022.
34 Wie 19 ... Angelika Eck, »Ich sollte wollen«, Psychologie Heute Compact, Heft 16, 2016.
35 »Es ist schwer, jemanden zu begehren, wenn man Verbitterung spürt«, Interview von Wlada Kolosowa mit Simone Buzwell, 20.01.2024, ZEIT online.
36 M. Schröttle, K. Meshkova & C. Lehmann: Umgang mit sexueller Belästigung am Arbeitsplatz – Lösungsstrategien und Maßnahmen zur Intervention, 2019.

37 Müller, U., & Schröttle, M.: Lebenssituation, Sicherheit und Gesundheit von Frauen in Deutschland: Eine repräsentative Untersuchung zu Gewalt gegen Frauen in Deutschland, 2004.

38 Emily Nagoski: Kommt zusammen. Die Kunst (und Wissenschaft) sexuell erfüllter Beziehungen. Knaur, 2024.

39 Esther Perel,rekindlingdesire@estherperel.com.

40 Esther Perel: Das Geheimnis des Begehrens in festen Beziehungen. https://www.youtube.com/watch?v=saoRUmGTCYY.

41 Michael Sztenc: »Klappt's?« Hirzel, 2019.

42 in Anlehnung an »Selbstliebe statt Wichsen«, aus: »Klappt´s?« von Michael Sztenc, S.131/132, Hirzel, 2019.

43 https://www.lilli.chhttps://www.lilli.ch/aktiv_bewegung_uebungen_frau.

44 https://greatime.de/paerchen-fragespiel/.

45 beziehungsdynamik.de.

46 »Beziehungsformen: Monogam, polygam oder LAT? Monogame Beziehungen sind der Standard unserer Partnerschaften. Aber es gibt auch viele andere Modelle.« https:www.tk.de/techniker/gesundheit-foerdern/familie/beziehungsformen-2123808.

47 Barbara Heffernan: https://www.youtube.com/c/BarbaraHeffernan, verschiedene Videos.

48 Bindungstheorie nach Bowlby & Bindungstypen | Erzieherwissen, www.youTube.com.

49 Sue Johnson: Halt mich fest – 7 Gespräche über lebenslange Liebe, Junfermann, 2019.

50 In Anlehnung an Arbeitsblatt »Von Alltagskonflikt zum Bedürfnis«, Teschke und Finne-Teschke, 2019.

51 https://www.zeit.de/gesundheit/2023-09/sex-coaching-ondra-veltrusky-konsens-sexpodcast, https://ondra.li/medien/.

52 https://ondra.li/medien/.

53 https://www.youtube.com/watch?v=ymiRzQub-hU.

54 Ulrich Clement: Systemische Sexualtherapie. Heidelberg, aus: Zeitschrift für Sexualforschung 14, 2001, S. 95–112.

55 Dr. David Schnarch: Passionate Marriage: keeping love and intimacy alive in committed relationships, 2009, siehe auch Fußnote 45.

56 Dr. David Schnarch: Intimität und Verlangen- Sexuelle Leidenschaft in dauerhaften Beziehungen. Klett-Cotta, 2012.

57 https://youtu.be/OgAIYoor-hA?si=Cy_-KNqL19Mo6ldq.

58 https://www.ardmediathek.de/serie/die-paartherapie/staffel-1/Y3JpZDovL25kci5kZS80ODg1/1.

59 https://www-acouplesplace-com.translate.goog/couples-counseling/gottmans-four-horsemen-are-divorce-predictors?_x_tr_sl=en&_x_tr_tl=de&_x_tr_hl=de&_x_tr_pto=sge.

60 https://www.eric-hegmann.de/liebes-wissensdatenbank/.

61 https://www.eric-hegmann.de/liebes-wissensdatenbank.

62 https://www.eric-hegmann.de/liebes-wissensdatenbank.

63 https://www.couplesinstitutetraining.com.

64 www.eric-hegmann.de.

65 in Anlehnung an die Anleitung in der »Liebes-Wissensdatenbank« von Eric Hegmann.

66 in Anlehnung an Eric Hegmann und das Couplesinstitute.

67 in Anlehnung an »Couplesinstitute.com«.

68 Ulrich Clement: Systematische Sexualtherapie. Zeitschrift für Sexualforschung 14, 2001, S. 95–112.

69 »Schlafzimmerblick« Liebe, Sex und Partnerschaft – ehrliche Antworten auf heikle Fragen. ZEIT-online-Kolummne, als Buch bei HarperCollins.de.

70 Michael Sztenc: Klappt's? – Vom Leistungssex zum Liebesspiel – ein Übungsbuch für Männer. Hirzel, 2019.

71 https://de.wikipedia.org/wiki/Gelassenheitsgebet#:~:text=Gott%2C%20gib%20mir%20die%20Gelassenheit%2C%20die%20Dinge%20hinzunehmen%2C%20die,Unterschied%20zwischen%20beidem%20zu%20erkennen.&text=Und%20überglücklich%20mit%20Dir%20auf%20ewig%20im%20nächsten.

72 »Unmittelbare Transformation« Ariel und Shya Kane, Wildpferd, 2002.
73 Come Together - Emily Nagoski, Penguin.co,uk, 2024.
74 nach einem Vorschlag von Michael Sztenc aus »Klappt´s?«.
75 www.lovebase.com.
76 Tracey, Cox: Super Sex beginnt mit 50. DK Penguin Random House, 2020.
77 https://www.google.com/search?client=safari&rls=en&q=boutique+bizarre&ie=UTF-8&oe=UTF-8.
78 https://fuckyeah.shop.
79 »Tinder, Parship & Co. –Warum es mit der Liebe über 50 so schwierig ist« FAZ-Podcast für Deutschland.
80 Facebook: LateBloomer Lesbians+Support Group, private Gruppe.
81 https://www.rki.de/DE/Content/Gesundheitsmonitoring/Gesundheitsberichterstattung/GBEDownloadsT/Gesundheit_in_Deutschland_2021.pdf.
82 Christa Gubler Gabban, lic.phil. Psychotherapeutin, ZISS, Zürich.
83 https://www.ziss.ch/site/assets/files/1045/2013_02_gerontologie_gubler.pdf.
84 https://www.isp-sexualpaedagogik.org/downloadfiles/Sexualität%20im%20Alter%20und%20Pflege.pdf.
85 https://www.marienhaus.de/fileadmin/user_upload/01_Traeger/News/2023/02_Februar/Konzept_Sexualitaet_leben.pdf.
86 https://www.bookey.app/quote-author/jim-ryun.
87 https://www.liebesleben.de/fuer-alle/sexuelle-orientierung/sexuelle-orientierung-und-sexuelle-vielfalt/.